Michael Kofler, Tobias Otta

Wärmepumpen

Grundlagen, Planung, Betrieb

Rheinwerk
Computing

Liebe Leserin, lieber Leser,

»Heizungshammer«, »Gas-Verbot«, »Klimawende« – über die Frage, wie wir in den kommenden Jahren heizen werden, wurde kontrovers diskutiert und gestritten. Dabei ist das grundsätzliche Problem eigentlich ganz einfach: Fossile Brennstoffe sind verantwortlich für den Klimawandel und werden in der Zukunft deutlich teurer werden. Es müssen also Alternativen wie die Wärmepumpe her.

Ich hoffe, dass Sie in diesem Buch nicht nur Informationen finden, mit denen Sie die passende Wahl für Ihr Zuhause treffen können, sondern dass Sie auch einige Impulse für umweltbewusstes und nachhaltiges Heizen erhalten. Die Notwendigkeit, von fossilen Brennstoffen wegzukommen, ist unbestritten, da sie nicht nur den Klimawandel vorantreiben, sondern auch finanziell belastend sind.

Aber abseits dieser großen Fragen spielen die Details der Umsetzung eine mindestens genauso wichtige Rolle. Und dabei gilt es, sich sachlich und inhaltlich fundiert über die Herausforderungen zu informieren. Michael Kofler und Tobias Otta erklären Ihnen die Funktionsweise sowie die Vor- und Nachteile von Wärmepumpen, besprechen die Chancen und Risiken eines Heizungstauschs und spielen die Wirtschaftlichkeit der Entscheidung anhand verschiedener Beispiele durch. Dabei geht es nicht nur um die Wahl der passenden Wärmepumpe, sondern um viel mehr: Unter welchen Voraussetzungen rechnet sich der Austausch von Heizkörpern? Wann muss bei der Dämmung nachgearbeitet werden? Kann eine eigene PV-Anlage die Heizung sinnvoll ergänzen? Diese Fragen müssen bei einem Neubau oder einer aufwendigen Sanierung bedacht werden, denn Fehlentscheidungen, die Sie heute treffen, lassen sich in der Zukunft nur schlecht korrigieren. Eine Heizung tauscht man so schnell nicht nochmal aus.

Zuletzt ein Hinweis in eigener Sache. Dieses Buch wurde mit großer Sorgfalt geschrieben, geprüft und produziert. Sollten Sie Fragen zum Inhalt haben, Lob oder Kritik äußern wollen, wenden Sie sich an mich. Ich freue mich auf Ihre Rückmeldung.

Ihr Christoph Meister
Lektorat Rheinwerk Computing

christoph.meister@rheinwerk-verlag.de
www.rheinwerk-verlag.de
Rheinwerk Verlag · Rheinwerkallee 4 · 53227 Bonn

Auf einen Blick

1 Einführung 11

2 Grundlagen und Funktionsweise 35

3 Integration in die Heizungsanlage 83

4 Kühlen mit Wärmepumpen 125

5 Warmwasserwärmepumpen 133

6 Beispiele aus der Praxis 145

7 Förderungen, Gesetze, Betrieb 193

8 Photovoltaik 211

Impressum

Wir hoffen, dass Sie Freude an diesem Buch haben und sich Ihre Erwartungen erfüllen. Ihre Anregungen und Kommentare sind uns jederzeit willkommen. Bitte bewerten Sie doch das Buch auf unserer Website unter **www.rheinwerk-verlag.de/feedback**.

An diesem Buch haben viele mitgewirkt, insbesondere:

Lektorat Christoph Meister

Korrektorat Isolde Kommer, Großerlach

Herstellung Norbert Englert

Typografie und Layout Vera Brauner

Einbandgestaltung Eva Hepper

Titelbilder AdobeStock: 5072323941690 © SkyLine, 21142625 © Dirk_Schumann, 75394954 © erikzunec; iStock: 1444132679 © adventtr; Vaillant

Satz Michael Kofler

Druck mediaprint solutions, Paderborn

PEFC
PEFC/04-31-0810

Dieses Buch wurde gesetzt aus der TheAntiquaB (9,35 pt/13,7 pt) mit LaTeX.

Gedruckt wurde dieses Buch mit mineralölfreien Farben auf PEFC®-zertifiziertem Offsetpapier (90 g/m²).

Hergestellt in Deutschland.

Bibliografische Information der Deutschen Nationalbibliothek:
Die Deutsche Nationalbibliothek verzeichnet diese Publikation in der Deutschen Nationalbibliografie; detaillierte bibliografische Daten sind im Internet über *http://dnb.dnb.de* abrufbar.

ISBN 978-3-8362-9773-8

1. Auflage 2024

Informationen zu unserem Verlag und Kontaktmöglichkeiten finden Sie auf unserer Verlagswebsite **www.rheinwerk-verlag.de**. Dort können Sie sich auch umfassend über unser aktuelles Programm informieren und unsere Bücher und E-Books bestellen.

Inhalt

Vorwort ... 7

1 Einführung ... 11

1.1 Wo ist das Problem? ... 11
1.2 Warum sind Wärmepumpen die Lösung? ... 15
1.3 Alternativen zu Wärmepumpen ... 23
1.4 Wärmepumpen und die Politik ... 29
1.5 Mythen und Vorurteile ... 30

2 Grundlagen und Funktionsweise ... 35

2.1 Vom Kühlschrank zur Wärmepumpe ... 36
2.2 Funktionsweise von Wärmepumpen ... 39
2.3 Luftwärmepumpen, Erdwärmepumpen und andere Varianten ... 43
2.4 Luft-Wasser-Wärmepumpen ... 44
2.5 Sole-Wasser-Wärmepumpe (Erdwärmepumpe) ... 54
2.6 Wasser-Wasser-Wärmepumpe (Grundwasserwärmepumpe) ... 60
2.7 Luft-Luft-Wärmepumpe (Heizen mit der Klimaanlage) ... 62
2.8 Hybridsysteme ... 66
2.9 Kältemittel ... 68
2.10 Betriebsweise von Wärmepumpen ... 71
2.11 Leistungszahl, Jahresarbeitszahl und andere Kennzahlen ... 77

3 Integration in die Heizungsanlage ... 83

3.1 Dämmung ... 83
3.2 Lüftungsanlage ... 85
3.3 Heizkörper versus Fußbodenheizung ... 87
3.4 Warmwasser ... 95
3.5 Pufferspeicher ... 99
3.6 Hydraulik ... 105
3.7 Heizlast und Heizwärmebedarf ... 110
3.8 Auswahl der Wärmepumpe ... 116
3.9 Online-Hilfen und -Werkzeuge ... 121

4 Kühlen mit Wärmepumpen 125

4.1 Aktive und passive Kühlung 125
4.2 Keine »echte« Klimaanlage 129
4.3 Fazit 132

5 Warmwasserwärmepumpen 133

5.1 Funktionsweise von Warmwasserwärmepumpen 135
5.2 Rentabilitätsrechnung 139
5.3 Solarthermie 140

6 Beispiele aus der Praxis 145

6.1 Energiepreise 147
6.2 Beispiel 1: Luft-Wasser-Wärmepumpe im Neubau 151
6.3 Beispiel 2: Hybrid-Wärmepumpe in unsaniertem Bestandsgebäude 157
6.4 Beispiel 3: Luft-Wasser-Wärmepumpe in saniertem Bestandsgebäude 167
6.5 Beispiel 4: Luft-Wasser-Wärmepumpe in saniertem Bestandsgebäude 174
6.6 Beispiel 5: Luft-Wasser-Wärmepumpe in unsaniertem Bestandsgebäude 185
6.7 Laufende Energiekosten der Beispiele im Überblick 189
6.8 Auswirkung von Energiepreisschwankungen 191

7 Förderungen, Gesetze, Betrieb 193

7.1 Gebäudeenergiegesetz 193
7.2 Förderungen in Deutschland 198
7.3 Förderungen in Österreich 204
7.4 Förderungen in der Schweiz 204
7.5 Gesetzliche Regeln für die Errichtung von Wärmepumpen 205
7.6 Wartung 207
7.7 Monitoring 209

8 Photovoltaik 211

8.1 Grundlagen 212
8.2 Stromspeicher 219
8.3 Rentabilitätsrechnung 225
8.4 Gesetzliche Rahmenbedingungen 229

Index 233

Vorwort

Das zentrale Merkmal einer Wärmepumpe besteht darin, dass diese aus einer Kilowattstunde Strom drei bis vier Kilowattstunden Wärme erzeugt. Das hat keineswegs mit Zauberei zu tun: Über einen Kreislaufprozess entzieht die Wärmepumpe der Umgebung (Luft, Erde oder Wasser) Wärme und bringt diese in den Wohnraum. Der eingesetzte Strom wird also nicht unmittelbar in Wärme umgewandelt, sondern treibt den Kreislaufprozess an.

Mit diesem Effizienzvorteil haben Wärmepumpen das Potenzial, zwei zentrale Probleme zu lösen, ein ökologisches und ein ökonomisches:

- **CO_2-Ausstoß reduzieren:** Die Umstellung fossiler Heizanlagen auf Wärmepumpen reduziert den CO_2-Ausstoß stark – umso mehr, desto größer der regenerative Anteil der Stromproduktion ist. Die Senkung des CO_2-Ausstoßes ist von großer Bedeutung, damit das Klima der Erde nicht vollends außer Kontrolle gerät.
- **Geld sparen:** Wärmepumpen können gleichzeitig Ihre persönlichen Energiekosten senken. In welchem Ausmaß das gelingt, hängt von den Voraussetzungen ab. Besonders gut funktionieren Wärmepumpen in gut gedämmten bzw. sanierten Gebäuden.

  Wir werden in diesem Buch zeigen, dass sich Wärmepumpen oder Hybridsysteme aber auch in Altbauten lohnen. Das alte Vorurteil, Wärmepumpen wären nur für perfekt gedämmte Neubauten geeignet, hat ausgedient!

Über dieses Buch

In diesem Buch erklären wir, wie Wärmepumpen funktionieren und wie sie eingesetzt werden. Dabei gehen wir auf viele praktische Fragen ein:

- Welche Arten von Wärmepumpen gibt es? Welche Vor- und Nachteile haben sie?
- Welche Heizlast hat Ihr Haus? Welche Leistung muss die Wärmepumpe haben?
- Durch welche Zusatzmaßnahmen (Dämmung, Heizkörper, Wandheizung, Wohnraumlüftung) kann die Effizienz von Wärmepumpen weiter gesteigert werden?
- Anhand welcher Kennzahlen können Sie Wärmepumpen vergleichen?
- Wie erfolgt die Integration in die Heizungsanlage?
- Was ist bei der Erwärmung von Warmwasser zu beachten?
- Was ist ein hydraulischer bzw. thermischer Abgleich, und wozu dient er?
- Können Sie Ihr Haus mit der Wärmepumpe auch kühlen?
- Wozu dienen Warmwasserwärmepumpen?

- Ist es zweckmäßig, die Wärmepumpe mit einer PV-Anlage zu kombinieren?
- Welche Förderungen gibt es?
- Unter welchen Umständen lohnt sich eine Wärmepumpe?

Besonders wichtig ist es uns, diese Fragen anhand konkreter Beispiele und Musterrechnungen zu beantworten. Ein ganzes Kapitel dieses Buchs beschreibt reale Neubau- und Sanierungsprojekte, bei denen Wärmepumpen zum Einsatz kamen. Dort vergleichen wir die Heizkosten vor und nach der Sanierung und erläutern, welche Lebenszykluskosten je nach Heizart entstehen.

Dabei versprechen wir Ihnen nicht das Blaue vom Himmel! Wir wollen Ihnen keine Heizung verkaufen, weder eine Wärmepumpe noch eine andere Technologie. Wir geben ganz ehrlich zu, dass die Rentabilität von Wärmepumpen von einem entscheidenden Faktor abhängt – der weiteren Entwicklung der Gas- und der Strompreise. Wirklich seriös kann keiner vorhersagen, wie viel eine Kilowattstunde Gas bzw. Strom 2030 oder 2040 kosten wird. In manchen Musterrechnungen berücksichtigen wir daher mehrere Szenarien.

Aufgrund steigender CO_2-Abgaben und -Steuern und dem raschen Ausbau regenerativer Energiequellen sind wir aber letztlich überzeugt davon, dass Wärmepumpen in den meisten Fällen eine zukunftssichere, ökonomische und ökologische Lösung darstellen.

Das optimale Heizungssystem

Der Weg zur perfekten Heizung führt über eine Fachfirma. In einer idealen Welt wird die Firma Sie perfekt beraten und die richtige Lösung vorschlagen. Viele Firmen wären dazu in der Lage – wenn sie nur mehr Zeit hätten. Genau an diesem Punkt scheitert die Beratung aber oft.

Manchmal kommt mangelndes Detailwissen hinzu. Das soll durchaus kein Vorwurf sein: Niemand kann Experte bzw. Expertin für *alle* Spielarten der Installations- und Heizungstechnik sein, von der Wohnraumbelüftung bis zur Grundwasserwärmepumpe, von der Photovoltaik bis zur Klimaanlage. Es lohnt sich immer, ein zweites Angebot einzuholen, noch eine Stunde in diesem Buch zu lesen oder im Internet zu recherchieren!

Vielleicht verfälscht auch der Wunsch, ein Produkt zu verkaufen, mit dem die Firma bisher gute Erfahrungen gemacht hat, das Beratungsergebnis – auch wenn dieses Produkt für Ihre spezifischen Wünsche nicht ganz perfekt ist.

Genau hier liegt übrigens die Stärke unabhängiger Energieberater: Natürlich müssen Sie für diese Dienstleistung extra zahlen. Aber wenn die Heizung dank einer guten Beratung Ihren Ansprüchen besser genügt, werden Sie die Zusatzkosten in wenigen

Jahren einsparen. Und vielleicht geht es sogar noch schneller, wenn Ihre Energieberaterin eine spezielle Förderung kennt, auf die Sie selbst nicht gestoßen wären.

Mit diesem Buch möchten wir Ihnen ausreichendes Grundlagenwissen vermitteln, damit Sie mit Firmen auf Augenhöhe diskutieren können. Das Buch soll Sie in die Lage versetzen, die Details eines Angebots zu hinterfragen und eigene Wünsche oder Vorstellungen zu artikulieren.

In diesem Sinne wünschen wir viel Erfolg bei Ihrem Bau- oder Sanierungsprojekt!

Michael Kofler (*https://kofler.info*)
Tobias Otta (*https://www.energieberatung-otta.com*)

PS: Ganz ausdrücklich bedanken möchten wir uns an dieser Stelle bei Walter Bornscheuer, Florian Breinbauer, Josef Gautsch und Gerald Pischinger. Sie durften dieses Buch schon vorweg lesen und haben uns mit Feedback, Physik- und Geologiefachwissen versorgt. Ein Dank geht auch an alle Anlagenbesitzerinnen und -besitzer, die uns Zugang zu ihren Verbrauchs- und Heizdaten gegeben haben.

Kapitel 1
Einführung

Das Konzept der Wärmepumpe wurde vor über 150 Jahren erfunden. In neu errichteten Einfamilienhäusern ist die Wärmepumpe mittlerweile die populärste Form der Heizung. Wärmepumpen sind also keineswegs neu. Dennoch sind Wärmepumpen im deutschen Sprachraum erst neulich in das Interesse der breiten Öffentlichkeit gerückt.

In diesem Kapitel erkläre ich Ihnen, woher die plötzliche Euphorie für Wärmepumpen kommt. Kurz zusammengefasst bieten Wärmepumpen einen Weg, den CO_2-Ausstoß beim Heizen stark zu reduzieren. Das ist dringend notwendig, wenn das Klima unseres Planeten nicht vollkommen aus dem Gleichgewicht geraten soll.

Aus meiner Sicht ist dieses Kapitel wichtig, damit Sie die Notwendigkeit und Sinnhaftigkeit von Wärmepumpen verstehen. Falls Sie davon ohnehin schon überzeugt sind bzw. wenn Sie von der CO_2-Bilanz, der Klimaerwärmung und gesellschaftspolitischen Fragen rund um die Energiewende schon genug gelesen haben, blättern Sie einfach weiter zum nächsten Kapitel. Dort erkläre ich Ihnen dann ausführlich die Funktionsweise von Wärmepumpen in allen erdenklichen Varianten.

1.1 Wo ist das Problem?

Es ist historisch nicht eindeutig geklärt, seit wann Menschen Feuer gezielt zum Kochen und Heizen verwenden. Sicher ist, dass unsere Vorfahren bereits vor gut 30.000 Jahren in der Lage waren, bei Bedarf ein Feuer zu entzünden. Sie mussten also nicht auf einen Blitzschlag oder Vulkanausbruch warten. Seither hat die Verbrennung von Holz und anderen Stoffen eine zunehmende Bedeutung für die Entwicklung der Menschheit.

Aus chemischer Sicht ist ein Feuer eine Verbrennung, also ein Prozess, bei dem kohlenstoffreiche Stoffe – Holz, Kohle, Öl, Gas – mit dem Sauerstoff aus der Luft reagieren. Dabei entstehen Licht, Wärme und Kohlendioxid (CO_2). Dieses Gas ist grundsätzlich harmlos: Es ist farb- und geruchlos und ungiftig. Sie können also an einem Herbstabend rund um ein Lagerfeuer stehen, sich daran wärmen, die schöne Stimmung genießen und müssen keine Angst vor dem CO_2 haben.

Solange nur Holz verbrannt wird und die Mengen nicht zu groß sind, ist die Verbrennung ein regenerativer Prozess: Bei der Verbrennung wird zwar CO_2 an die Luft abgegeben, aber dort stört es nicht. Pflanzen nehmen beim Wachsen CO_2 auf und zerlegen es in Kohlenstoff und Sauerstoff. Bei Bäumen wird aus dem Kohlenstoff letztlich Holz. Damit liegt ein Kreislaufprozess vor (siehe Abbildung 1.1).

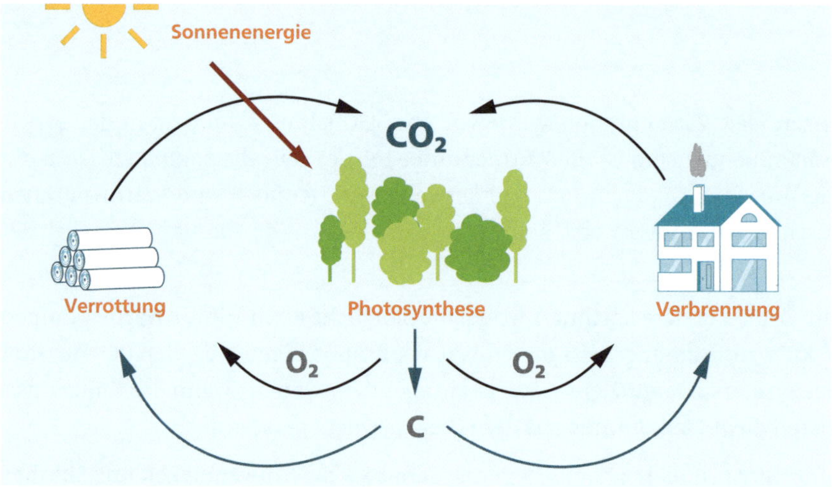

Abbildung 1.1 Kohlenstoffkreislauf

Dieser Kreislauf funktioniert natürlich auch ohne Lagerfeuer: Im einfachsten Fall verrotten Pflanzen am Ende ihrer Lebenszeit und geben dabei den gespeicherten Kohlenstoff teilweise als CO_2 ab. Oder die Pflanzen werden von Menschen oder Tieren als Nahrungsmittel verwendet. Dabei entsteht wiederum CO_2, das ausgeatmet wird.

Fossile Brennstoffe

Bekanntlich ist die Menschheit erfinderisch. Sie ist nicht bei der Verbrennung von Holz stehen geblieben, sondern hat erkannt, dass Kohle, Öl und Gas als Brennstoffe noch besser geeignet sind. Und an dieser Stelle endet der Kreislauf.

Kohle, Öl und Gas sind über Jahrmillionen aus Pflanzen, Algen und Kleinstlebewesen entstanden. Diese Stoffe wurden nicht vollständig zersetzt, sondern in geologischen Prozessen in die Erdkruste eingelagert. Auf diese Weise wurde der Kohlenstoff gebunden und war nicht mehr Teil des Kreislaufs – bis die industrielle Revolution begann.

Seit dem 16. Jahrhundert wird Kohle intensiv abgebaut und verbrannt, Öl und Gas sogar erst seit dem 20. Jahrhundert. In dieser kurzen Zeit wurde durch die Verbrennung von Holz, Kohle, Öl und Gas viel mehr CO_2 an die Luft abgegeben, als durch die Photosynthese der Pflanzen verarbeitet werden kann. Daher steigt seither der Anteil von CO_2 in der Atmosphäre – und das dramatisch.

In den letzten 400.000 Jahren schwankte die Konzentration von CO_2 in der Luft zwischen 200 und 300 ppm (Parts per Million, wobei der Volumenanteil gemessen wird). Für das Jahr 1750 wurde eine Konzentration von 280 ppm ermittelt. 2021 wurden 420 ppm gemessen (siehe Abbildung 1.2). Ein Großteil des Anstiegs von 1750 bis zur Gegenwart ist direkt auf die Verbrennung enormer Mengen fossiler Brennstoffe zurückzuführen. (Ein kleiner Teil, ca. 18 ppm, resultiert aus klimatischen Prozessen. Vom Anfang des 15. bis ca. Mitte des 19. Jahrhunderts gab es die sogenannte »Kleine Eiszeit«, also eine Phase kühleren Wetters.)

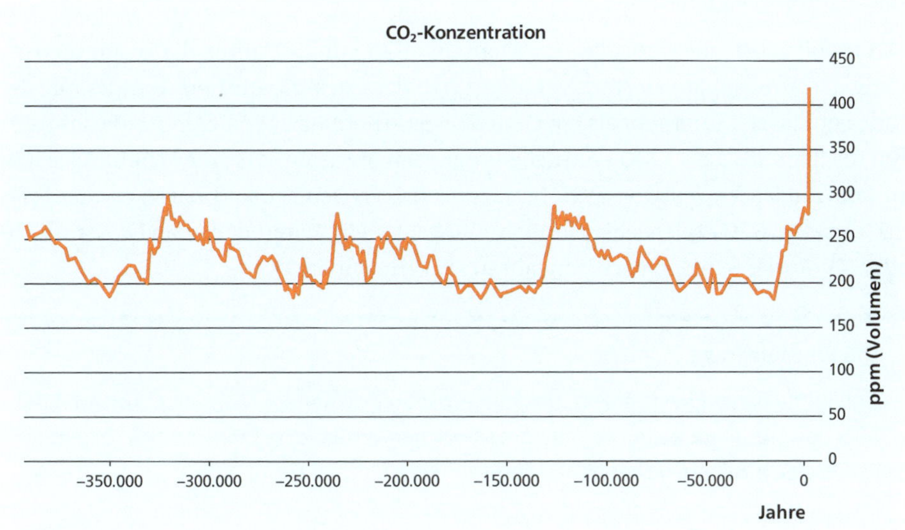

Abbildung 1.2 CO_2-Konzentration in der Atmosphäre während der letzten 400.000 Jahre. 300 ppm wurden erstmalig ca. 1920 überschritten. 2021 betrug der Wert 420 ppm.

Seit 1958 wird der CO_2-Gehalt in der Atmosphäre auf einer Messstation auf Hawaii sowie an diversen anderen Orten gemessen. Vergangene CO_2-Konzentrationen können sehr exakt aus Messungen in Eisbohrkernen ermittelt werden.

Der Einfluss auf das Klima

Wie gesagt, CO_2 ist an sich harmlos und stört nicht bei der Atmung. Mit rund 0,04 Prozent (Volumen) oder 0,06 Prozent (Masse) ist sein Anteil in der Atmosphäre sehr klein.

Die absoluten Zahlen sind schon eindrucksvoller: 2021 wurden weltweit ca. 37 Milliarden Tonnen CO_2 aufgrund von durch Menschen ausgelösten Verbrennungsprozessen emittiert. Das sind etwa 5 Tonnen pro Mensch.

Erste Vermutungen, dass die Zusammensetzung der Atmosphäre Einfluss auf das Klima haben könnte, gab es schon im 19. Jahrhundert. Die gesamte Tragweite wurde aber erst in den vergangenen Jahrzehnten klar: Sogenannte Treibhausgase in der Atmosphäre (am wichtigsten sind Wasserdampf, CO_2 und Methan) beeinflussen selbst in relativ kleinen Konzentrationen das Klima nachhaltig.

Der Treibhauseffekt ist nicht grundsätzlich schlecht: Ohne Atmosphäre würde uns nicht nur die Luft zum Atmen fehlen, unsere Erde wäre mit einer durchschnittlichen Temperatur von –18 °C auch ziemlich kalt. Erst der Treibhauseffekt, durch den ein Teil der von der Erde abgestrahlten Wärme (Infrarotstrahlung) wieder zurück zur Erde reflektiert wird, führt zu einer durchschnittlichen Temperatur von 14 °C an der Oberfläche unseres Planeten.

Das Problem besteht darin, dass die Menschheit in nur 200 Jahren die Zusammensetzung der Atmosphäre so stark verändert hat, dass sich die mittlere Temperatur der Erde bereits jetzt um mehr als ein Grad Celsius erhöht hat. (Als Referenzzeitraum gelten die Jahre 1850 bis 1900.) Aktuelle Prognosen erwarten, dass die Erhöhung schon in wenigen Jahren weltweit 1,5 °C betragen wird. (In Deutschland waren es allerdings 2021 schon 1,6 °C.) Wie es bis zum Jahr 2100 aussieht, hängt davon ab, wie stark wir den CO_2-Ausstoß in den nächsten Jahren senken können.

Die Kreislauffrage

Den Klimawandel bestreitet heute kein ernst zu nehmender Mensch. Manchmal ist aber das Argument zu hören, der vom Menschen verursachte CO_2-Ausstoß sei gering im Vergleich zu natürlichen Prozessen – und der Mensch somit nicht die Ursache des Problems.

Tatsächlich werden zwischen den Ozeanen und der Atmosphäre pro Jahr ca. 90 Milliarden Tonnen CO_2 ausgetauscht, zwischen der Vegetation und der Atmosphäre weitere 60 Milliarden – zusammen also weit mehr als die oben erwähnten 37 Milliarden Tonnen aufgrund von durch Menschen ausgelösten Verbrennungsprozessen. Der wesentliche Unterschied ist aber: Beim Austausch von CO_2 zwischen den Ozeanen, der Vegetation und der Atmosphäre handelt es sich um Kreislaufprozesse. Die Konzentration von CO_2 in der Atmosphäre ändert sich dadurch nicht. Es sind die *zusätzlichen* 37 Milliarden Tonnen pro Jahr, die die Klimaerwärmung vorantreiben.

Noch viel mehr Details über den Kohlenstoffkreislauf, unter anderem auch über die Einlagerung von CO_2 in den Ozeanen, können Sie in der Wikipedia nachlesen:

https://de.wikipedia.org/wiki/Kohlenstoffzyklus

Immer wieder unterschätzt wird, wie stark zwei, drei Grad Temperaturanstieg unser Klima beeinflussen und Extremwetterereignisse begünstigen. Es ist dann eben nicht im Durchschnitt um zwei Grad wärmer (damit könnten wir gut leben), sondern es ist phasenweise viel wärmer und viel trockener. Ein Indikator dafür ist die Anzahl der »heißen Tage« (Tage mit einem Temperaturmaximum über 30 °C). Diese Anzahl ist in Deutschland von durchschnittlich 8 im Jahr 2000 auf mehr als 10 im Jahr 2020 gestiegen. 2022 waren es 17!

Mit der Klimaänderung kommt es zu Dürre, Ernteausfällen und Waldbränden. Anderswo regnet es umso intensiver, es treten Überflutungen auf. Ja, derartige Ereignisse hat es auch in der Vergangenheit gegeben, aber die Häufigkeit und Intensität hat in den letzten Jahren enorm zugenommen und wird weiter steigen.

Laut einer Veröffentlichung von *Nature* im Mai 2023 würde eine Erderwärmung von 2,7 °C bis zum Jahr 2100 dazu führen, dass ca. ein Drittel der Weltbevölkerung in Gebieten lebt, in denen ein normales Leben ohne technische Hilfsmittel (z. B. Klimaanlagen) nahezu unmöglich ist. Der daraus resultierende Migrationsdruck würde ganze Länder destabilisieren.

Wenn in Zukunft ein lebenswertes Leben auf unserer Erde möglich sein soll, müssen wir den Ausstoß von Treibhausgasen (insbesondere von CO_2 und Methan) in den nächsten Jahren drastisch reduzieren.

1.2 Warum sind Wärmepumpen die Lösung?

Aktuell sind das Heizen und die Erwärmung von Warmwasser (zum Waschen und Duschen) in Haushalten für ein Viertel des Primärenergieverbrauchs in Deutschland verantwortlich (siehe Abbildung 1.3). Die restlichen drei Viertel entfallen auf Industrie, Verkehr, Gewerbe sowie auf den sonstigen Energiebedarf in Haushalten, also für Kochen, Licht, TV, Computer etc. (Alle Zahlen in diesem Abschnitt ohne weitere Erläuterung gelten für Deutschland.)

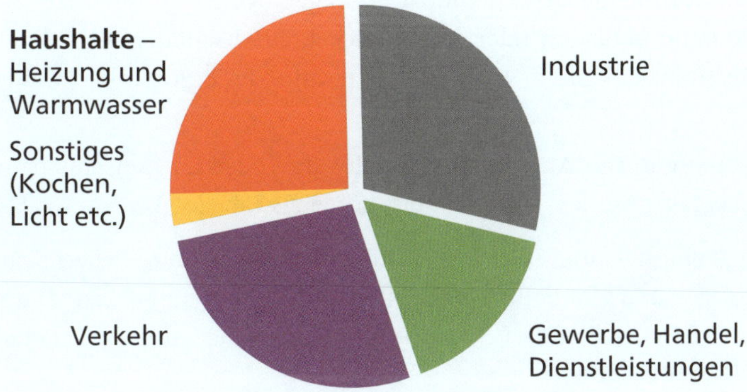

Abbildung 1.3 Endenergieverbrauch nach Sektoren. Die Heizung von Haushalten ist für ein Viertel des Primärenergieverbrauchs in Deutschland verantwortlich.
(Quelle: Umweltbundesamt, Stand: 2021)

Wie wird geheizt? Tabelle 1.1 fasst zusammen, wie viel Prozent der Haushalte in Deutschland, Österreich und der Schweiz welche Art der Heizung verwenden.

	Deutschland	Österreich	Schweiz
Gas	50 %	23 %	25 %
Öl	25 %	13 %	40 %
Fernwärme	14 %	30 %	8 %
Wärmepumpe	3 %	11 %	16 %
Holz/Pellets	3 %	17 %	6 %
Strom	2 %	6 %	
Sonstige	3 %		5 %

Tabelle 1.1 Die Verteilung der Heizungsarten pro Haushalt variiert in der DACH-Region stark. (Quellen: D: Bundesverband der Energie- und Wasserwirtschaft (BDEW) 2021; Ö: Statistik Austria 2019/2020; CH: Bundesamt für Statistik 2021)

Die Zahlen bedürfen einiger Erläuterungen:

- **Fernwärme:** Bei mehr als 40 Prozent aller Fernwärmeanlagen stammt die Wärme aus der Verbrennung von Gas. Zum Glück handelt es sich dabei oft um eine Doppelnutzung: Viele Gaskraftwerke sind mit einer Anlage zur Kraft-Wärme-Kopplung ausgestattet; die im Kraftwerk sowieso entstehende Wärme kann so in das Fernwärmenetz eingespeist werden, was den Gesamtwirkungsgrad des Kraftwerks im Winter verbessert.

  Andere Wärmequellen sind Industrieanlagen (Nutzung von Prozesswärme), Müllverbrennungsanlagen oder, zum Glück immer seltener, Kohlekraftwerke. Nur ganz vereinzelt können warme Quellen unter der Erde genutzt werden (Geothermie).

  Kurz und gut: Der Anteil der Haushalte, die in letzter Konsequenz mit Gas bzw. fossil beheizt werden, ist sogar noch höher als Tabelle 1.1 vermuten lässt.

- **Holz-/Pelletheizung:** Der BDEW inkludiert Holz- und Pelletheizungen unter »Sonstige« und gibt dafür einen Anteil von 6,2 Prozent an. Laut anderen Quellen heizen in Deutschland ca. 3 bis 4 Prozent aller Haushalte mit Pellets, Hackschnitzeln oder Stückholz.

  Im Unterschied dazu nimmt Österreich mit einem sehr hohen Anteil von Pelletheizungen eine Spitzenposition innerhalb von Europa ein. Aktuell werden rund 13 Prozent der Haushalte mit Pellets beheizt, weitere 4 Prozent mit Stückholz oder Hackschnitzel.

Weil Holz und Pellets regenerativ sind, gelten Pelletheizung nicht als fossil. Ich werde Ihnen in Abschnitt 1.3 erläutern, dass Pelletheizungen dennoch nur in Ausnahmefällen eine ökologisch sinnvolle Alternative zu Wärmepumpen sind.

- **Warmwasser:** Die meisten Datenerhebungen differenzieren nicht, ob die Anlage nur die Heizung oder auch das Warmwasser betrifft. Dabei ist das ein wichtiger Unterschied. Die Warmwassererwärmung beansprucht ca. ein Sechstel der Gesamtenergiemenge für Heizung und Warmwasser. Tendenziell wird dieser Anteil sogar immer höher, weil der Heizbedarf in gut gedämmten Häusern und Wohnungen sinkt, der Warmwasserbedarf aber gleich bleibt.

  In größeren Wohnanlagen dient die zentrale Heizungsanlage aber oft nur für die Heizung, nicht für das Warmwasser. Dann braucht jeder Haushalt zusätzlich einen Elektroboiler oder einen Gasdurchlauferhitzer für das Warmwasser.

- **Heizungsanzahl versus Energiemenge:** Es gibt im Internet viele Quellen, die den Heizungsmarkt abbilden, wobei es je nach Erhebung und Aktualität zu kleineren Abweichungen kommt. Wenn die Zahlen dagegen vollkommen anders aussehen als in diesem Buch, gilt eine ganz andere Methodik. Beispielsweise stellt die Statistik Austria einen Datensatz zur Verfügung, der nicht die Anzahl der Haushalte, sondern die pro Heizungsart aufgebrachten Energiemengen vergleicht.

Von der fossilen zur regenerativen Heizung

Kurz zusammengefasst: In Deutschland wird aktuell zu rund 80 Prozent fossil geheizt. Damit ist das Heizen für 20 Prozent des gesamten CO_2-Ausstoßes in Deutschland verantwortlich. In Österreich und der Schweiz sind die Anteile zwar geringer, aber immer noch zu hoch.

Was können nun Wärmepumpen daran ändern? Die herausragende Eigenschaft von Wärmepumpen besteht darin, dass diese Geräte aus einer Kilowattstunde (kWh) Strom drei bis vier Kilowattstunden Wärme produzieren können. Das widerspricht dem Hausverstand und dem, was ich meinen Kindern beigebracht habe: Wenn etwas zu gut klingt, um wahr zu sein, dann ist es selten wahr.

Wärmepumen sind die Ausnahme! Sie können zwar natürlich keine Energie vermehren, aber sie nutzen Umgebungswärme, um ihre unglaublichen Leistungszahlen zu erzielen.

Wenn Sie z. B. mit einer Luftwärmepumpe heizen und dabei eine Kilowattstunde Strom aufwenden, entnimmt die Wärmepumpe der Luft im Freien Wärme im Ausmaß von weiteren drei Kilowattstunden. Abzüglich diverser Verluste wird es in Ihrem Haus um so viel wärmer, als hätten Sie durch eine herkömmliche Stromheizung 3,5 kWh Strom fließen lassen. Dafür wird es draußen etwas kälter. Die Gesamtenergiebilanz stimmt also. (Beim Kühlschrank ist es so ähnlich – nur umgekehrt: Im Kühlschrank wird es kälter, aber in Ihrer Küche wird es wärmer.)

Wirkungsgrad versus Leistungszahl

Oft wird geschrieben, Wärmepumpen hätten einen Wirkungsgrad größer 1. Auch wenn das Richtige gemeint ist – so wie der Begriff »Wirkungsgrad« in der Physik definiert ist, ist ein Wert größer 1 unmöglich. Eine Wärmepumpe wäre dann ein Perpetuum mobile!

Der korrekte Begriff lautet »Leistungszahl« und beschreibt das Verhältnis zwischen produzierter Wärme und eingesetzter Energie (siehe auch Abschnitt 2.11, »Leistungszahl, Jahresarbeitszahl und andere Kennzahlen«). Und die Leistungszahl ist tatsächlich größer 1!

Die genaue Funktionsweise von Wärmepumpen beschreibe ich im nächsten Kapitel, aber so viel können Sie mir jetzt schon glauben: Die Wärmepumpe überträgt Wärme von außen nach innen. Draußen (je nach Typ der Wärmepumpe: in der Luft, im Erdreich, im Wasser) fehlt die Wärme nicht. Und drinnen wird es um ein Mehrfaches wärmer, als würden Sie mit der gleichen Strommenge eine Herdplatte, einen Elektroheizstrahler oder eine Infrarotheizung betreiben.

Die entscheidende Frage ist jetzt: Wo kommt der Strom für die Wärmepumpe her? Die gute Leistungszahl in Ehren, aber wenn der Strom vorher (übrigens mit einem ziemlich schlechten Wirkungsgrad!) in einem Gas- oder Kohlekraftwerk produziert wurde, erscheint die Sache sinnlos. (Lesen Sie dazu aber unbedingt den folgenden Kasten!)

Tatsächlich stammten 2022 bereits 46 Prozent des Bruttostromverbrauchs aus erneuerbarer Energie – annähernd drei Mal so viel wie 10 Jahre früher. Aktuell werden viele weitere Anlagen zur regenerativen Stromgewinnung (insbesondere Windkrafträder und PV-Anlagen) gebaut und geplant, sodass sowohl der regenerative Anteil am Strom als auch die Gesamtmenge in den nächsten Jahren weiter steigen werden. Ob das aktuelle Ausbautempo ausreicht, den regenerativen Anteil bis 2030 auf 80 Prozent zu heben und die Vorgabe der Bundesregierung zur Erreichung der Klimaschutzziele umzusetzen, bleibt abzuwarten. Auf jedem Fall schreitet der Umbau der Stromerzeugung auf regenerative Energie rasch voran.

	2021/2022	Zielvorgabe 2030
Deutschland	46 %	80 %
Österreich	80 %	100 %
Schweiz	70 %	–

Tabelle 1.2 Regenerativer Anteil an der Stromproduktion heute und (vielleicht) in der nahen Zukunft (Quellen: D: Umweltbundesamt; A: Bundesministerium für Klimaschutz; CH: Bundesrat)

Zum Vergleich noch die Zahlen für Österreich und die Schweiz (siehe Tabelle 1.2): Dort liegt der Anteil der erneuerbaren Energie an der Stromproduktion bereits jetzt bei rund 80 Prozent. Die deutlich höheren Werte haben damit zu tun, dass in beiden Ländern viel Strom durch Wasserkraft gewonnen wird.

In der Schweiz tragen einige Kernkraftwerke mit fast 30 Prozent zur Stromproduktion bei. Eine Pressemitteilung des Schweizer Bundesrats spricht dennoch von einem regenerativen Anteil von 80 % bei der Strom*nutzung*. Das ist aber ein Rechentrick, bei dem der Import und Export von Strom berücksichtigt wird. *Produziert* wird aktuell nur zu 70 % regenerativ. (Kernkraft ist nicht fossil und stößt kein CO_2 aus. Aus meiner ganz persönlichen Perspektive erscheint mir die Nutzung vorhandener Kernkraftwerke – zumindest für die nächsten Jahre – ein akzeptabler Kompromiss, definitiv besser als der fortgesetzte Betrieb von Kohlekraftwerken. Aber Kernkraft gilt dennoch nicht als regenerativ.)

Was ist ökologischer: eine Gasheizung oder eine Wärmepumpe, die mit Strom aus dem Gaskraftwerk betrieben wird?

Sie ahnen es vermutlich schon – die Fragestellung ist so nicht sinnvoll. Sie müssen immer den gesamten Strommix berücksichtigen. Ihr Strom kommt nicht von einem Kraftwerk, sondern anteilig aus PV-Anlagen, Wind-, Gas- und Kohlekraftwerken, vielleicht sogar aus (Kern-)Kraftwerken der Nachbarländer.

Beim aktuellen Strommix in Deutschland reduzieren Sie beim Heizen mit einer Wärmepumpe die CO_2-Emissionen auf ca. die Hälfte im Vergleich zu einer Gas- oder Ölheizung. In Österreich und der Schweiz, wo der regenerative Anteil an der Stromproduktion heute schon höher ist, sparen Sie noch mehr CO_2 ein.

Hätten Sie wirklich Ihr eigenes Gaskraftwerk, sähe die Rechnung so aus: Gaskraftwerke erzielen einen Wirkungsgrad zwischen 30 und 60 Prozent. Die deutschen Gaskraftwerke schaffen im Schnitt ca. 47 Prozent. (Bei einigen Gaskraftwerken wird die Abwärme durch eine sogenannte Kraft-Wärme-Kopplung zusätzlich als Fernwärme genutzt. Das steigert den Wirkungsgrad, solange diese Wärme tatsächlich genutzt wird – also vor allem im Winter.)

Bleiben wir bei 47 Prozent. Mit dem Strom können Sie mit einer Wärmepumpe ca. 3,5 Mal so viel Wärme erzeugen. Dank der Wärmepumpe haben Sie aus 1 kWh Gas im Kraftwerk 1,65 kWh Wärme zu Hause produziert ($0{,}47 \times 3{,}5 = 1{,}65$). Je höher der regenerative Anteil im Strom ist, desto besser schneidet die Wärmepumpe ab.

Wenn Sie das Gas dagegen in einem Wohnraum in einer modernen Gasbrennwerttherme verbrennen, erzielen Sie einen Wirkungsgrad von gut 90 Prozent. (Etwas Wärme geht selbst bei Idealbedingungen über den Kamin verloren.) Das ist gut, aber dennoch viel schlechter als beim Umweg über die Wärmepumpe.

So viel kann es bringen!

Einmal angenommen, 80 Prozent der heute fossilen Heizungen in Deutschland würden durch Wärmepumpen ersetzt und der regenerative Anteil an der Stromerzeugung (und wegen des Zusatzbedarfs durch die Wärmepumpen ist mehr Strom notwendig als bisher) kann auf 80 Prozent gehoben werden – dann würden zwei Drittel des fossilen Ausstoßes durch Heizungen eingespart. Das ist ein ziemlich großes Stück des Kuchens!

Auch wenn dieses Wunschszenario nicht über Nacht eintreten wird: Wärmepumpen können einen substanziellen Beitrag hin zur Klimaneutralität leisten.

Persönlicher Nutzen

Bis jetzt habe ich mich in meinen Ausführungen auf gesellschaftspolitische Fragen und Ziele konzentriert. Aber vielleicht denken Sie ganz pragmatisch: Was bringt mir die Installation einer Wärmepumpe persönlich? Lohnt es sich auch wirtschaftlich?

Wärmepumpen sind in der Errichtung deutlich teurer als Gas- oder Ölheizungen, im Betrieb billiger. Das gilt gleichermaßen für Neubauten und für die Bestandssanierung. Bei der Sanierung kommen aber weitere Kosten hinzu, z. B. für die Dämmung, die Veränderung der Heizkörper oder den Einbau einer Fußbodenheizung. (Bei Altbauten ist eine vernünftige Dämmung in jedem Fall empfehlenswert; diese Kosten werden früher oder später sowieso anfallen, selbst dann, wenn Sie weiter ohne Wärmepumpe heizen.)

Eine Gruppe renommierter deutscher Wissenschaftler rund um Jens Clausen hat versucht, die Lebenszykluskosten einer Gasheizung mit denen einer Wärmepumpe für ein konkretes Haus zu vergleichen (siehe Abbildung 1.4). Der Rechenzeitraum beträgt 15 Jahre. Das Modell inkludiert Errichtungs-, Wartungs- sowie Strom- oder Gaskosten.

Dabei wurden Luft- und Erdwärmepumpen berücksichtigt, wobei jeweils zwei Varianten mit einer Förderquote von 40 oder 60 Prozent gerechnet wurden. Als Strompreis wurden 26 Cent/kWh angenommen.

Beim Gaspreis wurden drei Varianten mit 7, 11 und 14 Cent/kWh gerechnet. Die 7 Cent/kWh sind der historische Preis vor der Klimakrise und dem Ukrainekrieg. 11 und 14 Cent/kWh sind Annahmen für einen niedrigen bzw. hohen Preis (im Schnitt über die nächsten 15 Jahre). Weitere Details können Sie hier nachlesen:

https://info-de.scientists4future.org/gas-oder-waermepumpe

Unter den Voraussetzungen der Beispielrechnung sind Wärmepumpen günstiger als Gasheizungen – es sei denn, Gas wird wieder so billig wie in der Vergangenheit. Das ist aufgrund von CO_2-Abgaben auszuschließen.

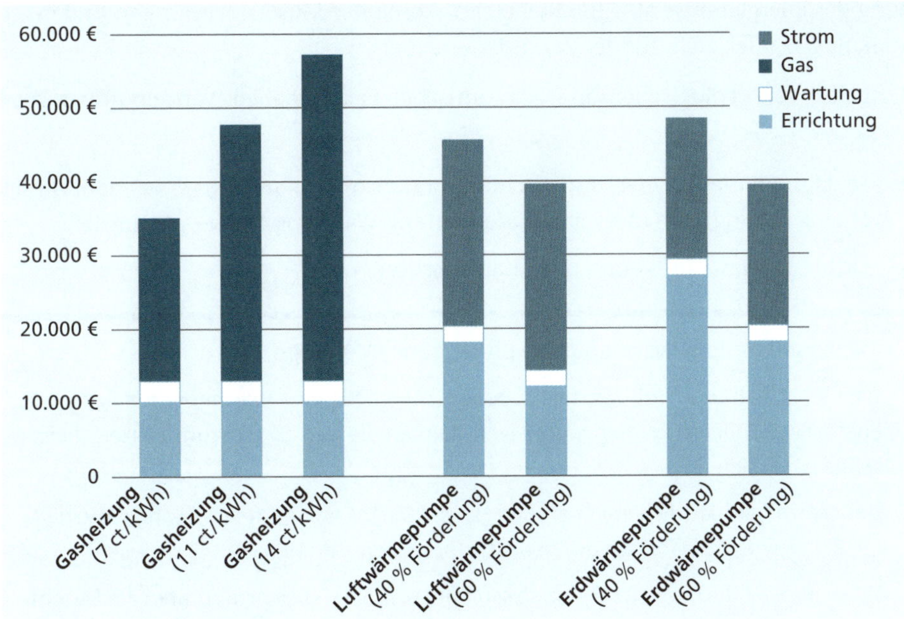

Abbildung 1.4 Kosten für die Errichtung und den Betrieb einer Gasheizung/Wärmepumpe Quelle: Jens Clausen et al. (2023) »Die schnelle Verbreitung der Wärmepumpe ist zentral für schnelle Wärmewende«

Das Diagramm zeigt aber auch, dass die Ersparnis je nach Variante nicht riesig ist – und dass der Strompreis von entscheidender Bedeutung ist. Die in der Veröffentlichung von Jens Clausen angenommenen 26 Cent/kWh sind eher am unteren Rand der Erwartungen. In unseren Beispielrechnungen in diesem Buch sind zumeist 30 ct/kWh angesetzt.

Zu erwarten ist, dass Strom im Zuge des aktuell intensiven Ausbaus von Photovoltaikanlagen und Windkraftwerken billiger wird. Allerdings besteht die Möglichkeit, dass der Strompreis in Zukunft jahreszeitlich oder womöglich sogar stündlich zu unterschiedlichen Preisen verrechnet wird; dann wird Strom an kalten Wintertagen tendenziell teurer als im Sommer sein, was für den Betrieb von Wärmepumpen natürlich nachteilig ist. Nahezu sicher ist, dass Gas und Heizöl aufgrund gesetzlicher CO_2-Abgaben und -Steuern teurer werden.

Aktuell haben Sie das Glück, dass der Umbau des Heizungssystems stark gefördert wird (siehe Kapitel 7, »Förderungen, Gesetze, Betrieb«). Das mindert die Unsicherheit in der finanziellen Kalkulation und reduziert die Amortisierungszeit. Trotzdem wäre es unseriös, hier zu versprechen, der Einbau einer Wärmepumpe lohnt sich nach 15 Jahren oder in irgendeinem anderen konkreten Zeitraum. Zu viel hängt von den konkreten Gegebenheiten Ihres Wohngebäudes und von der zukünftigen Entwicklung der Energiepreise ab. Eine Reihe ganz konkreter Musterrechnungen finden Sie in Kapitel 6, »Beispiele aus der Praxis«.

Losgelöst von ökologischen und ökonomischen Fakten haben Wärmepumpen zwei weitere Vorteile:

- Sie können die Wärmepumpe im Sommer auch zur Kühlung verwenden. Dieses Thema behandle ich in Kapitel 4, »Kühlen mit Wärmepumpen«, ausführlich.
- Sie brauchen weder Kamin noch Kaminkehrer.

Idealkombination: Wärmepumpe plus eigene PV-Anlage

Wenn Ihr Dach und Ihr Budget es zulassen, sollten Sie eine Wärmepumpe mit einer Photovoltaik-Anlage kombinieren. Dann können Sie den Strom zum Heizen gleich selbst produzieren.

Das Ganze hat natürlich einen großen Haken. Die PV-Anlage liefert dann am wenigsten Strom, wenn Sie ihn am dringendsten brauchen – im Winter!

Tatsächlich ist die Lage nicht ganz so schlimm, wie Sie vielleicht vermuten. Im Dezember und Januar liefert Ihre PV-Anlage wirklich zu wenig Strom, um nennenswert beim Heizen mitzuhelfen – da sind Sie fast vollständig auf Ihren Stromversorger angewiesen. In den Randmonaten November und Februar sieht die Sache schon besser aus, die PV-Anlage kann bereits spürbar Strom beisteuern. In den restlichen acht Monaten sind Sie mit einer richtig dimensionierten PV-Anlage weitgehend autark, haben also genug Strom zum Heizen in der Übergangszeit, zum Erwärmen des Warmwassers und für den restlichen Haushalt. In Summe ist das eine lohnenswerte Kombination. Mehr Details folgen in Kapitel 8, »Photovoltaik«.

Nachteile

Ich will Ihnen in diesem Buch nicht das Blaue vom Himmel versprechen. Wärmepumpen haben neben den hohen Investitionskosten auch andere Nachteile:

- **Lärm:** Die aktuell beliebteste Art der Wärmepumpe ist die Luftwärmepumpe. Sie wird im Freien aufgestellt, typischerweise vor dem Haus. Das Funktionsprinzip beruht darauf, der Umgebungsluft Wärme zu entziehen. Deswegen muss die Luft mit einem Ventilator durch die Wärmepumpe bewegt werden. Das verursacht Lärm.

  Moderne Wärmepumpen sind sehr leise, aber sie sind nicht lautlos. Wenn Sie eine Wärmepumpe aufstellen möchten, müssen Sie die örtlichen Lärmschutzbestimmungen einhalten. Sie sollten sich auch darauf einstellen, dass manche Nachbarn Ihre Wärmepumpe zu hören glauben, sobald sie diese nur sehen – selbst wenn das Gerät gerade ausgeschaltet ist!

- **Kondenswasser:** Luftwärmepumpen produzieren Kondenswasser, das Sie ableiten bzw. versickern müssen. Im Winter besteht die Gefahr der Vereisung.
- **Tiefenbohrung:** Wenn Sie sich dagegen für eine Sole-Wasser-Wärmepumpe entscheiden (umgangssprachlich eine »Erdwärmepumpe«), erzielen Sie eine höhere Leistungszahl und produzieren im Freien keine Geräusche. Allerdings müssen Sie nun eine Tiefenbohrung durchführen, die teuer ist.
- **Problemfall Wohnung:** Nicht jeder genießt den Luxus, in einem Einfamilienhaus zu wohnen. Wohnungen werden häufig durch Gasetagenheizungen mit Wärme und Warmwasser versorgt. Derartige Gasthermen zu ersetzen, ist eine riesige Herausforderung, vermutlich eine noch größere als bei Ein- oder Zweifamilienhäusern.

  Es ist natürlich technisch möglich, kleine Luftwärmepumpen zu bauen. Das größte Problem bleibt aber der Zugang zur Außenluft – möglichst ohne das optische Erscheinungsbild der Wohnanlage zu zerstören und die Nachbarschaft mit Lärm zu quälen. Außerdem sind kleine Geräte im Verhältnis zur Leistung sehr teuer. Eine »klassische« Luftwärmepumpe, wie sie für Einfamilienhäuser gebräuchlich ist, scheidet für eine Wohnung eher aus.

  Eine Alternative sind Klimaanlagen, die auch wärmen können. Deren Leistungszahl ist ähnlich gut wie bei großen Wärmepumpen, aber die Geräte heizen mit warmer Luft und sorgen für ein unangenehmes Raumklima, sie verursachen auch innen Geräusche, sind optisch wenig attraktiv (innen wie außen) und können nur schwer mehrere Räume versorgen. Die meisten Klimaanlagen können zudem kein Warmwasser erhitzen. Dazu wird dann – ökologisch unbefriedigend – oft ein Elektroboiler eingesetzt.

  Deutlich leichter lassen sich Wohnanlagen sanieren, wenn eine zentrale Öl- oder Gasheizung durch eine ebenso zentrale große Wärmepumpe ersetzt werden kann. Für derart große Investitionen lässt sich aber erfahrungsgemäß nur schwer eine Mehrheit der Eigentümer finden.

Auf diese und viele weitere Detailfragen gehe ich ausführlich im nächsten Kapitel ein.

1.3 Alternativen zu Wärmepumpen

Öl und Gas haben für die Heizung langfristig keine Zukunft. Wärmepumpen können aber doch nicht die einzige Option sein, oder? In diesem Abschnitt gebe ich einen Überblick über mögliche Alternativen.

Fernwärme

Gerade im innerstädtischen Bereich wird der Ausbau von Fernwärme schon seit Jahren forciert, ursprünglich primär zur Verbesserung der Luftqualität. Ganze Straßenzüge werden über dicke Rohre mit warmem Wasser zum Heizen versorgt.

Die Nutzung von Fernwärme ist durchaus attraktiv: Sie müssen sich selbst um nichts kümmern. Das warme Wasser wird zentral in die Wohnanlage oder das Haus eingeleitet und kann herkömmliche Heizkörper oder die Fußbodenheizung erwärmen. Die Umbauarbeiten sind in der Regel überschaubar. Es sind keine Wartungsarbeiten erforderlich, es muss auch kein Kaminkehrer kommen.

Leider ist Fernwärme auch mit Nachteilen verbunden:

- **Anschlussmöglichkeit:** Die Nutzung von Fernwärme ist nur möglich, wenn Ihre Straße mit dem Fernwärmenetz verbunden ist. Da das Verlegen von Fernwärmeleitungen mit sehr hohem Aufwand verbunden ist, lohnt sich der Ausbau des Fernwärmenetzes nur in dicht besiedelten Stadtteilen und beim Vorhandensein einer geeigneten Wärmequelle.
- **Fossile Fernwärme?** Wie wird das Wasser für das Fernwärmenetz erwärmt? Den Idealfall stellt die Nutzung ohnedies vorhandener Abwärme von Industrieanlagen, Rechenzentren oder Müllverbrennungsanlagen dar. Falls es unter der Erde warme Quellen gibt (z. B. im Großraum München), dann kann das Fernwärmenetz mit Geothermie gespeist werden. Ökologisch auch zweckmäßig sind riesige Wärmepumpen, die dem Meereswasser oder anderen Gewässern Wärme entziehen. Ein derartiges Großprojekt wird aktuell in Esbjerg (Dänemark) realisiert.

  All diese Varianten klingen gut, bilden die Realität aber schlecht ab: Aktuell wird Fernwärme überwiegend durch die Verbrennung von fossilen Brennstoffen produziert (Deutschland Mitte 2023: 43 % Gas, 20 % Kohle, 2 % Öl, zusammen also zwei Drittel fossil). Immerhin basieren die meisten fossilen Fernwärmequellen auf einer Kraft-Wärme-Kopplung: Dabei wird die bei einem Gas- oder Ölkraftwerk sowieso entstehende Wärme zum Heizen verwendet. Das verbessert den Wirkungsgrad. Wenn allerdings in Zukunft zuerst Kohle- und später auch immer mehr Gaskraftwerke durch regenerative Stromquellen ersetzt werden – woher kommt dann die Fernwärme? Die Umstellung auf regenerative Wärmequellen erfolgte zuletzt leider schleppend.
- **Kosten:** Fernwärme ist keine günstige Form der Heizung. Zuletzt sind die Fernwärmepreise aufgrund der hohen Gaspreise ebenfalls gestiegen. In Zukunft sind große Investitionen erforderlich, um regenerative Wärmequellen zu realisieren.
- **Anbieterwechsel unmöglich:** Wenn Ihre Wohnung oder Ihr Haus einmal an das Fernwärmenetz angeschlossen ist, ist ein Wechsel nahezu unmöglich. In jedem Stadtgebiet gibt es nur einen, meist öffentlichen Fernwärmeanbieter.

Pelletheizung

Holzpellets bestehen aus zusammengepressten, getrockneten Holzresten. Sie sind ca. 25 mm lang und haben einen Durchmesser von rund 6 mm. Pellets werden in Pelletöfen verbrannt, wahlweise in relativ großen Öfen im Keller oder in kleinen Zimmergeräten.

Bei Zentralheizungen ist zusätzlich ein Pelletlagerraum mit einem Volumen von 5 bis 8 m^3 für ein Einfamilienhaus erforderlich. Die Einlagerung erfolgt einmal jährlich, wobei die Pellets in einem LKW antransportiert und in den Pelletraum geblasen werden. Kleinere Öfen können alternativ alle zwei Tage sackweise befüllt werden.

Pelletöfen sind vor allem in Österreich sehr beliebt, wo ca. jeder sechste Haushalt mit Pellets heizt. Pelletheizungen sind im Betrieb etwas günstiger als Gas- oder Ölheizungen. Zudem gelten Pelletheizungen als regenerativ: Es wird Holz verbrannt, das nachwächst. Die Heizung stößt zwar CO_2 aus, aber das nachwachsende Holz bindet gleich viel CO_2 wieder. (Der regenerative Charakter von Pelletheizungen wird zunehmend bezweifelt; ich gehe gleich darauf ein.)

Pelletheizungen bieten sich vor allem als Ersatz für Ölheizungen an: Der nicht mehr benötigte Öltank macht Platz für das Pelletlager. Auch der erforderliche Kamin steht bereits zur Verfügung. Und schließlich produzieren Pellets genug Wärme, um mit hoher Vorlauftemperatur auch herkömmliche Heizkörper zu betreiben. Ein teurer Umbau des Heizungssystems ist nicht notwendig.

Trotz all dieser Vorteile haben Pelletheizungen zumindest in Deutschland nur ein beschränktes Potenzial:

- **Feinstaub:** Die Verbrennung von Pellets stößt Feinstaub aus. Die Mengen sind zwar gering im Vergleich zur Verbrennung von Holz in einem Ofen, aber sie sind auch nicht ganz vernachlässigbar, insbesondere in städtischen Gebieten.
- **Wirklich regenerativ?** Von Kritikern wurde zuletzt immer wieder der regenerative Charakter von Pelletheizungen in Frage gestellt. Der CO_2-Kreislauf ist nur dann in Ordnung, wenn pro Jahr *regional* etwa die gleiche Menge Holz nachwächst, wie verbrannt wird. Besonders gut sieht die ökologische Bilanz aus, wenn die Pellets überwiegend aus Restholz, Sägespänen und anderen Holzabfällen gemacht werden.

  Die Rechnung stimmt allerdings nicht mehr, wenn für die Pelletproduktion osteuropäische Wälder abgeholzt werden. Selbst wenn der Wald dort wieder aufgeforstet wird (was nicht immer der Fall ist!), geschieht der CO_2-Ausstoß praktisch sofort. Hingegen dauert es Jahrzehnte, bis die nachwachsenden jungen Bäume die gleiche Menge CO_2 binden. Vorübergehend tut sich also eine CO_2-Lücke auf. Zusätzlich ist an dieser Stelle der Lebensraum Wald (für Mensch und Tier) für Jahre vernichtet. Lange Transportwege verschlechtern die Ökobilanz weiter.

In der Steiermark, wo einer der Autoren dieses Buchs lebt, sind über 60 Prozent der Fläche mit Wald bedeckt. Statistisch gesehen gibt es für jeden Einwohner über 8300 m^2 Wald. Zum Vergleich die Zahlen für ganz Deutschland: Dort wächst auf 30 Prozent der Fläche Wald. Pro Einwohner gibt es nur ca. 1300 m^2 Wald, also nur ein Sechstel. Diese Zahlen machen schon deutlich: Pelletheizungen bieten sich dort an, wo relativ zur Einwohnerzahl viel Wald zur Verfügung steht.

Pellets werden nicht nur zum Heizen, sondern in manchen Ländern auch zur Stromerzeugung verbrannt – quasi als regenerativer Ersatz für stillgelegte Kohlekraftwerke. Spätestens da ist zu hinterfragen, wie weit das ökologisch Sinn macht, zumal der Wirkungsgrad bei der Stromproduktion deutlich niedriger ist als beim Heizen. (Das gilt für alle fossilen Brennstoffe.)

- **Preisschwankungen:** Kurz nach dem Beginn des Ukrainekriegs sind die Pelletpreise explodiert und haben sich teilweise verdreifacht. Auch wenn sich die Lage inzwischen wieder beruhigt hat, gab es nie eine wirklich plausible Begründung für den starken Preisanstieg. Die im DACH-Gebiet verheizten Pellets kommen weder aus der Ukraine noch aus Russland.

  Letztlich ist der Pelletmarkt viel kleiner als der für Öl und Gas. Es gibt wenige Anbieter und insofern nur beschränkt einen freien Markt; entsprechend groß ist Gefahr von Preisschwankungen.

Hackschnitzel- und Stückholzheizungen

Anstelle von Pellets können Sie auch Hackschnitzel oder Stückholz verheizen. Aber wo Pelletheizungen schon eine Nische sind, bilden Hackschnitzel- oder Stückholzheizungen die Nische in der Nische. Ich gehe auf diese Varianten, die wiederum nur in ländlichen, stark bewaldeten Gebieten zweckmäßig sind, daher nicht weiter ein.

Die Wasserstofflüge

Zuletzt wurde speziell in Deutschland die sogenannte Wasserstoffheizung beworben. Die Grundidee ist simpel: Wasserstoff (H_2) kann im Prinzip wie Erdgas verbrannt werden. Wenn der Wasserstoff regenerativ erzeugt werden kann, dann ist auch die Heizung regenerativ.

Das ist deswegen praktisch, weil so eine herkömmliche Gasheizung mit einem grünen Mäntelchen verkauft werden kann. Die Gasheizung wird plötzlich zur ökologischen Alternative, weil sie ja – irgendwann, später – »grünen« Wasserstoff als Brennstoff verwenden kann.

Das Problem ist nur: Aktuell gibt es keinen »grünen« Wasserstoff. Die Erzeugung von H_2 mittels Elektrolyse ist so teuer, dass stattdessen chemische Verfahren verwendet werden. Als Ausgangspunkt wird Erdgas verwendet. Dieser Wasserstoff wird »grau«

genannt, ist also fossil. (Es gibt auch »türkisen« oder »blauen« Wasserstoff, wenn der Kohlenstoff bei der Produktion abgeschieden wird und nicht als CO_2 in die Atmosphäre gelangt. Die merkwürdigen Regeln der Wasserstoff-Farbenlehre können Sie unter *https://www.wasserstoff-leitprojekte.de/wissenswertes* nachlesen.)

Die Argumentation der Wasserstoffbefürworter sieht so aus: Mit dem Ausbau der regenerativen Stromerzeugung wird es voraussichtlich immer häufiger Zeitfenster geben, in denen wir mehr Strom produzieren, als wir gerade verbrauchen – beispielsweise in den Mittagsstunden eines schönen Sommertages. Stundenweise ist das sogar jetzt schon der Fall. Mit dem überschüssigen Strom könnten wir – geeignete Elektrolyseanlagen vorausgesetzt – H_2 erzeugen und komprimiert speichern. Alternativ könnte H_2 auch mittels PV-Farmen in Afrika (die ebenfalls erst zu errichten sind) produziert und in Schiffen nach Europa gebracht werden.

Grundsätzlich sind beide Denkansätze korrekt – und tatsächlich ist H_2 ein wichtiger Baustein in der Energiewende. H_2 ist erforderlich, um industrielle/chemische Prozesse ökologischer zu gestalten. Grüner Wasserstoff wird aber noch über Jahrzehnte viel zu wertvoll sein, um ihn durch die Heizung zu blasen. In Wirklichkeit ist die »Wasserstoffheizung« lediglich ein billiger Versuch, eine fossile Heizung ökologisch wertvoll aussehen zu lassen. (Die Argumentationskette gilt im Übrigen auch für Wasserstoffautos sowie für den Betrieb herkömmlicher Autos mit E-Fuels.)

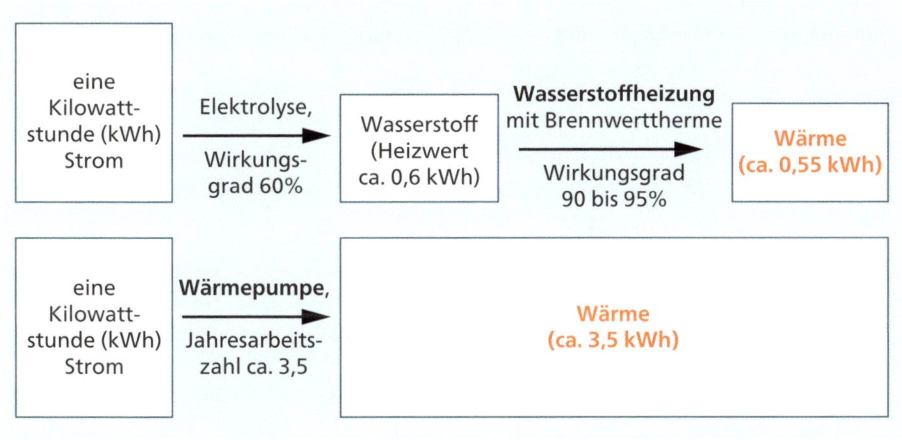

Abbildung 1.5 Produzierte Wärme mit einer Wasserstoffheizung (oben) bzw. mit einer Wärmepumpe (unten). Die Fläche der Kästchen entspricht den Energiemengen.

Wenn ich Sie bis jetzt noch nicht überzeugt habe, sehen wir uns noch an, wie viel Wärme wir aus einer Kilowattstunde Strom erzeugen können (siehe Abbildung 1.5):

- Bei der Elektrolyse gehen schon 20 bis 40 Prozent der ursprünglichen Energie verloren, beim Heizen nochmals rund 10 Prozent. Auf die Energieverluste beim Komprimieren des Wasserstoffs in flüssige Form sowie beim Transport gehe ich hier gar nicht ein. Aus einer kWh Strom werden im Idealfall 0,55 kWh Wärme, in der Praxis eher deutlich weniger.

- Die gleiche Menge Strom produziert in Kombination mit einer Wärmepumpe ca. 350 Prozent Wärme, das ist sechs bis sieben Mal mehr! Eine Wasserstoffheizung ist einfach in jeder Hinsicht unsinnig.

Das Dichtheitsproblem

Das Element Wasserstoff steht am Beginn der Periodentabelle und hat daher die geringste Atommasse von allen Elementen. Die chemische Verbindung H_2 (das Wasserstoffgas, das aber umgangssprachlich einfach »Wasserstoff« genannt wird) ist analog das kleinstmögliche Molekül. Anders formuliert: Kein anderes Gas besteht aus so kleinen Teilen!

Der Grund, warum ich hier in die Chemie abschweife, ist die Dichtheit: Es ist enorm schwierig, Wasserstoff aufzubewahren, ohne dass es aus dem Behälter entweicht (diffundiert). Selbst großtechnisch lässt sich dieses Problem nur schwer in den Griff bekommen. Es erscheint geradezu absurd, das in einer kleinen Heizungsanlage für einen Haushalt zu versuchen.

Bekanntermaßen ist die Kombination von Wasserstoff und Sauerstoff explosiv. Zum Glück herrscht nicht gleich Explosionsgefahr, wenn etwas Wasserstoff aus einer Leitung diffundiert. Diese besteht erst, wenn sich Wasserstoff in einer Konzentration von mehr als 18 Prozent ansammeln kann. Wasserstoff ist damit »nur« ähnlich gefährlich wie Erdgas – aber viel flüchtiger.

Glauben Sie mir: Sie wollen in Ihrem Keller keine Wasserstoffheizung haben! (Aber in Wirklichkeit ist es nie um das Heizen mit Wasserstoff gegangen. Es geht darum, weiter Gasheizungen zu verkaufen und diese weiter mit Gas zu betreiben. Der Wasserstoff ist hier nur das grüne Mäntelchen.)

Vielleicht haben wir in zwanzig oder dreißig Jahren Strom und Wasserstoff im Überfluss. *Dann* können wir über neue Anwendungsmöglichkeiten nachdenken. Bis es so weit ist: Vergessen Sie die Wasserstoffheizung!

Solarthermie

Von Solarthermie spricht man, wenn Sonne Wasser erwärmt. Wenn Sie bis vor wenigen Jahren schwarze Panels auf Hausdächern gesehen haben, dienten diese fast immer zum Erwärmen von Warmwasser (siehe auch Abschnitt 5.3). Heute müssen Sie genauer schauen. Die meisten Panels sind PV-Module und dienen zur Stromerzeugung. Rein optisch ist der Unterschied nicht immer auf Anhieb zu erkennen.

Der Vorteil von Solarthermie im Vergleich zur Photovoltaik besteht darin, dass sein Wirkungsgrad viel höher ist: Ein Solarthermie-Panel kann bis zu 80 Prozent der Sonnenstrahlung in Wärme umwandeln. Handelsübliche PV-Module können dagegen nur gut 20 Prozent der Strahlung in Strom umwandeln.

Solarthermie ist keine Alternative zur Wärmepumpe, weil Sie damit nicht heizen können. Dafür erreicht der Ertrag im Winter nicht aus. Solarthermie kann aber eine vorhandene Heizung – egal, welcher Art – ergänzen. Am häufigsten wird Solarthermie mit einer Öl-, Gas- oder Pelletheizung kombiniert. Die Heizung kann dann während der Sommermonate komplett ausgeschaltet werden, weil das Warmwasser per Solarthermie erwärmt wird. Und selbst im Frühling und Herbst kann Solarthermie die Heizung unterstützen.

Seit PV-Anlagen einigermaßen preiswert realisierbar sind, haben Solarthermieanlagen an Popularität verloren. Dafür gibt es mehrere Gründe:

- Strom ist universeller nutzbar als Wärme. Im Sommer produziert Solarthermie zu viel und zu heißes Wasser. Was nützt ein guter Wirkungsgrad, wenn Sie die Wärme gar nicht brauchen?
- Solarthermieanlagen sind wartungsintensiv. Im Sommer lässt sich schwer verhindern, dass das Wasser so heiß wird, dass es zu kochen beginnt. Dann entstehen Luftblasen. Nach dem Sommer muss der Kreislauf gespült und das durch die Hitze zerstörte Frostschutzmittel erneuert werden.
- Wegen der hohen Temperaturen ist die Warmwassererwärmung mit Solarthermie bei stark kalkhaltigem Wasser problematisch.

1.4 Wärmepumpen und die Politik

Speziell in Deutschland ist die Diskussion über die richtige, perfekte, ökologisch wertvollste Heizung nicht mehr länger eine sachliche, sondern vielmehr eine politische Frage geworden. Einen Anteil daran hat die Presse, die mit polemischen Überspitzungen (»Heiz-Hammer«) die Leserschaft unterhalten will und dabei gerne etwas Öl ins Feuer gießt.

Ich will gar nicht verhehlen, dass ich Wärmepumpen als technologisch tolle Lösung betrachte – sonst hätte ich an diesem Buch nicht mitgearbeitet. Aber ich möchte unbedingt vermeiden, hier eine politische Botschaft zu übermitteln. Ich versuche im gesamten Buch, Ihnen die Vorzüge von Wärmepumpen zu beschreiben – aber gleichzeitig auch alle Nachteile und Probleme auszuleuchten.

Mein Ziel ist es, Ihnen ein möglichst neutrales Bild von den technischen Möglichkeiten zu vermitteln. Wenn Sie sich am Ende für einen Neubau oder für ein Sanierungsprojekt mit Wärmepumpe entscheiden, sollen Sie das tun, weil Sie von der Sinnhaftigkeit überzeugt sind – nicht weil Ihnen die Regierung dies vorschreibt. Sollten Sie dagegen den Eindruck gewinnen, dass eine Wärmepumpe für Ihren konkreten Einsatzzweck nicht die ideale Lösung ist – dann hat das Buch auch seine Aufgabe erfüllt! Anders als vielfach dargestellt, wird es in naher Zukunft keinen Zwang zur Wärmepumpe geben.

Lassen Sie mich nochmals versuchen, aus anderer Richtung zu argumentieren: Auch wenn Sie kein glühender Freund der Grünen sind, sollten Sie sich mit dem Thema »Wärmepumpe« auseinandersetzen. Es wäre absurd, wenn Sie sich quasi in einer politischen Trotzreaktion gegen eine Wärmepumpe entscheiden. Dieses Buch will Ihnen helfen, die Vor- und Nachteile abzuwägen und die für Sie beste Heizungslösung zu finden – losgelöst von jeder Ideologie!

Wenn Sie selbst zum Thema recherchieren, empfehle ich Ihnen, auch einen Blick in das Ausland zu werfen (siehe dazu auch den folgenden Abschnitt). Während Wärmepumpen in der massiven medialen Präsenz im deutschen Sprachraum ein neues Phänomen sind, werden sie in vielen Nachbarländern schon seit Jahren wesentlich häufiger als bei uns eingesetzt. Das gilt insbesondere für die skandinavischen Länder. Die dabei erzielten Erfahrungen sind überwiegend gut.

1.5 Mythen und Vorurteile

In diesem Abschnitt versuche ich, gängige Kritikpunkte bzw. Vorurteile rund um den Einsatz von Wärmepumpen möglichst sachlich darzustellen.

- **Wärmepumpen sind nur für Neubauten bzw. Niedrigenergiehäuser geeignet.** Das ist schlichtweg falsch. Richtig ist, dass Wärmepumpen umso besser funktionieren, je niedriger die Vorlauftemperatur des Heizungswassers ist. Deswegen läuft die Wärmepumpe bei einem gut gedämmten Haus mit Fußbodenheizung mit einer höheren Leistungszahl als bei einem schlecht gedämmten Haus mit herkömmlichen Heizkörpern. Dementsprechend wird empfohlen, bei der Sanierung von Altbauten mit der Dämmung zu beginnen.
- **Es gibt zu wenig Wärmepumpen bzw. Handwerker.** Das trifft aktuell zu. Andererseits werden ja nicht alle für die Energiewende notwendigen Wärmepumpen sofort installiert. Die Produktionskapazitäten für Wärmepumpen werden gerade massiv gesteigert, in Deutschland und anderswo. Es ist abzusehen, dass es bald genug Wärmepumpen geben wird und dass der Preis von Wärmepumpen tendenziell sinken wird. Schwieriger zu lösen ist das Personalproblem der Fachbetriebe, das unumstritten ist.
- **Wärmepumpen sind zu teuer, das lohnt sich nie!** Die Investitionskosten für eine neue Heizung mit Wärmepumpe sind in der Tat deutlich höher als bei einer Gasheizung. Die laufenden Kosten sind aber niedriger, zumal zu erwarten ist, dass der Strompreis in den nächsten Jahren sinkt, der Gaspreis aber (auch aus steuerlichen Gründen, CO_2-Bepreisung) stark steigen wird. Längerfristig sparen Sie mit einer Wärmepumpe Geld!

In vielen Ländern gibt es Förderprogramme für den Austausch fossiler Heizungen durch Wärmepumpen. In Deutschland werden die schon vorhandenen Förderungen ab 2024 sehr großzügig erweitert. Dann übernimmt der Staat in manchen Fällen mehr als 50 Prozent der Kosten – ein Angebot, dass Sie sich nicht entgehen lassen sollten. (Die genauen Förderregularien variieren je nach Land/Bundesland stark. Werfen Sie einen Blick in Kapitel 7, »Förderungen, Gesetze, Betrieb«.)

- **Die Wärmepumpe fliegt mir um die Ohren.** Das ist maßlos übertrieben. Tatsächlich hat es Fälle gegeben, bei denen das in jeder Wärmepumpe enthaltene Kältemittel (es handelt sich bei alten Modellen um wenige Kilogramm, bei neuen Modellen um noch deutlich kleinere Mengen) aufgrund eines technischen Defekts entwichen und verpufft ist. Die Gefahr, die von jeder Gasheizung ausgeht, ist um ein Vielfaches höher.
- **Es gibt zu wenig Strom.** Diese Aussage trifft aktuell zu – aber parallel mit der Errichtung von Wärmepumpen wird ja auch die regenerative Stromerzeugung ausgebaut. Zur Abschätzung der Energiemengen habe ich hier eine Überschlagsrechnung angestellt.

  2022 wurden in Deutschland ca. 570 Milliarden Kilowattstunden (kWh) Strom produziert. Es gibt in Deutschland aktuell ca. 41 Millionen »Wohnungen«, wobei dieser Begriff auch Einfamilienhäuser bzw. Doppelhaushälften inkludiert. Aktuell werden etwa 80 % fossil beheizt. Wenn es gelingt, davon wieder 80 % mit Wärmepumpen auszustatten, wären das ca. 26 Millionen Wohnungen. (Wir brauchen übrigens nicht 26 Millionen Wärmepumpen! Viele Wohnungen befinden sich in Mehrparteienheizung, wo eine zentrale Gas- oder Ölheizung durch eine ebenso zentrale Wärmepumpe ersetzt werden kann. Um noch eine Zahl zu nennen: Es gibt in Deutschland knapp 19 Millionen Wohngebäude, wobei ein Gebäude oft mehrere Wohnungen enthält. Abermals 80 % fossil, davon 80 % umstellen ergibt ca. 12 Millionen Wärmepumpen unterschiedlicher Größe.)

  Nun veranschlagen wir den Wärmebedarf pro Haus/Wohnung auf ca. 20.000 kWh pro Jahr. Das ist sehr hoch angesetzt – eine kleine Wohnung oder ein gut gedämmtes Haus haben einen viel kleineren Wärmebedarf. Um so viel Wärme zu erzeugen, braucht eine Wärmepumpe ca. 5700 kWh Strom. Multipliziert mit 26 Millionen Wohnungen ergibt sich ein jährlicher Strombedarf von 150 Milliarden kWh. Die produzierte Strommenge müsste also um ein Viertel gesteigert werden.

  Das ist zweifelsohne ein ambitioniertes Ziel, aber kein unmögliches. Tatsächlich wird die Umstellung auf Wärmepumpen nicht von heute auf morgen passieren – selbiges gilt auch für den Ausbau der Stromversorgung. Die Rechnung ist konservativ, tatsächlich reicht vermutlich ein deutlich kleinerer Ausbau. Andererseits: Auch Elektroautos brauchen zunehmend mehr Strom. Und dann ist noch das Problem, dass sich der Strombedarf der Wärmepumpen nicht gleichmäßig über das Jahr verteilt, sondern vor allem im Winter auftritt.

Kurz und gut, wir brauchen tatsächlich mehr Strom, als wir aktuell produzieren. Und aus der Klimasicht sind Wärmepumpen nur dann zweckmäßig, wenn der Großteil dieses Stroms regenerativ erzeugt wird.

- **OK, die Stromversorgung kann meistens gewährleistet werden, aber in einer Dunkelflaute wird es kalt.** Die Erzeugung regenerativen Stroms ist besonders schwierig, wenn über mehrere Tage keine Sonne scheint und kein Wind bläst. Deutschland hat auch gleich ein Wort gefunden, um diesen Wetterzustand zu beschreiben – die »Dunkelflaute«. Dieses Wort ist offenbar so eingängig, dass es (wie Kindergarten oder Gemütlichkeit) sogar im Englischen verwendet wird. Die Steigerungsform lautet »kalte Dunkelflaute« und wird von den Skeptikern der erneuerbaren Energie gerne als Kampfbegriff verwendet.

  Tatsächlich tritt dieses Wetterphänomen sehr selten auf, also ein, zwei Mal pro Jahr für einige Tage. Der Plan ist, für diese wenigen Tage Gaskraftwerke in Reserve zu belassen, die die Stromlücke schließen. Gaskraftwerke sind für diese Aufgabe gut geeignet, weil sie sich relativ schnell regeln lassen. Aus Ökosicht ist das vielleicht nicht ganz perfekt, aber es ist eine pragmatische Lösung für ein paar Tage im Jahr. Im Übrigen gibt es ein europaweites Stromnetz. Auch wenn in Deutschland Dunkelflaute ist, scheint vielleicht in Spanien die Sonne.

- **Nun gut, wir haben vielleicht den Strom, aber es gibt zu wenig Leitungen.** In der Tat sind in Deutschland zusätzliche Stromleitungen erforderlich, um Strom aus Windkraftwerken (Betrieb offshore oder an der Küste) in andere Landesteile zu übertragen. Besonders wichtig ist das im Winter, wenn der Anteil der Photovoltaik gering ist.

  Während die Sinnhaftigkeit zusätzlicher Leitungen leicht einzusehen ist, will natürlich keiner eine neue Überlandleitung vor der Nase haben. Die Planung und Errichtung neuer Leitungen ist deswegen ein umstrittener Gegenstand der politischen Diskussion. (Die alternative Verlegung von Hochspannungsleitungen unter der Erde ist zwar theoretisch möglich, wird in der Praxis aber aus technischen und finanziellen Gründen vermieden. Die Verlegung ist sehr aufwendig, außerdem ist es extrem schwierig, eine ausreichende Isolation und Kühlung der Leitungen zu gewährleisten.)

  Gleichzeitig läuft aktuell deutlich unauffälliger auch ein kleinräumiger Netzausbau, damit Strom aus örtlichen PV-Anlagen besser in das Netz eingespeist werden kann. Dabei geht es vor allem um die Verbesserung schon vorhandener Leitungen und den Austausch alter Transformatoren.

- **Energieversorgungsunternehmer dürfen mir stundenweise einfach den Strom abdrehen, dann wird es kalt.** Tatsächlich haben Energieversorger die Möglichkeit, den Strom bei großem Bedarf für einige Stunden am Tag zu drosseln. Diese sogenannten »Sperrzeiten« betreffen nur die großen Verbraucher in Ihrem Haushalt, also z. B. Wärmepumpen, Elektroboiler oder das Laden von Elektroautos – und auch das nur, wenn es dafür eigene Stromkreise gibt, Ihre elektrische Anlage also darauf vorbereitet ist. Die »gewöhnliche« Stromversorgung für Licht, Küche und Computer bleibt natürlich immer aufrecht.

Fast alle gängigen Wärmepumpen sind Smart-Grid-Ready, können also Signale des Energieversorgers verarbeiten (siehe auch Abschnitt 2.10, »Betriebsweise von Wärmepumpen«). Wenn gerade viel Strom zur Verfügung steht, kann die Wärmepumpe das Warmwasser aufwärmen. Und wenn der Strom gerade knapp ist, muss die Wärmepumpe eben eine Pause machen.

In Deutschland wurden Sperrzeiten bisher nur in einem relativ geringen Ausmaß angewendet. In anderen Ländern wie Frankreich wird diese Möglichkeit dagegen häufig genutzt – und das, ohne dass die Stromkunden spürbare Einschränkungen bemerkt haben. Es wird natürlich *nicht* kalt in Ihrem Haus, nur weil die Wärmepumpe zwei Stunden Pause macht! Das Funktionsprinzip einer Heizung mit Wärmepumpe besteht darin, die Wärme kontinuierlich zu verteilen. Ihr Haus bzw. Ihre Wohnung ist ein riesiger, viele Tonnen schwerer Wärmepuffer. Ihr Haus kann nicht in wenigen Stunden erwärmt werden, aber ebenso wenig kühlt es in wenigen Stunden aus.

- **Wärmepumpen sind vielleicht sinnvoll, aber zuerst sollen einmal andere Länder etwas tun.** Das ist schon passiert. Deutschland ist bei den Wärmepumpen keineswegs ein Vorreiter (siehe Abbildung 1.6).

  In welchen Ländern sind die meisten Wärmepumpen installiert? Laut einer Publikation der European Heat Pump Association (EHPA) brillieren die skandinavischen Länder. (Stand der Daten: 2018; aktuellere, öffentlich vorliegende Zahlen habe ich leider nicht gefunden.)

  In welchen Ländern wurden 2022 die meisten Wärmepumpen verkauft? Neuerlich liegen die skandinavischen Länder an der Spitze. Österreich und die Schweiz liegen mit 12 bzw. 11 Wärmepumpen im unteren Mittelfeld, Deutschland ist abgeschlagen.

  Nun heißt es: Traue keiner Statistik, die du nicht selbst gefälscht hast. Ich kenne die Grundlagen der EHPA-Daten nicht im Detail. Es wäre nämlich zu hinterfragen, um welche Wärmepumpen es sich handelt. Es gibt ja auch winzige Geräte, die nur einen Raum wärmen/kühlen und die gerade in den südlichen Ländern populär sind. Solche Geräte lassen sich nicht sinnvollerweise mit einer Wärmepumpe vergleichen, die ein ganzes Haus heizt.

  Aber vollkommen losgelöst von dieser Frage zeigen die zitierten Zahlen, dass der Wärmepumpen-Boom, der in Deutschland ein relativ neues Phänomen ist, in anderen Ländern schon viel früher begonnen hat.

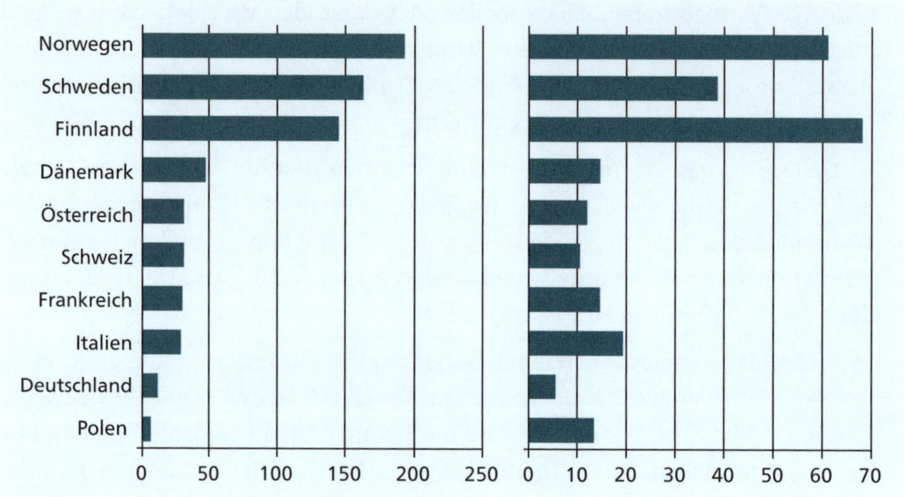

Abbildung 1.6 Links: Installierte Wärmepumpen pro 1000 Einwohner in ausgewählten europäischen Ländern (Stand 2018).
Rechts: verkaufte Wärmepumpen pro 1000 Einwohner (2022)
(Quelle: jeweils die European Heat Pump Association)

Cui bono? Wem zum Vorteil?

Die fossile Industrie, von Erdölunternehmen bis hin zu Herstellern von Gasheizungen, hat ein großes Interesse daran, dass sich nichts ändert. Wenn Sie Kritik an der Energiewende, an Elektroautos, an Wärmepumpen hören, hinterfragen Sie die Motivation der Quelle. Die fossile Industrie betreibt einflussreiche Lobbying-Organisationen, die mit mehr oder weniger fadenscheinigen Argumenten jede Änderung so lange wie möglich hinauszuzögern versucht. Es ist wie mit der Tabakindustrie, die lange Zeit bestritten hat, dass Rauchen Krebs verursachen kann – auch dann noch, als die medizinischen Daten schon vollkommen eindeutig waren.

Bis heute ist die Förderung von Öl und Gas mit unglaublichen Umweltschäden verbunden. Der Kampf um Öl und Gas hat unzählige Kriege ausgelöst. Die Verbrennung fossiler Rohstoffe hat die jetzige Klimakrise verursacht. Mit jeder bezahlten Gas- oder Öl-Rechnung transferieren wir Geld in Länder, deren Politik wir häufig nicht unterstützen.

Es gibt wirklich keinen Grund, dem fossilen Zeitalter hinterherzutrauern!

Kapitel 2
Grundlagen und Funktionsweise

Nachdem das vorige Kapitel eher eine gesellschaftspolitische Diskussion über die Sinnhaftigkeit von Wärmepumpen war, geht es an dieser Stelle um die technischen Details:

- Wie funktionieren Wärmepumpen?
- Welche Arten von Wärmepumpen gibt es? Wie unterscheidet sich beispielsweise eine Luft-Wasser-Wärmepumpe von einer Luft-Luft-Wärmepumpe? Wie funktioniert eine Erdwärmepumpe, und wo liegen ihre Vor- und Nachteile?
- Was sind Hybridsysteme?
- Welche Rolle spielt das Kältemittel? Und warum gibt es so viele unterschiedliche Kältemittel?
- Was hat es mit dem Heizstab und der Bivalenztemperatur auf sich?
- Was sind modulierende Wärmepumpen mit Inverter?
- Welche Bedeutung haben Kennzahlen wie »Leistungszahl«, »Jahresarbeitszahl« (JAZ), SCOP, ETAs etc.?

Noch mehr Technik

Damit dieses Kapitel nicht zu lang und unübersichtlich wird, habe ich hier einige Themen ausgespart, die im weiteren Sinn auch zur Überschrift »Grundlagen und Funktionsweise« passen würden. In drei weiteren Kapiteln behandle ich ergänzende Fragen.

Kapitel 3, »Integration in die Heizungsanlage«, erläutert, wie eine Wärmepumpe mit der Heizungsanlage kombiniert wird. In diesem Kapitel gehe ich auch auf das komplexe Thema der Warmwassererwärmung ein. Nach der Diskussion von durchaus wichtigen Randthemen wie Dämmung, Heizwärmeaustragung und Belüftung gebe ich schließlich Tipps und Entscheidungshilfen zu den zentralen Fragen dieses Buchs:

- Welcher Wärmepumpentyp ist in meinem Fall der richtige?
- Wie groß muss die Heizleistung sein?
- Welche Entscheidungskriterien gibt es für die Auswahl des optimalen Modells?

Mit der zunehmenden Erderwärmung wird die Klimatisierung von Räumen ein immer dringlicheres Thema. Je nach Wohnort verbraucht das sommerliche Kühlen ähnlich viel Energie wie das winterliche Heizen. Kapitel 4, »Kühlen mit Wärmepumpen«, erläutert, wie Sie bei richtiger Planung zwei Fliegen mit einer Klappe schlagen – und dabei eine Menge Energie sparen.

Kapitel 5, »Warmwasserwärmepumpen«, behandelt den Fall, dass zwar die Heizung des Hauses wie bisher erfolgen soll (Gas, Pellets, Fernwärme etc.), aber das Warmwasser mit einer relativ kleinen Wärmepumpe erwärmt werden soll. Das ist zugegebenermaßen ein relativ seltener Sonderfall. In bestimmten Situationen kann eine Warmwasserwärmepumpe aber eine ökologisch und ökonomisch sinnvolle Ergänzung zu einer vorhandenen Heizung sein.

2.1 Vom Kühlschrank zur Wärmepumpe

Um Ihnen die Funktionsweise einer Wärmepumpe zu erläutern, beginne ich in diesem Abschnitt mit dem Kühlschrank. Das klingt verrückter, als es tatsächlich ist: Die Wirkprinzipien eines Kühlschranks und einer Wärmepumpe sind nämlich dieselben. Der Start mit dem Kühlschrank hat damit zu tun, dass die meisten Leute die Funktionsweise eines Kühlschranks auf Anhieb verstehen. Wenn dann aber eine Wärmepumpe aus einer Kilowattstunde Strom vier Kilowattstunden Wärme produziert, setzt ungläubiges Kopfschütteln ein. Also beginne ich mit dem, was leicht verständlich ist – und zeige Ihnen dann, dass das Konzept einer Wärmepumpe genauso einfach wie das eines Kühlschranks ist.

Die Kernkomponente eines in Haushalten eingesetzten elektrischen Kühlschranks ist ein Kompressor (auch »Verdichter«). Diese durch einen elektrischen Motor angetriebene Maschine komprimiert ein Gas, das sogenannte »Kältemittel«, stark (siehe Abbildung 2.1). Dabei erwärmt sich das Kältemittel. Den Effekt kennen Sie vielleicht vom Aufpumpen eines Fahrradreifens: Auch dabei wird die zusammengepresste Luft warm, was Sie am Schlauch der Pumpe deutlich fühlen können.

An der Rückseite des Kühlschranks wird das Kältemittel schlangenförmig über einen oft gitterförmigen Wärmetauscher geleitet. Dieser Teil des Kühlschranks wird **Kondensator** genannt, weil das komprimierte Gas durch die Abkühlung kondensiert, also flüssig wird. Die Abwärme wird an der Rückseite des Kühl- oder Gefrierschranks abgegeben. Damit das funktioniert, benötigen Einbaugeräte Be- und Entlüftungsschlitze. Es ist wichtig, dass die Wärme vom Kühlschrank abgeleitet wird – im Kühlschrank soll es ja kälter, nicht wärmer werden!

Das flüssige Kältemittel wird nun durch ein Kapillarrohr oder eine Drossel (ein Ventil) in einen zweiten Bereich nahe dem Innenraum des Kühlschranks geleitet, den

Verdampfer. Das Kältemittel verliert dabei den Druck – es verdampft und wird wieder gasförmig. Dieser Prozess entzieht der Umgebung – hier also dem Kühlschrank – Wärme. (Auch den Verdampfungseffekt kennen Sie aus dem Alltag: Wenn Sie Ihre Haut nassmachen, kühlt sich diese beim Verdampfen ein wenig ab.) Um die bei der Verdampfung entstehende Kälte über den ganzen Kühlschrank zu verteilen, befindet sich – verdeckt hinter der Innenverkleidung – ein weiteres schlangenförmiges Rohr, in dem das Kältemittel den Kühlschrank kühlt und gleichzeitig zurück zum Kompressor fließt. Damit schließt sich der Kreislauf des Kältemittels.

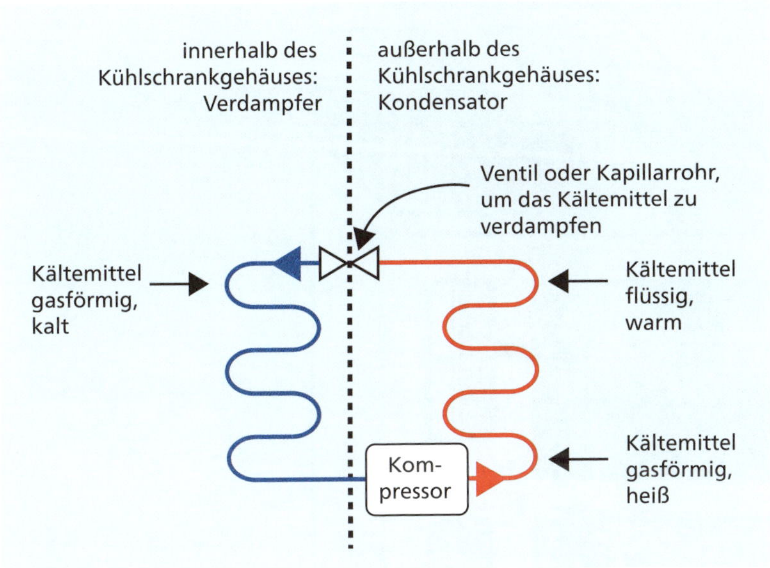

Abbildung 2.1 Funktionsprinzip des Kühlschranks

Ein Kühlschrank erzeugt also gleichzeitig Kälte und Wärme. Während das Kühlen des Inneren des Kühlschranks dem eigentlichen Verwendungszweck entspricht, ist die Wärme ein ungewollter, aber unvermeidlicher Nebeneffekt. Insgesamt erzeugt ein Kühlschrank mehr Wärme als Kälte, weil das Gerät wie jede technische Maschine nicht mit einem perfekten Wirkungsgrad läuft. Wenn Sie also in Ihrer Küche die Kühlschranktür einige Stunden offen stehen lassen, wird es in dem Raum insgesamt ein wenig wärmer werden. Die Idee, den Kühlschrank zum Abkühlen der sommerlich aufgewärmten Küche zu missbrauchen, wird also scheitern. (Außerdem werden die im Kühlschrank gelagerten Lebensmittel verderben.)

Heizung per Kühlschrank?

Machen Sie nun ein Gedankenexperiment mit mir! Stellen Sie sich vor, Sie würden einen Kühlschrank geöffnet in ein Fenster einbauen: Auf der Außenseite des Hauses wäre der offene Kühlschrank (siehe Abbildung 2.2), im Inneren wäre die relativ hässliche Rückseite. Es ist Winter, und Sie schalten den Kühlschrank ein. Was passiert?

Grundsätzlich wird es im Inneren des Raums, in dessen Fenster der Kühlschrank eingebaut wurde, durch den Betrieb des Kompressors wärmer. Wenn der Kühlschrank beispielsweise eine Leistung von 150 Watt hat, dann wirkt der Kühlschrank wie eine Heizung mit 150 Watt (was ziemlich wenig ist).

Abbildung 2.2 Ein Gedankenexperiment: Der Kühlschrank im Fenster

Der springende Punkt ist nun aber, dass die Heizleistung sogar ein wenig besser ist: Der Kühlschrank entzieht der Luft außerhalb des Hauses Wärme. Das Kältemittel hat beim Kompressor deswegen eine höhere Temperatur als beim Ventil. Diese Temperaturdifferenz kommt dem Innenraum zugute. Der Kühlschrank heizt den Raum mit mehr als 150 Watt! Sie werden es schon ahnen: Wir haben eine Wärmepumpe!

Zwei getrennte Bereiche

Entscheidend für die Funktionsweise des Kühlschranks als Heizung ist es, dass sich der offene Kühlschrank außen befindet, die Kühlschrankinnenseite mit dem Kondensator aber im Inneren des Raums. Nur durch die Trennung der Orte, wo Wärme zugeführt wird (innen) und wo Wärme entnommen wird (außen), funktioniert der Kühlschrank als Wärmepumpe. Der Kühlschrank kann also der Außenluft Wärme entziehen und diese im Wohnraum bzw. in der Küche wieder abgeben.

Wenn der Kühlschrank mit offener Türe dagegen eingebaut in der Küche läuft, liegt ein geschlossenes System vor: Die produzierte Kälte und die Abwärme halten sich fast die Waage. Nur weil der Kühlschrank kein perfektes technisches Gerät mit einem hundertprozentigen Wirkungsgrad ist, wird es innen minimal wärmer werden.

Es ist Ihnen sicher klar, dass es *keine* gute Idee ist, einen Kühl- oder Gefrierschrank wirklich als Heizung zu verwenden. Zum einen ist das Kältemittel für einen Temperaturbereich konzipiert, der zum Heizen wenig geeignet ist. Außerdem funktioniert der Wärmeaustausch im Kühlschrankinneren nicht optimal. Schließlich ist die Leistung eines Kühlschranks viel zu klein, um einen Raum nennenswert zu erwärmen. Sie haben zwar vom Prinzip her eine Wärmepumpe, aber eine extrem schlechte.

2.2 Funktionsweise von Wärmepumpen

Die Technik hinter einer Wärmepumpe sieht wie folgt aus (siehe Abbildung 2.3): Ein Kältemittel wird zuerst durch die Umgebung erwärmt. Je nach Bauart wird der Luft im Freien, dem Erdreich oder dem Grundwasser Wärme entzogen. Ein Kompressor verdichtet das vorgewärmte Kältemittel und erhitzt es dabei weiter. Das Kältemittel wird anschließend durch einen Wärmetauscher geleitet und erwärmt so das Heizwasser. Dabei kondensiert das Kältemittel, wird also wieder flüssig.

Das bereits abgekühlte Kältemittel wird durch ein Ventil geleitet. Bei der Verdampfung kühlt sich das Kältemittel nochmals stark ab. Damit beginnt der Kreislauf von vorne: Weil das Kältemittel jetzt kälter ist als die Umgebung (die Luft oder das Erdreich), kann es von dort neuerlich Wärme aufnehmen und kommt entsprechend vorgewärmt wieder zum Kompressor.

Der Kältemittelkreislauf sieht genau gleich wie bei einem Kühlschrank aus und durchläuft dieselben Komponenten: Kompressor/Verdichter, Kondensator, Ventil, Verdampfer/Verflüssiger. Das »Kühlen« findet aber draußen statt, d. h., die Wärmepumpe entzieht der Luft oder dem Erdreich Wärme. Dafür nutzen wir jetzt die beim Prozess entstehende Wärme, die beim Kühlschrank eher eine störende Nebenerscheinung ist.

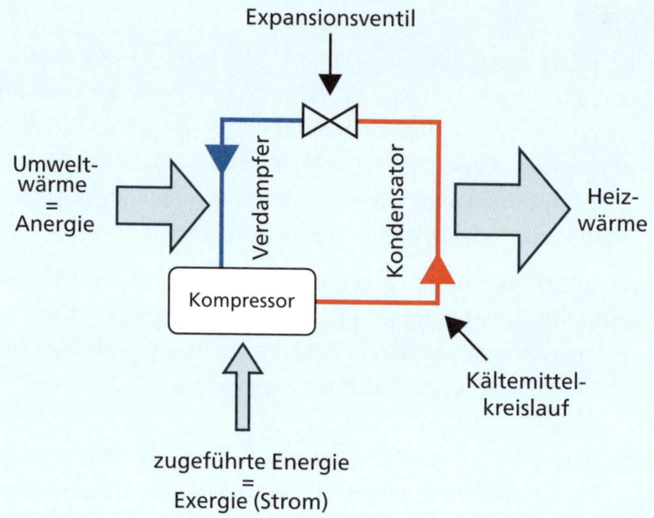

Abbildung 2.3 Prinzip einer Wärmepumpe

Varianten

Die hier beschriebene Wärmepumpe ist eine **Luft-Wasser-Wärmepumpe** (umgangssprachlich oft einfach **Luftwärmepumpe**). Das Wort »Luft« in dieser Bezeichnung gibt an, wo die Wärme herkommt. Es wird also der Außenluft Wärme entzogen. Der Bestandteil »Wasser« bezieht sich darauf, wie die Wärme im Inneren des Hauses verteilt wird, nämlich durch Wasser, das durch die Schleifen einer Fußbodenheizung oder, nicht so optimal, durch herkömmliche Konvektionsheizkörper fließt.

Zur Luft-Wasser-Wärmepumpe gibt es diverse Alternativen. Bei der **Luft-Luft-Wärmepumpe** wird ebenfalls der Außenluft Wärme entzogen. Zum Heizen wird aber einfach warme Luft durch die Innenräume geblasen. Die gängigste Ausführung ist eine Klimaanlage mit Heizfunktion.

Bei einer **Sole-Wasser-Wärmepumpe** nimmt ein Solekreislauf die Umgebungswärme auf, zumeist aus dem Erdreich. Das ergibt dann die **Erdwärmepumpe**. Sole ist einfach mit Salz oder einem Frostschutzmittel versetztes Wasser. Die Wärmeabgabe erfolgt durch Wasser im Heizungskreislauf.

Im Detail gehe ich beginnend mit Abschnitt 2.3, »Luftwärmepumpen, Erdwärmepumpen und andere Varianten«, auf verschiedene Wärmepumpenvarianten näher ein und beschreibe die Vor- und Nachteile der verschiedenen Verfahren. Das Grundprinzip ist aber immer gleich! Einer Wärmequelle (Luft, Wasser, Erdreich) wird Wärme entzogen, die dann innen abgegeben wird.

Wärme »pumpen«

Die Grundidee einer Wärmepumpe besteht also darin, der Umgebung Wärme zu entziehen und diese Wärme ins Haus zu bringen. Warum ist dazu ein Kältemittel erforderlich? Für sich betrachtet bringt der Kältemittelkreislauf nämlich gar nichts: Zwar wird die beim Verdichten des Kältemittels eingesetzte elektrische Energie in Wärme umgewandelt, aber diese Wärme geht beim Verdampfen wieder verloren. Ohne die Nutzung der Umgebungswärme ist eine Wärmepumpe theoretisch ein Nullsummenspiel, praktisch wegen Reibungs- und Wärmeverlusten sogar ein Verlustgeschäft.

Wäre es nicht möglich, die Umgebungswärme *ohne* den Kältemittelkreislauf zu nutzen? Das klappt deswegen nicht, weil die Umgebungswärme aus der Luft, der Erde oder dem Grundwasser viel zu kalt ist. Im Haus brauchen Sie zum Heizen Wasser mit 30 °C oder mehr. Außen haben Sie im Winter im besten Fall eine Temperatur von 12 °C (Grundwasser, Erdreich), oft sogar noch viel weniger: In einer frostigen Nacht beträgt die Lufttemperatur womöglich –20 °C.

Der Clou der Wärmepumpe besteht darin, dass das Kältemittel bei der Verdampfung noch kälter wird als die Umgebung. Erst dadurch kann es von der Umgebung Wärme aufnehmen. Im Kompressor wird diese Wärme auf ein für die Heizung nutzbares Niveau angehoben (»gepumpt«, daher der Name Wärmepumpe).

Entscheidend für die Funktionsweise einer Wärmepumpe ist der Umstand, dass der Energieaufwand für den Kompressor (die sogenannte Exergie) viel kleiner ist als die nutzbare Wärmeenergie. Mit einer Kilowattstunde Strom können Sie drei bis fünf Kilowattstunden Wärme erzeugen. In Abbildung 2.3 ist die Breite der Energiepfeile ein ungefähres Maß für die Energiemengen.

Die Rolle des Kältemittels

Für die Funktionsweise einer Wärmepumpe spielt das sogenannte Kältemittel also eine wichtige Rolle. Es ist bei Umgebungstemperatur gasförmig, im Kreislauf der Wärmepumpe unter hohem Druck aber flüssig.

Es gibt diverse Chemikalien, die als Kältemittel gebräuchlich sind. Sie unterscheiden sich einerseits darin, bei welcher Temperatur und bei welchem Druck die Übergänge zwischen den Aggregatsformen flüssig bzw. gasförmig stattfinden; andererseits sind Kältemittel in variierendem Ausmaß giftig, brennbar und beim Entweichen schädlich für die Atmosphäre. Wenn Sie so wollen, sind Kältemittel ein notwendiges Übel. Im Abschnitt 2.9, »Kältemittel«, finden Sie einen Vergleich zwischen den wichtigsten aktuell gebräuchlichen Kältemitteln.

Energieerhaltung

Geht bei einer Wärmepumpe alles mit rechten Dingen zu? Wie kann bei einer Wärmepumpe mehr Wärmeenergie herauskommen, als Strom hineingesteckt wurde? (Dieser Energieanteil für mechanische Arbeit wird in thermodynamischen Prozessen als »Exergie« bezeichnet.)

Das ist nur möglich, weil die Wärmepumpe der Umgebung gleichzeitig Energie entzieht. (Dieser Anteil der Energie, der im Prozess keine Arbeit verrichten kann, wird »Anergie« genannt.) Während es also im Haus warm wird, wird bei einer Luftwärmepumpe die Luft vor dem Haus kälter; bei einer Erdwärmepumpe kühlt sich das Erdreich unter dem Haus bzw. das dort befindliche Grundwasser ab.

Der Energieerhaltungssatz besagt, dass kein Gerät neue Energie erzeugen kann. Eine Wärmepumpe ist lediglich ein raffinierter Weg, um die Wärme an einem Ort wegzunehmen (im Freien, im Erdreich) und sie dafür woanders zu nutzen (im Haus).

Abbildung 2.3 gibt die Energiebilanz unvollständig wieder: Bei Luftwärmepumpen ist zusätzlich der Betrieb eines großen Ventilators notwendig; Erdwärmepumpen brauchen stattdessen eine Pumpe für den Wärmeaustausch unter der Erde. Ventilator oder Pumpe verbrauchen ebenfalls Strom, wenn auch weniger als der Kompressor.

Außerdem sind viele Wärmepumpen mit einem Heizstab ausgestattet. Wenn mehr Wärme erforderlich ist, als die Wärmepumpe produzieren kann (z. B. an einem besonders kalten Wintertag), wird elektrisch dazugeheizt. Das ist ziemlich ineffizient: Eine Kilowattstunde Strom liefert dann nur eine Kilowattstunde Wärme; aber weil diese elektrische Zusatzheizung typischerweise nur wenige Tage im Jahr erforderlich ist, ist der Einfluss auf die über das Jahr gemittelte Leistungszahl nicht allzu groß.

Bei Luftwärmepumpen kann es im Winter zu Vereisungen kommen. Es gibt verschiedene Verfahren, damit umzugehen. Leider kosten alle in der einen oder anderen Form zusätzliche Energie.

Heizungsseitig ist schließlich eine Umwälzpumpe notwendig, um Warmwasser durch die Heizkörper oder Schleifen der Fußbodenheizung zu pumpen und so im ganzen Haus zu verteilen. Diese Umwälzpumpe hat aber nichts mit der Wärmepumpe zu tun. Eine derartige Pumpe brauchen Sie auch dann, wenn Ihre Heizung die Wärme durch die Verbrennung von Gas, Öl oder Pellets erzeugt.

Kennzahlen

Alles in allem gibt es also mehrere Gründe, warum die tatsächliche Effizienz einer Wärmepumpe nicht so gut ist, wie es theoretisch denkbar wäre. Um die Effizienz in konkrete Zahlen zu fassen und um verschiedene Wärmepumpen zu vergleichen, haben sich Kennzahlen etabliert – siehe Abschnitt 2.11, »Leistungszahl, Jahresarbeitszahl und andere Kennzahlen«.

2.3 Luftwärmepumpen, Erdwärmepumpen und andere Varianten

Ich habe es ja schon angedeutet – es gibt nicht *eine* Wärmepumpe, sondern es gibt mehrere Ausführungsvarianten, die ich Ihnen im Folgenden genauer vorstellen werde:

- Luft-Wasser-Wärmepumpe (»Luftwärmepumpe«) in Monoblock-Bauweise
- Luft-Wasser-Wärmepumpe in Split-Bauweise
- Sole-Wasser-Wärmepumpe (»Erdwärmepumpe«)
- Wasser-Wasser-Wärmepumpe (»Grundwasserwärmepumpe«)
- Luft-Luft-Wärmepumpe (Klimaanlage mit Heizfunktion)
- Hybridsysteme (Kombination mit einer herkömmlichen Heizung)

Aus Abbildung 2.4 geht hervor, dass Luftwärmepumpen bei neu installierten Systemen in Deutschland einen Marktanteil von über 85 % haben.

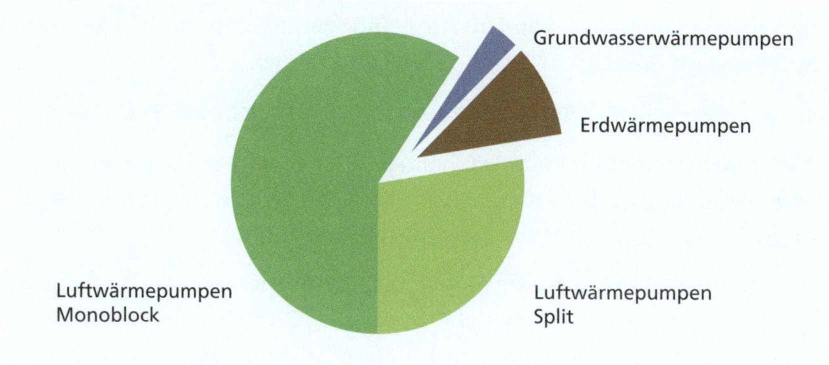

Abbildung 2.4 Typenverteilung der 2022 in Deutschland verkauften Heizungswärmepumpen (Quelle: Bundesverband Wärmepumpe e.V.)

Ich konzentriere mich in diesem Buch auf Wärmepumpen, die zur Beheizung von Ein- und Zweifamilienhäusern geeignet sind. Selbstverständlich gibt es auch größere Wärmepumpen, die z. B. für Mehrparteienhäuser oder im industriellen Kontext eingesetzt werden. Derartige Anwendungen liegen aber außerhalb der Reichweite dieses Buchs.

Warmwasserwärmepumpen

In Einfamilienhäusern sind Wärmepumpen normalerweise sowohl für das Heizen als auch für Erwärmung des Warmwassers zum Waschen, Duschen und Baden zuständig. Die oben aufgelisteten Wärmepumpen werden zusammenfassend oft als »Heizungswärmepumpen« bezeichnet.

Davon abzugrenzen sind Warmwasserwärmepumpen (auch Brauchwasserwärmepumpen), die ausschließlich für die Erwärmung von Wasser zuständig sind und die mit einem anderen Heizungssystem (Pellet- oder Gasheizung, Fernwärme) kombiniert werden. Auf diesen Sonderfall geht Kapitel 5, »Warmwasserwärmepumpen«, ein.

2.4 Luft-Wasser-Wärmepumpen

Die Luft-Wasser-Wärmepumpe (LWWP) bzw. umgangssprachlich die Luftwärmepumpe ist momentan die populärste Form einer Heizungswärmepumpe (siehe auch Abbildung 2.4): Von den rund 240.000 im Jahr 2022 in Deutschland verkauften Heizungswärmepumpen entfielen 140.000 auf Luftwärmepumpen in Monoblock-Bauweise. Dazu kamen weitere 65.000 Luftwärmepumpen in Split-Bauweise. Der Hauptgrund für die Popularität von Luftwärmepumpen besteht darin, dass bei der Errichtung keine kostenintensive Tiefenbohrung erforderlich ist.

Was ist nun der Unterschied zwischen den Monoblock- und Split-Bauweisen?

- **Monoblock-Bauweise:** In diesem Fall handelt es sich bei der Wärmepumpe um *ein* Gerät, das üblicherweise außen aufgestellt wird. Die Übertragung der Wärme in das Haus erfolgt über den Heizwasserkreislauf.

  Genau genommen hat auch ein Monoblock-Gerät zur Außenaufstellung ein Innengerät. Im einfachsten Fall besteht es nur aus einer kleinen Steuerungseinheit samt einem Display zur Bedienung. Je nach Ausführung kann das Innengerät aber auch weitere Komponenten inkludieren, z. B. Pumpen für den Heizungskreislauf sowie einen Warmwasserboiler (Bezeichnung »Hydraulik-Tower«).

  In Ausnahmefällen kann ein Monoblock-Gerät innen aufgestellt werden. Allerdings muss dann durch richtig große Luftkanäle sichergestellt werden, dass ausreichend Frischluft angesaugt und die abgekühlte Luft wieder weggeblasen werden kann.

- **Split-Bauweise:** Bei der Split-Bauweise besteht die Wärmepumpe aus zwei Geräten. Der Außenteil enthält den Verdampfer und einen großen Ventilator, der das abgekühlte Kältemittel durch die Umgebungsluft erwärmt. Im Innenteil wird dem durch den Kompressor erwärmten Kältemittel die Heizwärme entzogen.

  Der entscheidende Unterschied liegt im Kältemittelkreislauf, der beide Geräte verbindet. Es ist also das Kältemittel, das die Wärme vom Außenteil der Wärmepumpe nach innen überträgt, nicht das Heizungswasser.

Beide Systeme haben Vor- und Nachteile, auf die ich im Anschluss eingehe.

Die Monoblock-Bauweise bei Außenaufstellung

Zuerst erläutere ich Ihnen den Aufbau der beiden Gerätetypen, wobei ich mit der mittlerweile beliebteren Monoblock-Variante beginne (siehe Abbildung 2.5): Das entscheidende Merkmal dieser Bauweise besteht darin, dass sich der gesamte Kältemittelkreislauf innerhalb des Geräts befindet. Dazu kommt ein oft riesiger Ventilator, der sich darum kümmert, die Außenluft zum Verdampfer zu blasen, und so das an dieser Stelle sehr kalte Kältemittel aufwärmt. Zum Haus führen nur Heizwasserleitungen (Vor- und Rücklauf), ein Stromkabel sowie eine Steuerungsleitung.

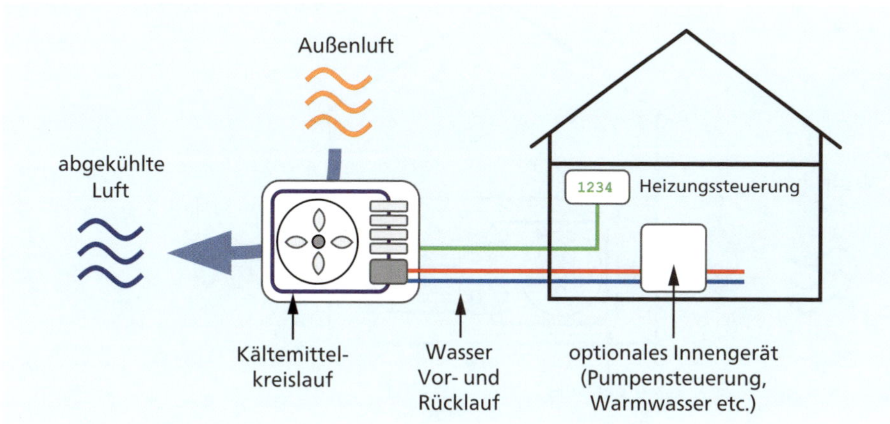

Abbildung 2.5 Schema einer Luft-Wasser-Wärmepumpe in Monoblock-Bauweise

Naturgemäß müssen die Wasserleitungen ins Haus gut isoliert werden, um einen Wärmeverlust zu vermeiden. Der Weg in den Keller bzw. zum Technikraum sollte möglichst kurz sein. Ein großer Nachteil des Monoblock-Konzepts besteht darin, dass die Leitungen zufrieren können, wenn die Heizungsanlage vorübergehend nicht in Betrieb ist – z. B. bei einem Defekt oder im Rahmen von Umbauarbeiten.

Im einfachsten Fall führen die Wasserleitungen direkt in die Fußbodenheizung sowie über ein Dreiwegeventil in einen Warmwasserboiler. Manche Hersteller bieten diese Komponenten in Form eines zur passenden Innengeräts an, das dann auch die Steuerungseinheit inkludiert. Bei anderen Modellen ist es die Aufgabe der Installationsfirma, die Integration mit dem Heizungssystem herzustellen. In manchen Fällen kann es zweckmäßig sein, einen Pufferspeicher (vereinfacht: einen großen Wasserbehälter) vorzuschalten.

Generell betrachte ich an dieser Stelle die Einbindung der Wärmepumpe in die restliche Heizungsanlage nicht und gehe auf dieses Thema erst in Kapitel 3, »Integration in die Heizungsanlage«, ausführlich ein. Dort erläutere ich auch den Unterschied zwischen Wärmeaustragungssystemen (Fußbodenheizung, Konvektionsheizkörper, Wandheizung) sowie zwischen verschiedenen Puffervarianten.

Die Monoblock-Bauweise bei Innenaufstellung

Üblicherweise werden Luft-Wasser-Wärmepumpen in Monoblockbauweise außen aufgestellt. Es ist aber auch eine Innenaufstellung denkbar (siehe Abbildung 2.6). Das hat den Vorteil, dass die Wärmepumpe besser vor Wettereinflüssen geschützt ist und sämtliche Heizungsfunktionen in ein einziges Gerät integriert werden können. Die Wärmeverluste in den Heizwasserleitungen entfallen. Außerdem gibt es weniger Vereisungsprobleme.

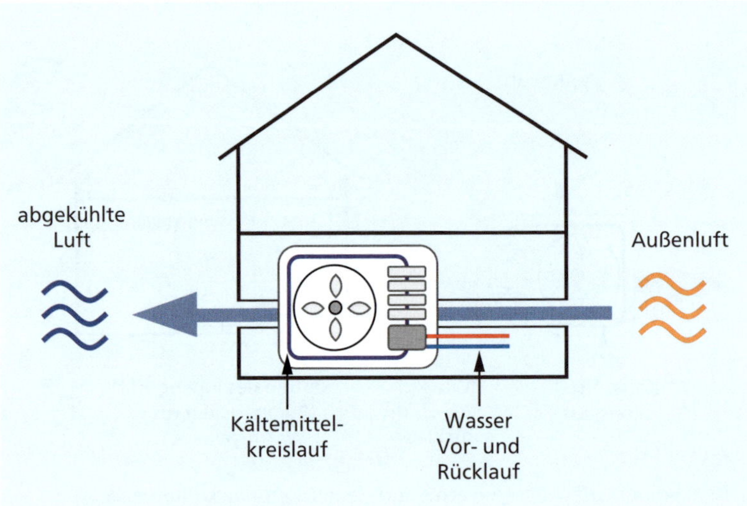

Abbildung 2.6 Innenaufstellung einer Luft-Wasser-Wärmepumpe in Monoblockbauweise

Dem steht allerdings ein großer Nachteil entgegen: Es müssen große Mengen Außenluft bis zur Wärmepumpe und von dort wieder nach außen geführt werden. Diese Kanäle müssen daher einen möglichst ungehinderten Transport von mehreren Tausend m³ pro Stunde ermöglichen. Der Luftvolumenstrom ist im Datenblatt der Wärmepumpe angegeben. Ein grober Richtwert sind 250 m³/h pro kW Leistung. Der Volumenstrom der Viessmann Vitocal 350-A mit einer Leistung von 14 kW beträgt beachtliche 4000 m³ pro Stunde, das ist mehr als ein Kubikmeter pro Sekunde!

Bei der Auslegung des Kanalsystems muss der maximal zulässige Druckverlust beachtet werden. Dieser Wert befindet sich ebenfalls im Datenblatt der Wärmepumpe (Einheit Pascal, Abkürzung Pa). Der Druckverlust ist umso höher, je mehr Luft transportiert werden muss, je länger die Kanäle sind, je kleiner der Querschnitt ist und je mehr Bögen erforderlich sind. Bei kleinen Wärmepumpen sollte der Querschnitt zumindest 50 × 50 cm² betragen, bei Wärmepumpen mit hoher Leistung mehr (z. B. 80 × 80 cm²). Außerdem müssen die Widerstände der Außenabdeckungen bzw. Wetterschutzgitter beachtet werden.

Zwar werden Sie die Luftkanäle nicht wie in der schematischen Abbildung 2.6 quer durch den ganzen Keller leiten. Die Kanäle sollten ja so kurz wie möglich sein. Sie müssen aber unbedingt darauf achten, dass kein sogenannter »thermischer Kurzschluss« entstehen kann: Davon spricht man, wenn die kalte, ausgeblasene Luft beim Lufteinlass wieder angesaugt wird. In diesem Fall wird die Luft immer kälter; es kann ihr keine Wärme mehr entzogen werden, und die Wärmepumpe muss einen Heizstab verwenden, damit überhaupt noch Heizungswärme produziert werden kann (siehe auch Abschnitt 2.10, »Betriebsweise von Wärmepumpen«).

Daher sollten die beiden Kanäle ausreichend weit voneinander entfernt sein. Soweit die räumlichen Gegebenheiten es zulassen, ist eine Übereckösung ideal, wo die Luft z. B. südseitig angesaugt und ostseitig ausgeblasen wird. Sie sehen schon: Die Realisierung der Luftkanäle ist oft das größte Hindernis bei einer Innenaufstellung einer Luftwärmepumpe.

Geräuschkulissen innen oder außen?

Ich werde gleich darauf eingehen: Gerade Luftwärmepumpen sind nicht ganz lautlos. Ob die Innenaufstellung diesbezüglich ein Vor- oder Nachteil ist, müssen Sie selbst entscheiden: Für die Innenaufstellung spricht, dass die Nachbarschaft nicht beeinträchtigt wird. Allerdings haben nun Sie selbst eine Lärmquelle im Haus. Das ist nur empfehlenswert, wenn der Technikraum gut schalldruckpegelisoliert von anderen Räumen ist, z. B. in einem Keller oder Nebengebäude oder der angrenzenden Garage.

Monoblock-Ausführung für DIY-Projekte

Dieses Buch erhebt nicht den Anspruch, Ihnen ausreichend Wissen für Selbstbauprojekte zu vermitteln. Die Heizungssanierung und der Einbau einer Wärmepumpe in Eigenregie können zwar viel Geld sparen, erfordern aber eine Menge Geschick, detailliertes Fachwissen und vor allem Erfahrung.

Im Internet gibt es diverse Anleitungen und Videos zu diesem Thema. Wenn Sie ein DIY-Projekt in Betracht ziehen, kommt eigentlich nur eine Monoblock-Wärmepumpe infrage. Der entscheidende Vorteil ist der abgeschlossene Kältemittelkreislauf, den Sie nie anrühren müssen. In Bastlerkreisen sehr beliebt sind Modelle von Panasonic mit den merkwürdigen Namen Geisha, Heisha oder Jeisha. Diese Namen sind auf jeden Fall leichter zu merken als Modellnummern wie WH-MDC05J3E5 für das 5-kW-Aquarea-Monoblockmodell in der aktuellen Generation J.

Wenn Sie ein Sanierungsprojekt in Eigenregie in Erwägung ziehen, werfen Sie einen Blick auf die folgende Seite. Dort finden Sie eine ganze Serie von Blog-Artikeln, die einen erfolgreichen Einbau einer Monoblock-Wärmepumpe beschreiben:

https://www.travelonmymind.de/geisha-heisha-jeisha-monoblock-von-panasonic

Split-Bauweise

Bei der Split-Bauweise wird die Luftwärmepumpe in zwei Teile zerlegt:

- Der Außenteil, der nun etwas kleiner ausfällt, enthält den Ventilator und den Verdampfer.
- Der Innenteil beinhaltet die Steuerung und den Kondensator. Hier erfolgt also die Übertragung der im Kältemittel transportierten Wärme auf den Heizungskreislauf (siehe Abbildung 2.7).

Der Kältekreislauf durchläuft beide Geräteteile, führt also vom Außengerät zum Innengerät und wieder zurück.

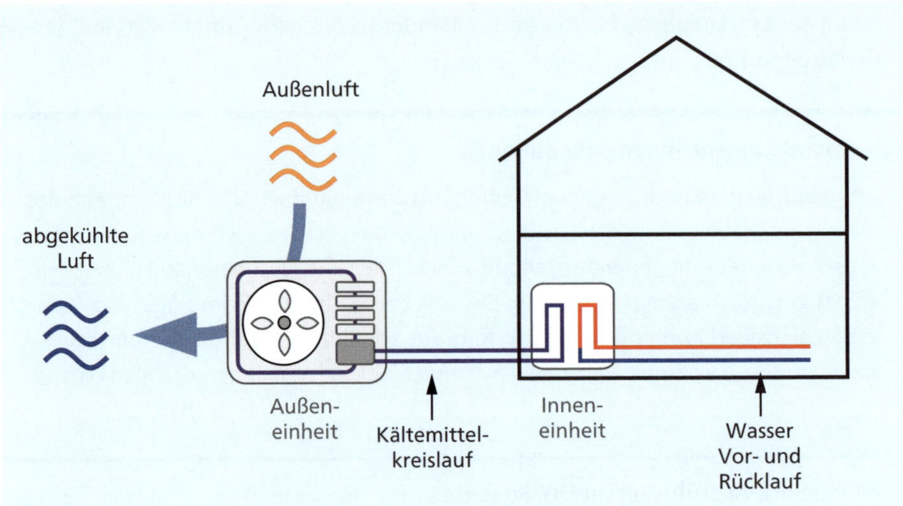

Abbildung 2.7 Luft-Wasser-Wärmepumpe in Splitbauweise

Der Verdichter (Kompressor) kann je nach Bauweise im Innen- oder im Außengerät platziert werden. Modelle mit dem Kompressor im Innenteil haben den Vorteil, dass das Außenteil relativ leise ist. Einzig der Ventilator erzeugt ein Geräusch. Der Kompressor brummt jetzt aber innen, was unter Umständen nicht die Nachbarschaft, sondern Sie selbst stört.

Je nach Modell wird das Innengerät mit einem Puffer oder Warmwasserboiler zu einem »Hydraulik-Tower« kombiniert (siehe Abbildung 2.8). Zusammen mit der ebenfalls integrierten Umwälzpumpe wird die Wärmepumpe zum Komplettgerät, das sich ohne weitere Zusatzgeräte oder Puffer um die Austragung des Heizwassers und um die Warmwasserversorgung kümmert.

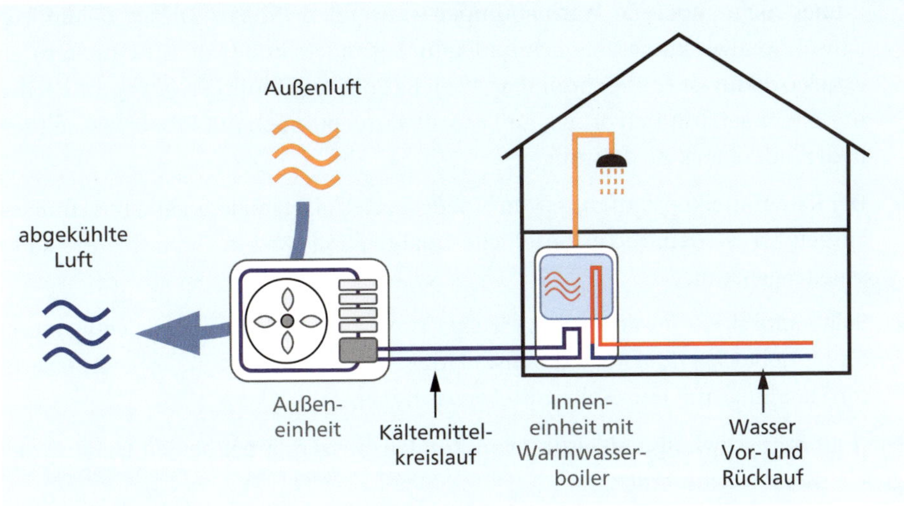

Abbildung 2.8 Luft-Wasser-Wärmepumpe in Splitbauweise mit integriertem Warmwasserboiler

Die Trennung zwischen Innen- und Außengerät hat mehrere Vorteile:

- Es ist ausgeschlossen, dass der Kältemittelkreislauf bei einer Fehlfunktion einfriert. (Das Kältemittel hat einen viel tieferen Gefrierpunkt als Wasser.)
- Die Isolierung der relativ dünnen Rohre des Kältemittelkreislaufs ist mit weniger Aufwand verbunden als bei Wasserleitungen für Vor- und Rücklauf.
- Der Abstand zwischen dem Außengerät und dem Technikraum darf etwas größer sein als bei einem Monoblock-Gerät. Generell ist aber bei beiden Bauweisen ein möglichst kleiner Abstand zwischen Innen- und Außengerät anzustreben.
- Falls sich der Kompressor bei dem von Ihnen gewählten Modell im Innengerät befindet, ist das Außengerät leiser. (Diesen Punkt müssen Sie bei der Modellauswahl recherchieren: Manche Hersteller von Split-Wärmepumpen bauen den Kompressor im Innengerät ein, andere platzieren ihn im Außengerät.)

Wo Licht ist, ist zumeist auch Schatten. Es gibt auch einige Argumente gegen die Splitausführung:

- Der Kältemittelkreislauf ist wesentlich länger. Dementsprechend ist mehr Kältemittel erforderlich, unter Umständen ein Mehrfaches dessen, was in einem Monoblockgerät ausreicht.

  Wie ich in Abschnitt 2.9, »Kältemittel«, noch ausführen werde, sind Kältemittel recht unangenehme Chemikalien: Die meisten gängigen Substanzen sind giftig oder stark klimaschädlich. Sollte die Menge des Kältemittels 3 kg überschreiten, sind regelmäßige Dichtheitskontrollen erforderlich.

Immer mehr moderne Wärmepumpen verwenden Propan. Dieses Kältemittel ist weit weniger klimaschädlich und kann besonders hohe Vorlauftemperaturen erzielen; dafür ist es aber brennbar. Weil die Split-Ausführung relativ große Kältemittelmengen mit sich bringt, gibt es Luftwärmepumpen mit Propan aktuell nur in der Monoblock-Ausführung.

- Der Kältemittelkreislauf muss von einem speziell ausgebildeten »Kältetechniker« ausgeführt werden. Die erforderliche Qualifikation wird in Deutschland »Kälteschein« genannt.
- Splitgeräte sind – bei ansonsten gleicher Funktion – in der Regel ein wenig teurer als Monoblockgeräte. Auch die Installationskosten sind wegen des komplizierteren Handlings mit dem Kältemittel etwas höher.

Die mitunter schwierige Ableitung von Kondenswasser ist bei beiden Gerätetypen gleichermaßen erforderlich.

Kondenswasser (Kondensat)

Luftwärmepumpen entziehen der Außenluft Wärme. Dabei kondensiert das in der Luft enthaltene Wasser. Warme Luft nimmt mehr Wasser auf als kalte Luft. Sie kennen das aus dem Sommer, wenn es drückend heiß und schwül ist: Unangenehm ist nicht nur die Hitze, sondern auch die hohe Luftfeuchtigkeit. Wenn nun warme Luft abgekühlt wird, setzt sich Wasser an kühlen Oberflächen ab. Genau das passiert auch in der Wärmepumpe.

Das Kondensat ist ungiftig, es ist einfaches Kondenswasser. Sie müssen sich lediglich darum kümmern, dass das Wasser versickern kann bzw. mit der Hausentwässerung abgeleitet wird. Die Mengen können durchaus beträchtlich sein. Unter normalen Umständen sind ein paar Liter Kondensat pro Tag zu erwarten, in sehr seltenen Extremfällen können es bei einer leistungsstarken Wärmepumpe aber bis zu 50 Liter pro Tag werden.

Luftwärmepumpen werden im Freien in der Regel auf einen Betonsockel aufgestellt. Sie bzw. Ihre Fachfirma sollten sich schon bei der Errichtung dieses Sockels Gedanken darüber machen, ob das Wasser versickern kann bzw. wohin es abgeleitet werden soll.

Probleme mit dem Kondensatabfluss sind vor allem im Winter zu erwarten, wenn das Kondenswasser friert, bevor es versickern oder abfließen kann. Dann entsteht rund um die Wärmepumpe eine gefährliche Eisplatte (siehe Abbildung 2.9). Abhilfe schafft ein senkrechtes Abflussrohr, das bis unter die Frostgrenze in einen Sickerbereich führt. Alternativ muss das Abflussrohr im Winter beheizt werden, z. B. indem das Rohr parallel zum Heizungsrücklauf verlegt wird.

Abbildung 2.9 Vereister Boden rund um eine Luftwärmepumpe

Mengenabschätzung

Luft kann bei 20 °C und 100 % Luftfeuchtigkeit ca. 17 g Wasser aufnehmen. Wird die Luft durch die Wärmepumpe auf 15 °C abgekühlt, fallen knapp 4 g Kondenswasser an. Eine Wärmepumpe kann pro kW Leistung ca. 250 m³ Luft umsetzen. Eine Wärmepumpe mit 10 kW unter Volllast könnte also 2500 × 4 g Wasser pro Stunde produzieren, also ca. 10 Liter. Allerdings ist bei 20 °C Außentemperatur nicht zu erwarten, dass die Wärmepumpe mit Volllast arbeitet.

Bei niedrigeren Temperaturen enthält die Luft wiederum viel weniger Wasser, bei 0 °C maximal 5 g. Bei einer Abkühlung um 5 °C entstehen nur 1,5 g Kondensat. Das ergibt bei 10 kW Leistung unter Volllast weniger als 4 Liter Kondensat pro Stunde. Wenn die Wärmepumpe nun 12 Stunden unter Volllast arbeitet, erreichen wir die vorhin erwähnten 50 Liter. Wie gesagt, solche Mengen sind die Ausnahme, nicht die Regel! Aber natürlich muss der Kondensatabfluss damit zurechtkommen.

Vereisung

Im Winter kann nicht nur der Kondensatabfluss vereisen, auch in der Wärmepumpe selbst kann es zu Vereisungsproblemen kommen. Davon betroffen sind die Lamellen des Wärmetauschers des Verdampfers: Hier strömt die Außenluft auf das wesentlich kältere Kältemittel. Der Luft wird Wärme entzogen, es entsteht das vorhin erwähnte Kondensat. An Wintertagen mit hoher Luftfeuchtigkeit (denken Sie an nebliges Wetter Ende November) friert das Kondensat, bevor es abrinnen kann. Am ehesten tritt dieses Problem an Tagen auf, an denen Temperaturen knapp über dem Gefrierpunkt herrschen. Bei noch kälteren Temperaturen ist die Luft weniger feucht, die Vereisungsgefahr nimmt wieder ab.

In einem gewissen Ausmaß ist die Vereisung normal und stört den Betrieb nicht nennenswert. Es kann allerdings sein, dass die Steuerung der Wärmepumpe erkennt, dass die Luftzufuhr nicht ideal funktioniert. Dann wird der Ventilator auf eine höhere Drehzahl gestellt. Die Wärmepumpe wird lauter, die Laune der Nachbarn schlechter.

Mit zunehmender Vereisung wird der Luftstrom durch den Verdampfer aber schließlich so stark blockiert, dass der Verdampfer nicht mehr richtig funktioniert, die Außenluft das Kältemittel also nicht mehr erwärmen kann. Im schlimmsten Fall vereist sogar der Ventilator und kann sich nicht mehr drehen. Die Steuerung der Wärmepumpe erkennt dieses Problem und startet einen Abtauprozess:

- **Heißgasabtauung:** Bei guten Geräten wird dazu der Kreislauf vorübergehend umgekehrt. Die Wärmepumpe verwendet also warmes Wasser aus dem Heizungskreislauf, um damit das Kältemittel und in weiterer Folge den Verdampfer zu erwärmen. Diese Methode wird auch »Heißgasabtauen« genannt. Während des Abtauprozesses kann die Wärmepumpe nicht heizen und entzieht dem Haus auch noch Wärme.
- **Elektrische Abtauung:** Alternativ kann der Verdampfer auch mit einer elektrischen Heizung ausgestattet sein. Das ist konstruktiv einfacher, aber energetisch ineffizienter. Der Strombedarf der Wärmepumpe steigt vorübergehend stark an. Während bei einer Kreislaufumdrehung immer noch das Prinzip einer Wärmepumpe aufrecht bleibt (Leistungszahl größer 1), gilt dies beim elektrischen Abtauen nicht.

Nach dem Abtauen wird die Wärmepumpe nicht sofort wieder gestartet. Vielmehr gibt es noch eine Ruhezeit, in der das Wasser abtropfen kann. Wie auch immer die technische Durchführung aussieht: Die Enteisung kostet Energie, die an feuchten, kalten Tagen durchaus erheblich sein kann. Der Prozess kann sich im Verlauf eines Tages mehrfach wiederholen. Über das ganze Jahr gesehen sollte die Leistungszahl (genau genommen: die Jahresarbeitszahl) der Wärmepumpe durch die Enteisung aber nicht nennenswert sinken.

Wenn Ihre Wärmepumpe im Winter allerdings ständig vereist, liegt vermutlich ein technisches Problem vor, und Sie müssen Ihren Installateur bitten, sich das anzusehen. Mögliche Ursachen sind fehlerhafte Teile, ein undichter Kältemittelkreislauf, eine zu knappe Auslegung der Wärmepumpe oder ein ungünstiger Aufstellungsort mit unzureichender Luftzu- und -abfuhr. Unter Umständen kann es helfen, die

Wärmepumpe vor Regen oder Schnee zu schützen, also zu überdachen (aber so, dass Luftzu- und -abfuhr nicht behindert werden!).

Generell gilt: Ihre Wärmepumpe wird besser funktionieren, wenn Sie an einem sonnigen, trockenen Ort wohnen. Orte mit hoher Luftfeuchtigkeit an Seen, Flüssen sowie in Beckenlagen mit Tendenz zu Inversionslagen (Nebel) sind weniger gut geeignet. Wenn die Möglichkeit besteht, sollten Sie hier eine Erdwärmepumpe in Betracht ziehen.

Es gibt im Internet diverse Berichte von Wärmepumpenbetreibern, die am Vereisungsproblem und an der mangelnden Hilfeleistung durch Installateur- und/oder Herstellerfirma schier verzweifeln.

Lärmentwicklung

Das größte Problem von Luftwärmepumpen ist deren Lärmentwicklung. Zwar sind moderne Wärmepumpen viel leiser als ältere Modelle, aber ganz lautlos werden Wärmepumpen nie sein. Modulierende Modelle (siehe Abschnitt 2.10, »Betriebsweise von Wärmepumpen«) sind immerhin in der Lage, in der Nacht die Leistung zu reduzieren und auf diese Weise die Schallausbreitung weiter zu reduzieren.

Warum kann eine Luftwärmepumpe nicht lautlos sein?

- Zum einen müssen große Mengen Luft bewegt werden. Dazu ist ein Ventilator erforderlich. Grundsätzlich gilt: Je größer der Ventilator, desto besser! Das klingt auf den ersten Blick widersinnig, aber es gibt eine einfache Begründung für diese Regel: Ein Ventilator mit großem Durchmesser bewegt mit einer Umdrehung mehr Luft als ein kleineres Modell. Daher kann ein großer Ventilator langsamer und somit leiser laufen.
- Zum anderen muss der Kompressor das Kältemittel verdichten. Der dafür erforderliche Motor läuft im Betrieb ununterbrochen. Selbst bei einer guten Schalldämmung des Wärmepumpengehäuses entstehen dabei Geräusche.

Ihre Pläne, eine Luftwärmepumpe zu installieren, werden in der Nachbarschaft daher auf wenig Begeisterung stoßen. Letztlich müssen Sie Gesetze einhalten, die die maximale Schallleistung je nach Wohngebiet festschreiben (siehe Abschnitt 7.5, »Gesetzliche Regeln für die Errichtung von Wärmepumpen«). Je nach Region ist die Aufstellung einer Luftwärmepumpe zudem genehmigungspflichtig.

Sollten Sie die vorgeschriebenen Mindestabstände nicht einhalten können, müssen Sie nach Alternativen suchen und z. B. eine Innenaufstellung einer Wärmepumpe anstreben (sei es eine Luftwärmepumpe in Monoblockausführung, sei es eine Erdwärmepumpe).

Aufstellungsort

Es ist gar nicht so einfach, den idealen Ort zur Aufstellung einer Luftwärmepumpe bzw. des Außenteils eines Split-Geräts zu finden:

- In einigen Bundesländern Deutschlands muss die Wärmepumpe mindestens 3 m von der Grundstücksgrenze entfernt aufgestellt werden (siehe auch Abschnitt 7.5, »Gesetzliche Regeln für die Errichtung von Wärmepumpen«).
- Die Wärmepumpe sollte möglichst nah zum Technikraum oder Heizungskeller platziert werden, um Energieverluste bei der Wärmeleitung zu vermeiden.
- Die Wärmepumpe benötigt möglichst warme Luft. Insofern ist ein Platz südlich des Hauses besser geeignet als im nördlichen Schatten des Hauses. (Genau dort landet die Wärmepumpe oft aus ästhetischen Gründen. Der südseitige Garten soll frei von hässlicher Technik bleiben ...)
- Auf keinen Fall darf die Wärmepumpe in einer Senke oder Nische stehen, in der sich ein Kältesee bildet. Die Wärmepumpe saugt dann die kälter werdende Luft immer wieder neu an, es entsteht ein »thermischer Kurzschluss«.
- Aufgrund von Lärmschutzregeln müssen Mindestabstände zum Haus (Schallreflexion) und zu den Nachbarn eingehalten werden.
- Unter Umständen ist eine Einhausung in einem Nebengebäude oder Carport möglich, sofern die Luftzufuhr und -abfuhr nicht behindert werden.
- Vergessen Sie schließlich nicht den Kondensatabfluss!

2.5 Sole-Wasser-Wärmepumpe (Erdwärmepumpe)

Erdwärmepumpen beziehen die Umgebungswärme nicht aus der Luft, sondern aus dem Erdreich. Die offizielle Bezeichnung lautet Sole-Wasser-Wärmepumpe, weil durch die Sonde bzw. durch die Flächenkollektoren salzhaltiges Wasser gepumpt wird. Eine derartige Flüssigkeit mit einem Gefrierpunkt unter 0 °C wird »Sole« genannt. Über einen Wärmetauscher beim Verdampfer der Wärmepumpe gibt die Sole aus dem Erdreich bezogene Wärme an den Kältemittelkreislauf ab. Ein weiterer Wärmetauscher beim Kondensator gibt (exakt gleich wie bei einer Luft-Wasser-Wärmepumpe) die Wärme an das Heizungswasser ab (siehe Abbildung 2.3).

Im Unterschied zu einer Luftwärmepumpe benötigt eine Erdwärmepumpe keinen Ventilator. Stattdessen ist aber eine Pumpe erforderlich, um den Solekreislauf in Bewegung zu halten. Eine zweite Pumpe treibt – wie bei allen Heizungswärmepumpen – den Heizungskreislauf an.

Erdwärmepumpen haben den Vorteil, dass im Winter unter der Erde weitgehend konstante und viel höhere Temperaturen als in der Luft vorherrschen. Vor allem während kalter Winternächte läuft eine Erdwärmepumpe deswegen viel effizienter als eine

Luftwärmepumpe. Erdwärmepumpen werden üblicherweise im Technikraum oder im Keller aufgestellt. Die Leitungen von und zur Erdwärmesonde bzw. von und zum Flächenkollektor werden in das Haus geführt. Bei Erdwärmepumpen besteht daher keine Gefahr der Lärmbelästigung der Nachbarn; allerdings ist die Gefahr nun größer, dass die von der Wärmepumpe ausgehenden Geräusche oder Vibrationen Sie selbst beeinträchtigen. Immerhin fällt bei Erdwärmepumpen der Ventilator als Lärmquelle weg.

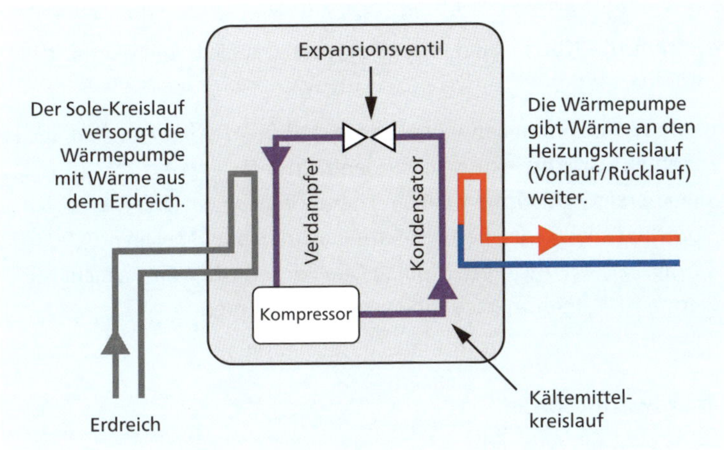

Abbildung 2.10 Funktionsprinzip einer Sole-Wasser-Wärmepumpe

Ein weiterer Vorteil von Erdwärmepumpen bei der Ausführung mit einer Erdwärmesonde besteht darin, dass das System im Sommer mit minimalem Energieaufwand zur Kühlung des Hauses verwendet werden kann (»passive Kühlung«, siehe Abschnitt 4.1, »Aktive und passive Kühlung«).

Der größte Nachteil von Erdwärmepumpen sind die hohen Errichtungskosten. Außerdem ist eine Realisierung meist nur bei einem Neubau durchführbar – und gerade da lohnt es sich wegen des oft geringen Heizungswärmebedarfs am wenigsten. Soll dagegen eine vorhandene Heizung durch eine Erdwärmepumpe ersetzt werden, ist eine nachträgliche Tiefenbohrung bzw. das Verlegen von Kollektoren mit riesigem Aufwand verbunden, oft außerdem mit einer kompletten Zerstörung des Gartens …

Es gibt mehrere Varianten, wie der Solekreislauf einer Erdwärmepumpe ausgeführt werden kann. In den beiden folgenden Abschnitten gehe ich auf die gängigsten Ausführungsvarianten ein.

Losgelöst von der Frage, wie der Solekreislauf ausgeführt wird, sind Erdwärmepumpen in unterschiedlichen Ausführungen möglich. Manche Modelle liefern einfach nur das Warmwasser und überlassen die Einbindung in das Heizungssystem (je nach Bedarf inklusive Puffer, Warmwasseraufbereitung) dem Installateur. Gerade bei größeren oder komplexeren Anlagen erhöht das die Flexibilität der Anwendung, z. B. wenn die Wärmepumpe mit anderen Energiequellen kombiniert werden soll (Solarthermie, Hybridanlagen). Andere Modelle sind als Komplettsystem konzipiert, enthalten also einen integrierten Puffer für das Warmwasser. Das ermöglicht eine besonders platzsparende Realisierung. Außer der Wärmepumpe ist meist nur noch ein Druckausgleichbehälter notwendig.

Geothermie

»Geothermie« bezeichnet die Nutzung der in der Erdkruste gespeicherten Wärme. Die Energieform gilt als regenerativ.

Tiefenbohrungen, wie sie für Einfamilienhäuser üblich sind, werden der »flachen Geothermie« zugeordnet. Für Großprojekte wird wesentlich tiefer gebohrt. Ab 400 m spricht man von der »tiefen Geothermie«. Entsprechende Bohrungen sind wesentlich aufwendiger, versprechen aber wegen höherer Temperaturen (plus 3 Kelvin pro 100 m Bohrtiefe) mehr Ertrag. In Gebieten mit thermalen Quellen kann die Wärme nicht nur zum Heizen, sondern auch zur Stromerzeugung verwendet werden.

Wärmepumpe mit Erdwärmesonde

Eine Erdwärmesonde ist eine tief in die Erde eingebrachte Doppelleitung mit einem U-förmigen Ende (siehe Abbildung 2.11). 50 Meter unter der Oberfläche beträgt die Temperatur ganzjährig ca. 10 °C, je nach geothermischen Verhältnissen unter Umständen auch mehr. Pro 100 m, die weiter in die Tiefe gebohrt wird, steigt die Temperatur um ca. 3 °C.

Zur Verlegung muss eine ziemlich teure Tiefenbohrung durchgeführt werden. Ein grober Richtwert für die notwendige Tiefe sind 20 Meter für jedes Kilowatt Heizleistung der Wärmepumpe. Statt einer sehr tiefen Bohrung werden oft mehrere parallele Bohrungen durchgeführt, die aber etliche Meter voneinander entfernt sein müssen. Bei der Dimensionierung der Bohrung müssen die geologischen Verhältnisse berücksichtigt werden (siehe den folgenden Abschnitt).

In Deutschland muss jede Tiefenbohrung vorher genehmigt werden. Dafür ist die Wasserbehörde bzw. das Amt für Wasserwirtschaft zuständig; außerdem müssen Sie die Bohrung beim geologischen Dienst des Bundeslands anzeigen. Bei Bohrungen mit einer Tiefe von mehr als 100 m ist zudem eine Genehmigung nach dem Bergrecht erforderlich.

In Österreich ist eine Tiefenbohrung an sich nur anzeigepflichtig. Von dieser Regel gibt es aber diverse Ausnahmen: Anlagen in wasserrechtlich besonders geschützten Gebieten, in geschlossenen Siedlungsgebieten ohne zentrale Trinkwasserversorgung, Bohrungen über 300 m, Bohrungen in Gebieten mit (artesisch) gespannten Grundwasservorkommen sowie Anlagen zur Wärmenutzung in Oberflächengewässern sind bewilligungspflichtig. Für die Genehmigung zuständig sind die Bezirkshauptmannschaft oder das Magistrat, denen Sie ein geologisches Gutachten übergeben müssen.

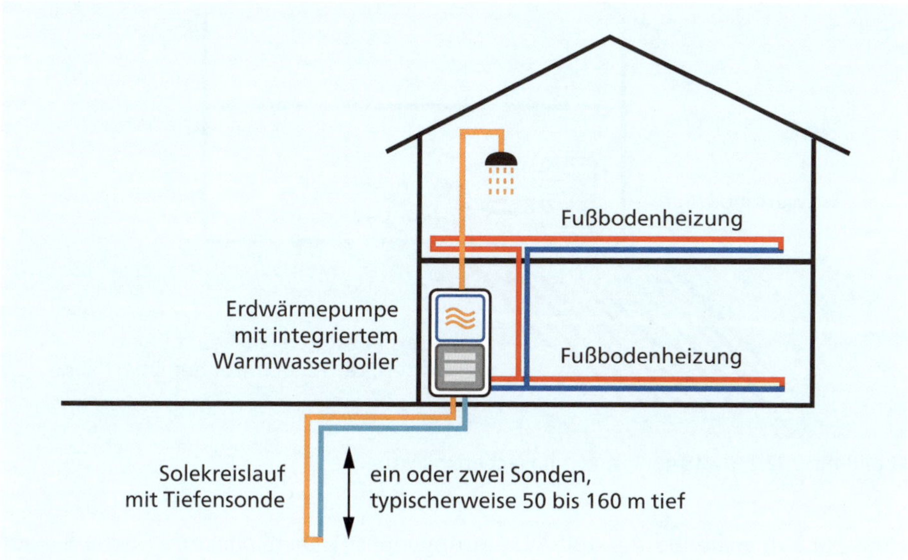

Abbildung 2.11 Erdwärmepumpe mit Tiefensonde

Wärmepumpe mit Flächen- oder Grabenkollektoren

Eine Alternative zur Erdwärmesonde sind im Garten in einer Tiefe von ca. eineinhalb Metern verlegte Kollektoren. Dabei handelt es sich ganz einfach um Kunststoffschläuche, durch die Sole geleitet wird. Es gibt verschiedene Ausführungsvarianten, z. B. in Form von flachen Schleifen wie in Abbildung 2.12 oder in mehreren vertikalen Streifen im Abstand von einigen Metern (»Grabenkollektor«) oder in einem Graben entlang der Grundstückgrenzen (»Ringgrabenkollektor«).

Im Vergleich zur Tiefenbohrung ist das Erdreich knapp unter der Oberfläche im Winter natürlich weniger warm. Die Temperatur ist aber in Mitteleuropa stets über 0 °C – und damit oft wärmer als die Außenluft.

Als wiederum grobe Abschätzung der notwendigen Fläche gilt die zweifache Wohnfläche des Hauses; die Dimensionierung hängt aber natürlich von der Bodenbeschaffenheit und vom Wärmebedarf des Hauses ab.

Oberhalb des Flächenkollektors sollten keine tiefwurzelnden Pflanzen gesetzt oder Bäume gepflanzt werden. Idealerweise ist der Boden feucht und an der Oberfläche sonnig, damit die von der Wärmepumpe abgeführte Wärme rasch ersetzt werden kann.

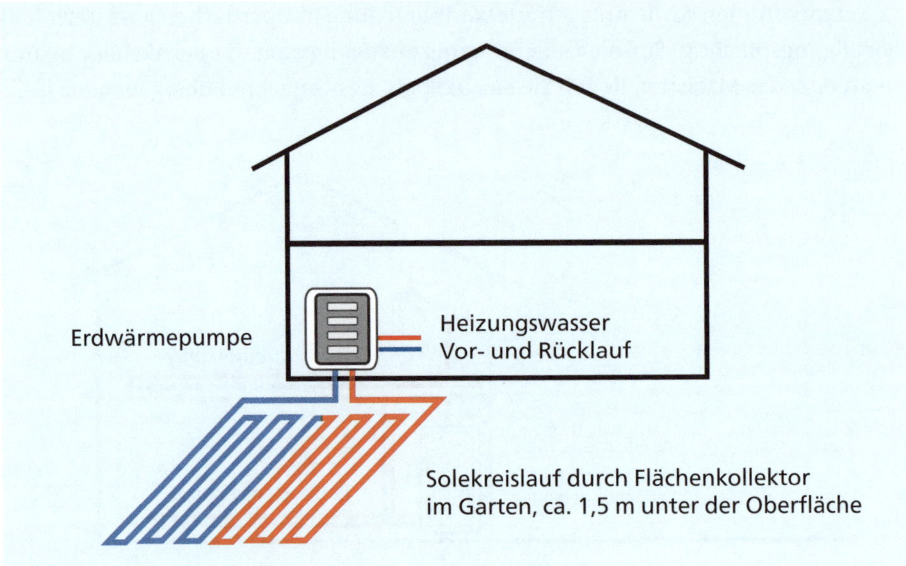

Abbildung 2.12 Erdwärmepumpe mit Flächenkollektor

Tipps zur Dimensionierung und Ausführung eines Grabenkollektors finden Sie auf den folgenden Webseiten:

https://www.waermepumpen-verbrauchsdatenbank.de/index.php?button=grabenkollektor

https://www.haustechnikdialog.de/Forum/t/167167/Sammelthread-Grabenkollektorprobleme

Geologisches Gutachten

Vor einer Tiefenbohrung steht ein geologisches Gutachten. Es wird aus rechtlichen Gründen durch das Bohrunternehmen beauftragt (nicht direkt vom Bauherrn). Die Kosten variieren stark in einer Größenordnung von 1000 bis 2500 € und hängen sowohl von den geologischen Verhältnissen als auch vom geologischen Unternehmen ab. Hat dieses in der näheren Umgebung schon mehrere Gutachten erstellt und kennt es die Verhältnisse, ist der Aufwand geringer. Sprechen Sie mit Ihren Nachbarn!

Grundlagen für das Gutachten sind unter anderem geologische Karten sowie in geografischen Informationssystemen hinterlegte Profile von anderen Bohrungen, die in der Vergangenheit in der Umgebung Ihres Grundstücks durchgeführt wurden.

Nicht bei jedem geologischen Untergrund ist eine Tiefenbohrung erlaubt. Ausschlusskriterien sind beispielsweise unterirdische Gasvorkommen, Verkarstung sowie Salz- oder Gipsvorkommen, die durch einen Wassereintritt ausgelaugt werden können. Problematisch ist zudem die Verbindung von zwei voneinander getrennten Wasser führenden Schichten durch die Bohrung. In solchen Fällen kann die Bohrtiefe limitiert werden, oder Sie erhalten spezielle Auflagen, wie die Bohrung durchzuführen ist. Die Bohrung darf zudem nicht in unmittelbarer Nähe einer bereits vorhandenen Bohrung des Nachbarn stattfinden.

Das geologische Unternehmen führt auch eine Abschätzung über die für die gewünschte Heizleistung erforderliche Bohrlochtiefe durch. Da eine Bohrung mit zunehmender Tiefe immer teurer wird, kann es günstiger sein, zwei parallele Bohrungen in halber Tiefe durchzuführen.

Kosten für die Bohrung und Förderungen

Wesentlich teurer als das Gutachten sind die eigentliche Bohrung, das Einlegen der U-Sonde sowie die Stabilisierung/Ausfüllung der Bohrlochwandung. Naturgemäß hängen die Kosten stark von der Bohrtiefe und von der Art des Untergrunds ab. Sie sollten mit 8.000 bis 20.000 € (bei Anlagen mit höherer Leistung) rechnen.

Beachten Sie, dass die Förderungen für Wärmepumpen in vielen Fällen auch die Tiefenbohrung umfassen. In Deutschland wurden zuletzt im Rahmen der Bundesförderung für effiziente Gebäude (BEG) 35 % der Kosten gefördert. Wegen der besonders hohen Effizienz der Erdwärmepumpe kommt ein zusätzlicher Förderbonus in der Höhe von 5 % hinzu.

Auskühlung des Erdreichs

Erdwärmepumpen entziehen dem Erdreich Wärme. Fehlt die Wärme dort nicht? Bei Flächenkollektoren, die nur relativ knapp unter der Oberfläche verlegt werden, führt der Wärmeentzug dazu, dass der Schnee etwas langsamer schmilzt (sofern es in Ihrer Region überhaupt Schnee gibt). Auch die Vegetation kann in den ersten Frühlingswochen minimal verlangsamt sein. Insgesamt sind diese Probleme aber weitgehend vernachlässigbar. Im Verlauf des Sommers gleicht sich das Temperaturgefälle aus. Im nächsten Winter funktioniert die Wärmepumpe genauso gut wie im Jahr zuvor.

Komplizierter ist die Sache bei Tiefenbohrungen: Im Verlauf eines Winters entzieht die Sonde dem Erd- oder Felsreich Wärme. Dieses kühlt messbar ab, die Effizienz der Wärmepumpe sinkt deswegen im Verlauf des Winters ein wenig. Die entscheidende Frage ist nun: Erwärmt sich das Erdreich im Sommer wieder vollständig?

Grundsätzlich ist die Menge der entnommenen Wärme gemessen am Speichervolumen des Erdreichs nahezu vernachlässigbar. In welchem Ausmaß die »Wärmeregeneration« stattfindet, hängt aber von den geologischen Bedingungen ab, d. h. davon, wie gut die Wärmeleitung unter der Erde ist. Wenn diese am Ort der Sonde schlecht ist (trockenes Erd-/Felsreich ohne horizontale Wasserbewegungen), dann kann es passieren, dass das Erdreich von Jahr zu Jahr ein wenig kälter wird, die Leistung der Wärmepumpe dementsprechend von Jahr zu Jahr ein wenig sinkt. Wenn es zu viele Sonden in kleinem Abstand gibt (also z. B. von mehreren Häusern der Nachbarschaft), kann sich dieser Effekt noch verstärken.

Im Vorhinein lässt sich kaum bzw. nur mit aufwendigen geologischen Untersuchungen vorhersehen, ob eine Tiefensonde von diesem Problem betroffen ist. Spürbare Auswirkungen auf die Heizung sind in der Regel auch nicht sofort, sondern erst nach etlichen Jahren bemerkbar. Daher ist es empfehlenswert, die Soletemperatur einem regelmäßigen Monitoring zu unterziehen.

Zum Glück gibt es einen verblüffend einfachen Ausweg – die sommerliche Nutzung der Wärmepumpe als Klimaanlage! Dabei findet ein Temperaturtransport in umgekehrter Richtung statt: Das Haus wird gekühlt, das Erdreich aufgewärmt. Bei einer geeigneten Konzeption der Wärmepumpe kann diese Klimafunktion ohne den energieaufwendigen Betrieb des Kältemittelkreislaufs genutzt werden.

Literaturempfehlung

Dr. Ruedi Kriesi hat im Auftrag der EnergieSchweiz 2016 rund 90 Erdwärmesonden vermessen. Bei immerhin 30 Prozent der Sonden wurde eine »Unterkühlung« festgestellt, d. h., eine vollständige Wärmeregeneration war nicht möglich. Der Autor empfiehlt, derartige Sonden im Sommer als Klimaanlage zu nutzen oder gezielt per Solarthermie zu erwärmen.

https://pubdb.bfe.admin.ch/de/publication/download/8872

2.6 Wasser-Wasser-Wärmepumpe (Grundwasserwärmepumpe)

Eine Grundwasserwärmepumpe (oft auch Wasser-Wasser-Wärmepumpe oder verkürzt Wasserwärmepumpe) entzieht dem Grundwasser Wärme. Sie setzt voraus, dass aus einem sogenannten »Förderbrunnen« Grundwasser gepumpt werden kann. Dessen Temperatur ist ganzjährig weitgehend konstant, variiert aber je nach Ort. Typische Temperaturen liegen zwischen 7 und 15 °C. Die Wärmepumpe kühlt dieses Wasser nun etwas ab und fördert es dann einige Meter in Grundwasserflussrichtung abwärts über einen »Schluckbrunnen« zurück in das Grundwasser (siehe Abbildung 2.13).

Energetisch gesehen sollte die Nutzung von Grundwasser ein Idealfall sein, bei dem die Wärmepumpe Leistungszahlen über 5 erreichen kann: Ausgehend von einem schon relativ hohen Wärmeniveau kann das Grundwasser ohne den Umweg über einen Wärmetauscher (also ohne Solekreislauf durch Erdwärmesonde oder Kollektor) direkt genutzt werden.

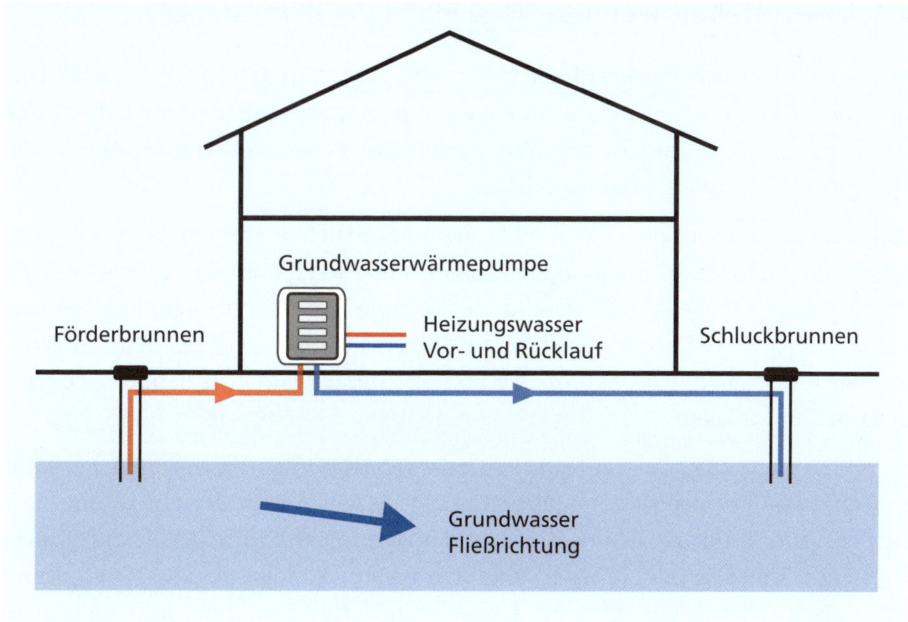

Abbildung 2.13 Grundwasserwärmepumpe

Tatsächlich laufen Grundwasserwärmepumpen nicht immer effizienter als Erdwärmepumpen. Das liegt unter anderem am höheren Energieaufwand für das Heraufpumpen des Grundwassers aus dem Förderbrunnen. (Anders als bei einer Erdwärmesonde gibt es keinen geschlossenen Kreislauf, weswegen eine höhere Pumpleistung notwendig ist.) Zudem liegen nur selten geeignete Voraussetzungen zur Realisierung einer Grundwasserwärmepumpe vor.

Austrocknungsgefahr

Die aufgrund von Trockenheit sinkenden Grundwasserspiegel machen den Bau von Grundwasserwärmepumpen problematisch. Fatal ist es, wenn eine neu errichtete Grundwasserwärmepumpe nach ein paar Jahren nicht mehr genutzt werden kann, weil der Förderbrunnen ausgetrocknet ist. In den vergangenen Jahren ist das leider immer wieder passiert.

Die Errichtung einer Grundwasserpumpe erfordert auf jeden Fall ein geologisches Gutachten sowie ein relativ aufwendiges Genehmigungsverfahren. Möglicherweise erhalten Sie die Auflage, dass Sie alle fünf Jahre eine Überprüfung durchführen müssen, dass es durch die Wasserentnahme und Rückeinspeisung zu keinen Verunreinigungen kommt. Aus all diesen Gründen sind Grundwasserpumpen relativ selten. Von den 2022 in Deutschland neu errichteten Wärmepumpen waren nur 3 % Grundwasserwärmepumpen.

2.7 Luft-Luft-Wärmepumpe (Heizen mit der Klimaanlage)

Eine Luft-Luft-Wärmepumpe entzieht der Außenluft Wärme und gibt diese Wärme über den Kältekreislauf an die Innenluft weiter. Anders als bei der Luft-Wasser-Wärmepumpe wird zum Heizen also warme Luft verwendet (wie im Auto), kein Heizkörper bzw. keine Fußbodenheizung.

Wenn Sie im Internet nach einer »Wärmepumpe« suchen, werden Sie nur äußerst selten auf Luft-Luft-Wärmepumpen stoßen. Auch der deutsche »Bundesverband Wärmepumpe e.V.« betrachtet diese Art der Heizung nicht als Wärmepumpe. Dementsprechend fehlen derartige Modelle in den Statistiken. Dennoch ist es ziemlich sicher, dass Sie mit solchen Wärmepumpen schon oft Kontakt hatten. Es handelt sich nämlich um Klimaanlagen!

Viele Klimaanlagen können auf zwei Arten verwendet werden: Im gewöhnlichen Kühlbetrieb sowie im invertierten Heizbetrieb. In diesem Abschnitt geht es um diese Betriebsform. Grundsätzlich ist diese Art der Heizung ähnlich effizient wie größere Heizungswärmepumpen. Je nach Außentemperatur können Sie aus 1 kWh Strom mehr als 3 kWh Wärme erzeugen. Ein weiterer Vorteil sind die – im Vergleich zu den bisher vorgestellten Wärmepumpen – geringen Investitionskosten. Das gilt umso mehr, wenn Sie ohnedies eine Kühllösung brauchen.

Es gibt aber auch dezidierte Luft-Luft-Wärmepumpen, die über einen Plattenwärmetauscher in das Belüftungssystem des Hauses integriert wird. Diese Variante ist vor allem bei Niedrigenergiehäusern mit geringem Wärmebedarf gebräuchlich.

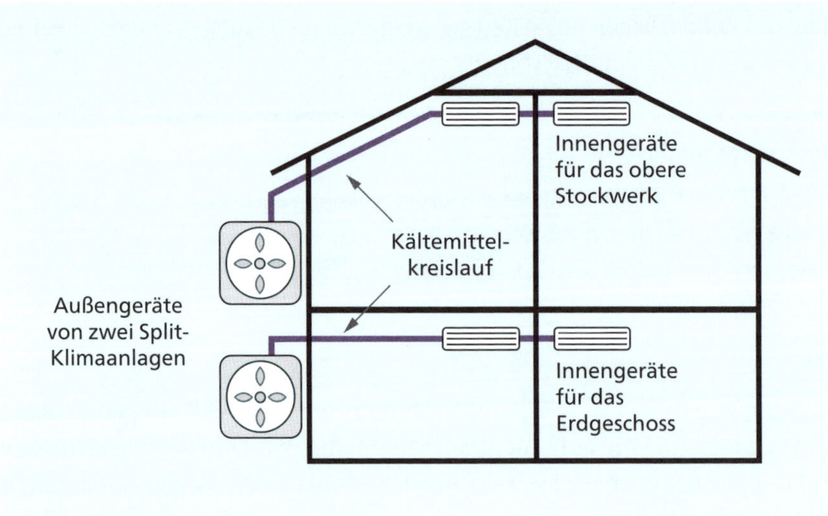

Abbildung 2.14 Viele Klimaanlagen können als Luft-Luft-Wärmepumpen auch zum Heizen verwendet werden.

Luft-Luft-Wärmepumpen werden in Split-Bauweise ausgeführt (siehe Abbildung 2.14): Das Außenteil sieht aus wie eine Luftwärmepumpe, nur kleiner. Oft wird es an der Hausfassade oder auf dem Dach montiert. Von dort führt der Kältemittelkreislauf zu einem oder mehreren Innengeräten, die normalerweise oberhalb des Fensters oder an einer Außenwand in Deckennähe so montiert werden, dass der Kältemittelkreislauf so kurz wie möglich ist. Der oft recht lange Kältemittelkreislauf ist auch der Grund, weswegen Klimaanlagen nur von Fachkräften mit Kälteschein installiert werden dürfen.

Es gibt gute Gründe, warum diese Art der Heizung in Mitteleuropa unüblich ist:

- **Wohnkomfort:** Je nach Wärmeenergiebedarf ist die Wärmeaustragung durch Luft unangenehm oder zumindest gewöhnungsbedürftig. Die ständige Luftbewegung und die Lüftergeräusche stören. Eine Ausnahme sind Niedrigenergie- oder Passivhäuser. Dort ist der Wärmebedarf so gering, dass die Warmluftströmung kaum mehr wahrnehmbar ist.

  Bei schlecht isolierten Häusern fühlt sich ein per Luft beheizter Raum weniger wohnlich an als bei der Verwendung von Heizkörpern oder einer Fußbodenheizung. Zudem ist es schwieriger, die Temperatur einigermaßen konstant zu halten; sie variiert oft um ein, zwei Grad auf oder ab.
- **Platzierung:** Die Optimierung der Geräte zum Kühlen hat Nachteile, wenn diese zum Heizen verwendet werden. So werden die Innengeräte üblicherweise hoch montiert. Zum Kühlen ist das gut (kalte Luft ist schwerer als warme Luft und sinkt ab), zum Heizen ist die Platzierung aber unglücklich. Selbst wenn der Raum an sich warm wird, bleibt der Boden kalt. Das ist ungünstig, wenn Sie auch im Winter gerne barfuß oder nur in Socken in Ihrer Wohnung unterwegs sind.
- **Leistung:** Wenn es richtig kalt ist, reicht die Heizleistung einer Klimaanlage oft nicht aus. Das Gerät läuft dauerhaft mit maximaler Leistung und dementsprechend laut.
- **Optik:** Luft-Luft-Wärmepumpen sind keine Augenweide, weder innen noch außen.
- **Objektgröße:** Jeder Raum benötigt ein Innenheizgerät, große Räume benötigen womöglich mehrere. Während eine Luft-Luft-Wärmepumpe bei kleinen Wohnungen geringe Investitionskosten verursacht, löst sich dieser Kostenvorteil bei größeren Anlagen gleichsam in Luft auf.
- **Kein Warmwasser:** Die meisten invers betriebenen Klimaanlage können zwar heizen, aber kein Warmwasser erzeugen. Vereinzelt gibt es aber Luft-Luft-Wärmepumpen mit kombiniertem Warmwasserboiler (z. B. Hitachi Multi Yutampo oder Daikin Multi+ Split-Wärmepumpe 4MWXM52A).

Die Luft-Luft-Wärmepumpe teilt zwei Nachteile mit der Luft-Wasser-Wärmepumpe: Im Außengerät entsteht ein Kondensat, das abgeleitet werden muss; andernfalls tropft es trostlos der Hausfassade entlang herunter, wie es auch manchmal zu sehen ist. Außerdem entsteht beim Betrieb der Wärmepumpe Lärm, der unter Umständen Sie selbst oder die Nachbarn stört.

Die Außengeräte von Klimaanlagen sind kleiner als die bei in unseren Breiten üblichen Luft-Wasser-Wärmepumpen, haben weniger Leistung und sind daher auch etwas leiser. Allerdings ist auch die Bauweise oft minimalistisch, insbesondere was die Lärmdämmung betrifft.

Nicht jede Klimaanlage ist geeignet

Damit Sie mit einer Klimaanlage heizen können, muss es eine Möglichkeit geben, die Richtung des Kältemittelkreislaufs umzudrehen. Dazu dient ein sogenanntes Vierwegeventil. Je nach Richtung des Kältemittelkreislaufs wird aus dem Verdampfer der Kondensator (Verflüssiger) und umgekehrt. Im einen Fall wird innen Wärme entzogen und außen abgegeben, im anderen Fall ist es gerade umgekehrt.

Die Expansionsventile müssen doppelt ausgeführt werden, damit die Verdampfung je nach Kreislaufrichtung an der richtigen Stelle stattfindet. Die für den Dual-Betrieb erforderliche Technik ist also durchaus nicht trivial. Wenn Sie sich für die Details interessieren, ist das folgende Video ein guter Startpunkt:

https://www.youtube.com/watch?v=tFrWAiAL3zA

Einsatzmöglichkeiten

Große Verbreitung finden Luft-Luft-Wärmepumpen in Italien, Spanien und vielen anderen südlichen Ländern, in Hotelzimmern ebenso wie in Wohnanlagen und kleinen Häusern. Die Funktion als Klimaanlage steht dort natürlich im Vordergrund. Wenn dann aber doch für ein paar Wochen oder zwei Monate geheizt werden muss, dann funktioniert die Luft-Luft-Wärmepumpe für diesen Zweck gut genug. Ein weiterer Vorteil besteht darin, dass die Art der Heizung nicht so träge ist wie z. B. eine Fußbodenheizung. Beim Heizen besteht viel mehr Flexibilität: Wenn einzelne Räume nur sporadisch genutzt werden, dann kann die Heizung nach Bedarf reduziert oder erhöht werden.

In der DACH-Region, wo die Heizperiode deutlich länger andauert als im Süden, werden Sie in einem Neubau sicher keine Klimaanlage zum Heizen einsetzen. Vielmehr besteht der beste Weg darin, die zum Heizen angedachte Luft- oder Erdwärmepumpe so auszuwählen, dass diese auch zur Kühlung geeignet ist (siehe auch Kapitel 4, »Kühlen mit Wärmepumpen«).

Sehr wohl interessant sind Klimaanlagen mit Heizfunktion aber für nur sporadisch bewohnte Wohnungen oder Häuser, z. B. für ein Ferienhaus oder ein Gartenhaus mit Wohn- oder Bürofunktion. Oder es stellt sich heraus, dass der per Klimaanlage gekühlte Dachboden dank Heizfunktion plötzlich auch im Winter genutzt werden kann.

Vermutlich noch wichtiger ist die Sanierung von Wohnungen, bei denen Sie die vorhandene Heizung nicht oder nur unter erheblichen Kosten ändern können. In solchen Fällen kann der Einbau einer Klimaanlage mit Heizfunktion als Zweitheizung die optimale Lösung sein. Sie belassen die vorhandene Heizung (z. B. elektrische Nachtspeicheröfen), setzen diese aber nur in Notfällen ein, wenn die Heizleistung der Klimaanlage nicht ausreicht. Sie haben damit eine einfache Hybridheizung – ein Thema, auf das ich im nächsten Abschnitt noch näher eingehen werde.

Wie viel Perfektionismus muss sein?

Der oft übertriebene Perfektionismusanspruch im deutschen Sprachraum steht einfachen, pragmatischen Lösungen im Weg. Wenn Sie mit viel Geld ein Haus sanieren oder neu bauen, werden Sie natürlich die bestmögliche Lösung anstreben. Aber wenn das Budget limitiert ist, kann eine nicht ganz so perfekte Lösung ökologisch wie ökonomisch sinnvoll sein – und immer noch ein angenehmes Wohnen ermöglichen. Wenn Sie diesbezüglich Denkanstöße suchen, empfehle ich Ihnen die YouTube-Videos von Andreas Schmitz. Ein guter Startpunkt ist das folgende Video, das den Einsatz von Klimaanlagen zur Beheizung eines Altbaus zeigt:

https://www.youtube.com/watch?v=BvI7A3NmY08

Mini- oder Mikrowärmepumpen

In diesem Buch stehen Ein- und Zweifamilienhäuser im Vordergrund. In den kommenden Jahrzehnten müssen aber auch in vielen Mehrparteienhäusern vorhandene Elektro- oder Gasetagenheizungen durch umweltfreundlichere Systeme ersetzt werden. Ein denkbarer Ansatz sind Mini- oder Mikrowärmepumpen. Das technische Konzept ist ähnlich wie bei Klimaanlagen; allerdings liegt der aktuelle Entwicklungsfokus stärker beim Heizen. Leider gibt es diesbezüglich momentan mehr Ideen als ausgereifte Lösungen.

In naher Zukunft wird es vermutlich ein größeres Angebot von Geräten geben, die gleichermaßen heizen und kühlen können und die für unterschiedliche Gebäudegrößen geeignet sind – von einer einzelnen kleinen Wohnung über das Einfamilienhaus bis hin zur zentralen Wärme/Kälte-Versorgung ganzer Mehrparteienanlagen. Ob diese Geräte dann »Wärmepumpen« oder »Klimaanlagen« heißen, ist sekundär.

2.8 Hybridsysteme

Ein »Hybridsystem« im Kontext von Wärmepumpen ist ein zweigleisiges Heizungssystem. Dabei gibt es diverse Varianten:

- Wärmepumpe plus Gas-/Ölheizung
- Wärmepumpe plus Elektroheizung
- Wärmepumpe plus Holzofen/Holzherd

Nicht als Hybridsystem im Sinne dieses Abschnitts gelten Wärmepumpen, die mit Solarthermie oder Photovoltaik kombiniert werden. Auch eine Warmwasserwärmepumpe, die mit einer anderen Heizung kombiniert wird, ist kein Hybridsystem. Das sind lauter sinnvolle Setups, aber es gibt immer nur *eine* Heizmöglichkeit.

Hybridsysteme entstehen oft bei der Sanierung: Eine vorhandene, noch funktionierende Heizung soll als Backup behalten werden oder kann nicht entfernt werden (speziell bei Wohnungen). Parallel dazu soll aus Kostengründen oder aus ökologischen Gründen eine Wärmepumpe installiert werden.

Es gibt aber auch kompakte Neugeräte, die eine Wärmepumpe (zumeist eine Split-Luftwärmepumpe) mit einem Gas-Brennwertkessel in einem Gas-Hybridgerät vereinen. Diese Geräte bringen eine Regelung mit, die bestimmt, wann welches Gerät aktiv sein soll. Derartige Geräte eignen sich gut für Altbausanierungen, wenn keine Fußbodenheizung vorliegt und daher relativ hohe Vorlauftemperaturen erforderlich sind.

In diesem Zusammenhang wird manchmal auch von »bivalenten Wärmepumpenkombinationen« gesprochen: Anstelle des sonst gebräuchlichen Heizstabs übernimmt hier die Gasheizung die Abdeckung der Spitzenlast an besonders kalten Tagen. (Was es mit dem Bivalenzpunkt und dem Heizstab auf sich hat, erkläre ich Ihnen in Abschnitt 2.10, »Betriebsweise von Wärmepumpen«.)

Ein Hybridsystem hat mehrere Vorteile:

- **Redundanz und Unabhängigkeit:** Wenn ein Heizungssystem ausfällt, steht immer noch ein zweites zur Verfügung.
- **Flexibilität und Kostenersparnis:** Je nachdem, wie sich die Energiepreise entwickeln bzw. je nach Außentemperatur kann das Heizungssystem verwendet werden, das gerade kostengünstiger ist.

  Insbesondere kann bei einem Hybridsystem die Wärmepumpe sehr knapp dimensioniert werden. Das spart Investitionskosten. An den wenigen Tagen im Jahr, wo die Leistung der Wärmepumpe nicht ausreicht bzw. diese nur noch mit einer niedrigen Leistungszahl betrieben wird, kann auf die herkömmliche bzw. alte Heizung umgestiegen werden.

Hybridsysteme sind aber auch mit Nachteilen verbunden:

- **Platzbedarf:** Hybridsysteme erfordern mehr Platz im Keller oder Technikraum.
- **Wartung:** Die Redundanz des Heizungssystems führt zu höheren Wartungskosten. Auch wenn Sie Ihre Gas-, Öl-, Pellet- oder Holzheizung nur selten nutzen, müssen Sie dennoch den regelmäßigen Besuch eines Kaminkehrers bezahlen.
- **Komplexität:** Mitunter besteht der Wunsch, das Heizungssystem vollautomatisch zu gestalten – d. h. ein Steuerungssystem entscheidet selbst, welche Heizungsform gerade optimal ist. Der Preis dafür ist eine (zu) hohe Komplexität, oft gepaart mit Fehleranfälligkeit. Oder, überspitzt formuliert: Die Steuerung Ihrer Heizungsanlage sollte nicht komplexer als die einer Mondrakete sein. :-)

Integration und Steuerung

Die schwierigste Frage bei Hybridsystemen besteht darin, wie die beiden Heizungssysteme miteinander verbunden und gesteuert werden. Am einfachsten funktionieren Hybridsysteme, bei denen jede Heizung vollkommen unabhängig von der anderen funktioniert und die Bedienung rein manuell erfolgt. Der oder die Bewohner entscheiden also, welches Heizungssystem gerade eingesetzt wird (bei Bedarf auch in Kombination).

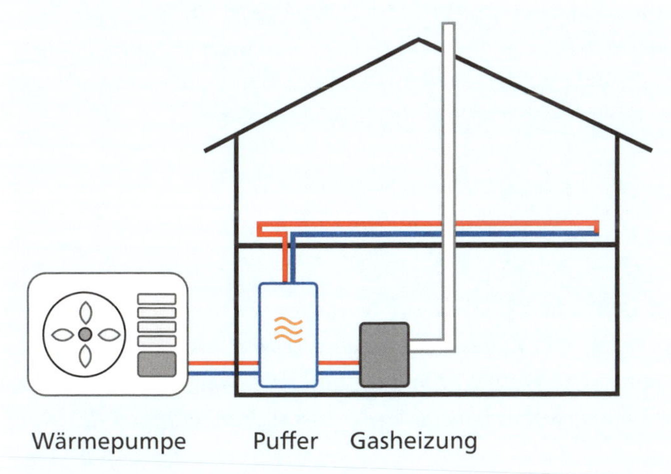

Abbildung 2.15 Hybridheizungssystem aus einer neuen Wärmepumpe und einer Gasheizung (Bestand) mit einem gemeinsamen Puffer

Wenn dagegen beide Heizungssysteme die gleiche Art der Wärmeaustragung nutzen sollen, bedarf es etwas mehr Planung. In Abbildung 2.15 kann der gemeinsame Puffer wahlweise durch die neue Wärmepumpe oder die alte Gasheizung beheizt werden. Die Fußbodenheizung nutzt die Wärme aus diesem Puffer – egal, wie das

Wasser vorher erwärmt wurde. Bei diesem Beispiel-Setup lässt sich eine automatische Umschaltung zwischen den beiden Heizungsvarianten einfach bewerkstelligen. Wenn die Außentemperatur unter 0 °C sinkt, übernimmt die Gasheizung. Bei höheren Temperaturen reicht die mit einer geringen Leistung dimensionierte Wärmepumpe aus.

Beispiel

Ein gut gelungenes Hybridsystem in meinem privaten Umfeld ist ein Einfamilienhaus samt Einliegerwohnung im Bundesland Salzburg an einem kalten, aber sehr sonnigen Standort in einer Höhe von rund 1000 m.

Das Haus wird stark wechselnd bewohnt: Manchmal steht es aus beruflichen Gründen für ein paar Tage ganz leer, dann wird es für ein Wochenende von acht Personen genutzt. Für Heizung und Warmwasser ist eine Erdwärmepumpe zuständig, die dank stark wasserhaltigen Untergrunds mit einer sehr hohen Jahresarbeitszahl läuft. Sie hält Bäder und Wohnräume angemessen (aber nicht übertrieben) warm. Der Energiebedarf für die Wärmepumpe beträgt nur rund 2000 kWh/Jahr!

Bei Bedarf schaffen ein Holzherd im Erdgeschoss sowie ein Holzofen im Obergeschoss mehr Behaglichkeit. Brennholz steht in der ländlichen Gegend ausreichend und kostengünstig zur Verfügung.

Die Lösung ist gleichermaßen flexibel und im Betrieb verblüffend kostengünstig. Das Haus bleibt auch bei längeren Abwesenheiten warm. Die Heizung per Wärmepumpe funktioniert automatisch und erfordert keine manuellen Eingriffe. Bei Anwesenheit kann mit den Holzöfen rasch zusätzliche Wärme produziert werden.

2.9 Kältemittel

Ein Kältemittel ist vom Deutschen Institut für Normung (DIN) als Fluid definiert, *das zur Wärmeübertragung in einer Kälteanlage eingesetzt wird, und das bei niedriger Temperatur und niedrigem Druck Wärme aufnimmt und bei höherer Temperatur und höherem Druck Wärme abgibt, wobei üblicherweise Zustandsänderungen des Fluids erfolgen.*

Ich habe schon erläutert, dass ein Kältemittel für die Funktionsweise von Wärmepumpen essenziell ist. In Wärmepumpen zur Heizung von Einfamilienhäusern befinden sich üblicherweise 1 bis 3 kg Kältemittel, in modernen Geräten sogar deutlich weniger als 1 kg. An sich ist das Kältemittel kein Problem, solange es nicht entweicht. Genau das passiert aber häufig, entweder aufgrund eines Defekts oder am Ende der Lebensdauer der Wärmepumpe bei einer unsachgemäßen Entsorgung.

Verschiedene Kältemittel

Als Kältemittel stehen diverse Substanzen zur Wahl.

- **FCKW:** Die in der Vergangenheit verwendeten Fluor-Chlor-Kohlen-Wasserstoffe sind wegen ihrer extrem hohen Schädlichkeit für die Ozonschicht bereits seit 1990 verboten.
- **HFCKW und HFKW:** Als Alternative zu FCKW haben sich teilfluorierte Gase etabliert, unter anderem Hydrogen-Fluor-Chlor-Kohlen-Wasserstoffe (HFCKW), Hydrogen-Fluor-Kohlen-Wasserstoffe (HFKW) sowie Gasgemische, die HFCKW oder HFKW enthalten. Diese Gase zählen zur Gruppe der Per- und Polyfluoralkylsubstanzen (PFAS) und werden oft einfach als F-Gase bezeichnet. Ihre Schädlichkeit für die Ozonschicht ist zwar etwas geringer, sie sind aber auch starke Treibhausgase.

  Der Einsatz von F-Gasen wird zunehmend limitiert: Insbesondere sollen F-Gase mit einem Treibhauspotential (GWP, siehe auch Tabelle 2.1) größer 150 ab 2027 in der EU verboten werden. Davon betroffen sind unter anderem R-32 (HFKW) und R-410A (ein Gemisch, das HFKW enthält). Diese beiden Kältemittel kommen aktuell noch in vielen marktüblichen Wärmepumpen zum Einsatz. Ab 2035 sollen dann sämtliche nicht natürlichen Kältemittel verboten werden.
- **Natürliche Kältemittel:** Als »natürliche« Kältemittel gelten auch in der Natur auftretende Gase wie CO_2, Propan oder Ammoniak. Diese Kältemittel sind zwar wesentlich umweltfreundlicher, haben aber andere Nachteile: Sie weisen entweder weniger günstige thermodynamische Eigenschaften auf, sind brennbar oder giftig. Dessen ungeachtet werden ab 2028 in Deutschland nur noch Wärmepumpen gefördert, die ein natürliches Kältemittel verwenden.

Kältemittel werden üblicherweise mit einem R-Namen bezeichnet (siehe Tabelle 2.1). Dabei steht das R für *Refrigerant*. Die nachfolgende drei- oder vierstellige Zahl lässt mit entsprechendem Wissen Rückschlüsse auf die chemische Formel der Verbindung zu. Die nachfolgenden Buchstaben bezeichnen Varianten der Strukturformel. Wenn Sie über etwas chemisches Grundwissen verfügen, finden Sie im Wikipedia-Eintrag zu »Kältemitteln« eine ausführliche Beschreibung zur Benennungsnomenklatur.

Neben den in Tabelle 2.1 aufgezählten Kältemittel gibt es unzählige weitere, die aber für Wärmepumpen im Haushaltsbereich ungeeignet sind und nur industrielle Anwendung finden. Der Sicherheits-Code gibt Rückschluss auf Giftigkeit (A = gering, B = größer), die Brennbarkeit (1 = gar nicht, 2 = gering, 3 = groß) sowie auf die Brenngeschwindigkeit (L = gering).

Das Kürzel GWP steht für *Global Warming Potential* und ist eine Maßzahl für das Treibhauspotenzial. Als Referenz gilt CO_2. Das nach wie vor beliebte Kältemittel R-32 hat ein GWP von 675. Wenn nun 1 kg R-32 aufgrund eines technischen Defekts oder bei einer unsachgemäßen Entsorgung der Wärmepumpe entweicht, sind die Auswirkungen für den Treibhauseffekt so groß, als würden 675 kg CO_2 entweichen. Das ist fast so viel CO_2, wie eine Gasheizung für ein modernes Einfamilienhaus der KfW-Effizienzklasse 70 in einem halben Jahr emittiert.

Die Spalte Ozonschichtgefährdung gibt an, wie stark verschiedene Kältemittel beim Entweichen die Ozonschicht gefährden. Am schlimmsten ist dies bei den mittlerweile verbotenen Fluorchlorkohlenwasserstoffen. Aber auch von teilfluorierten Kohlenwasserstoffen geht eine erhebliche Gefahr aus.

Art/Gas	Name	Sicherheits-Code	GWP	Ozonschichtgefährdung
FCKW	R-22	–	2106	sehr hoch
HFKW	**R-410A**	A1	2090	hoch
HFKW	R-407C	A1	1770	hoch
HFKW	R-134A	A1	1430	hoch
HFKW	**R-32**	A2L	675	hoch
Propan	**R-290**	A3	3	–
Ammoniak	R-717	B2L	0	–
CO_2	R-744	A1	1	–

Tabelle 2.1 Eckdaten wichtiger Kältemittel. Aktuell in Wärmepumpen häufig eingesetzte Kältemittel sind fett hervorgehoben.

Das Kältemittel der Zukunft: Propan

Letztlich ist jedes Kältemittel ein Kompromiss aus guten und schlechten Eigenschaften. Aktuell sieht es so aus, als würde sich Propan (R-290) als Kältemittel der Zukunft durchsetzen, zumindest für Wärmepumpen in den in diesem Buch behandelten Leistungsklassen von 5 bis 25 kW. Propan hat einen GWP von nur 3. Das Gas ist, was den Treibhauseffekt betrifft, also nur dreimal so schädlich wie CO_2. Die thermischen Eigenschaften von Propan ermöglichen zudem Wärmepumpen für besonders hohe Vorlauftemperaturen bis zu 70 °C.

Der größte Nachteil von Propan besteht darin, dass es sehr gut brennbar ist. Bei einer Luftwärmepumpe im Außenbereich ist die davon ausgehende Gefahr weitgehend vernachlässigbar. Zum einen gibt es diverse Schutzvorkehrungen, die ein unkontrolliertes Entweichen verhindern; zum anderen sind die erforderlichen Mengen gering: Dem Fraunhofer-Institut ist es gelungen, eine Wärmepumpe mit 13 kW Leistung zu entwickeln, die nur 124 g Propan benötigt. (Das ist deswegen so wichtig, weil Geräte für die Innenanwendung maximal 150 g Propan enthalten dürfen.) Bei älteren Wärmepumpenmodellen ist deutlich mehr Propan erforderlich, ca. 60 g pro Kilowatt (das wären also 800 g für 13 kW Leistung).

Problematischer ist der Einsatz von Propan bei Luftwärmepumpen in Split-Ausführung bzw. bei Erdwärmepumpen, wo das gesamte Gerät oder ein Teil davon im Inneren des Hauses aufgestellt wird. Für derartige Geräte gilt ein Grenzwert von 150 g, d. h., der gesamte Kältemittelkreislauf darf nur 150 g Propan enthalten. Gerade für Split-Geräte ist dieser Grenzwert nicht einzuhalten. Dort kommt häufig das ökologisch bedenkliche, aber dafür nicht brennbare Kältemittel R-410A zum Einsatz.

Eine interessante Alternative zu Propan ist CO_2: Es ist ungiftig und nicht brennbar, erfordert aber einen höheren Betriebsdruck und macht die Wärmepumpe teurer und lauter. CO_2 eignet sich nur dann als Kältemittel, wenn die Temperaturdifferenz zwischen Vor- und Rücklauf 50 °C überschreitet, was bei Wärmepumpen im Heizungsbereich unüblich hoch ist. Generell ist die Forschung an Kältemitteln heute ein wesentlicher Aspekt für die Weiterentwicklung von Wärmepumpen.

Entscheidungskriterium Kältemittel

Das eingesetzte Kältemittel sollte ein Entscheidungskriterium für die Auswahl der Wärmepumpe sein: Über lange Zeit zukunftssicher sind voraussichtlich nur Geräte, die natürliche Kältemittel verwenden. Bei Wärmepumpen, die HFKW-Gase oder -Gemische verwenden, wird es in Zukunft keine Förderungen und womöglich verschärfte Wartungsauflagen geben.

2.10 Betriebsweise von Wärmepumpen

Wärmepumpen können nicht nur nach der Art der verwendeten Wärmemedien unterschieden werden (Luft, Wasser, Sole etc.), sondern auch nach der Betriebsweise. In der Vergangenheit gab es bei vielen Wärmepumpen nur zwei Betriebszustände, *ein* oder *aus*. Die Leistung ist damit starr vorgegeben, entweder volle Leistung oder gar keine.

Wenn in der Übergangszeit wenig Heizleistung erforderlich ist, schalten sich solche Wärmepumpen relativ oft an und aus, d. h., sie »takten«. Das ist nicht nur akustisch unangenehm, sondern schadet auch der Lebensdauer (wobei eine gute Wärmepumpe sehr viele Taktzyklen überlebt). Das Takten kann durch die Verwendung eines Puffers reduziert werden; das ist aber mit anderen Nachteilen verbunden. Darauf gehe ich in Abschnitt 3.5, »Pufferspeicher«, näher ein.

Modulierende Wärmepumpen

Fast alle modernen Heizungswärmepumpen arbeiten »modulierend«, können also in einem relativ breiten Leistungsbereich (z.B. 20 % bis Volllast) arbeiten. Die größte technische Herausforderung zur Realisierung solcher Wärmepumpen bestand darin, die Drehzahl des Verdichtermotors variabel zu steuern. Daraus ergibt sich ein bestimmter Leistungsbereich, den die Wärmepumpe im Betrieb abdecken kann, z.B. von 2 kW bis 10 kW. Das entspricht einem Modulationsgrad von 20 % bis 100 %. Wenn die Wärmepumpe nicht unter Volllast läuft, spricht man von einem Teillastbetrieb.

Der gängigste Weg zur Modulierung ist die sogenannte Invertertechnik: Dabei wird die Wechselspannung der Stromversorgung (bei uns 50 Hertz) in eine Gleichspannung und dann wieder zurück in eine Wechselspannung mit variabler Frequenz umgewandelt, z.B. im Bereich zwischen 20 und 100 Hz. Dementsprechend arbeitet der Kompressor langsamer oder schneller. Die für die Frequenzumwandlung zuständige Elektronik ist der »Inverter«, dementsprechend werden modulierende Wärmepumpen oft Inverterwärmepumpen genannt. Natürlich müssen auch die restlichen Komponenten der Wärmepumpe in ihrer Leistung angepasst werden, also der Ventilator bzw. die Sole- oder Wasserpumpe.

Modulierende Wärmepumpen haben über die bessere Leistungssteuerung hinaus weitere Vorteile:

- Es besteht die Möglichkeit, den Betrieb der Wärmepumpe in der Nacht abzusenken und so leiser zu machen. Das hilft bei der Einhaltung der Lärmschutzvorschriften und besänftigt die Nachbarschaft.
- Wenn Sie selbst Strom mit einer Photovoltaikanlage erzeugen, ist bei einer modulierenden Wärmepumpe der Eigennutzungsanteil größer. Gerade in der Übergangszeit liefert eine PV-Anlage selten die Maximalleistung. Es ist daher besser, wenn auch die Wärmepumpe über längere Zeit beispielsweise mit 50 % Prozent ihrer Leistung läuft, als wenn sie die halbe Zeit unter Volllast läuft (die PV-Anlage kann den hohen Strombedarf der Wärmepumpe nicht vollständig abdecken) und dann wieder ganz ausgeschaltet ist (der Strom der PV-Anlage muss ins Netz eingespeist werden).
- Modulierende Wärmepumpen können »sanft« anfahren, was der Lebensdauer aller Komponenten zugutekommt.

Gibt es auch Nachteile? Als sich modulierende Wärmepumpen vor gut 10 Jahren etablierten (bei Klimaanlagen ist die Technik schon länger üblich), waren sie etwas teuer, galten als störungsanfälliger und weniger effizient, vor allem, wenn sie unter Volllast arbeiteten (Leistungsverluste im Inverter). Heute gelten modulierende Wärmepumpen als Stand der Technik. Nicht modulierende Modelle sind eher die Ausnahme und kommen unter anderem bei Kleingeräten zum Einsatz.

Monovalenter versus bivalenter Betrieb

Der Begriff »monovalent« bedeutet, dass *ein* Wärmeerzeuger für die gesamte Heizung zuständig ist – im Kontext dieses Buchs zumeist eine Wärmepumpe. Von einem »bivalenten« System spricht man, wenn es eine zweite Wärmequelle gibt, die bei Bedarf zugeschaltet werden kann.

Bei Wärmepumpen handelt es sich bei der zweiten Wärmequelle zumeist um einen elektrischen Heizstab, der an besonders kalten Tagen zum Einsatz kommt. Wenn es der Wärmepumpe also nicht mehr gelingt, die erforderliche Vorlauftemperatur für die Heizung bzw. die Warmwassererwärmung zu produzieren, wird die verbleibende Temperaturdifferenz elektrisch nachgeheizt (siehe Abbildung 2.16). Beachten Sie, dass der Heizwärmebedarf in Abbildung 2.16 auch bei 20 °C Außentemperatur nicht auf null sinkt: Sie wollen auch im Sommer duschen, und dazu brauchen Sie Warmwasser.

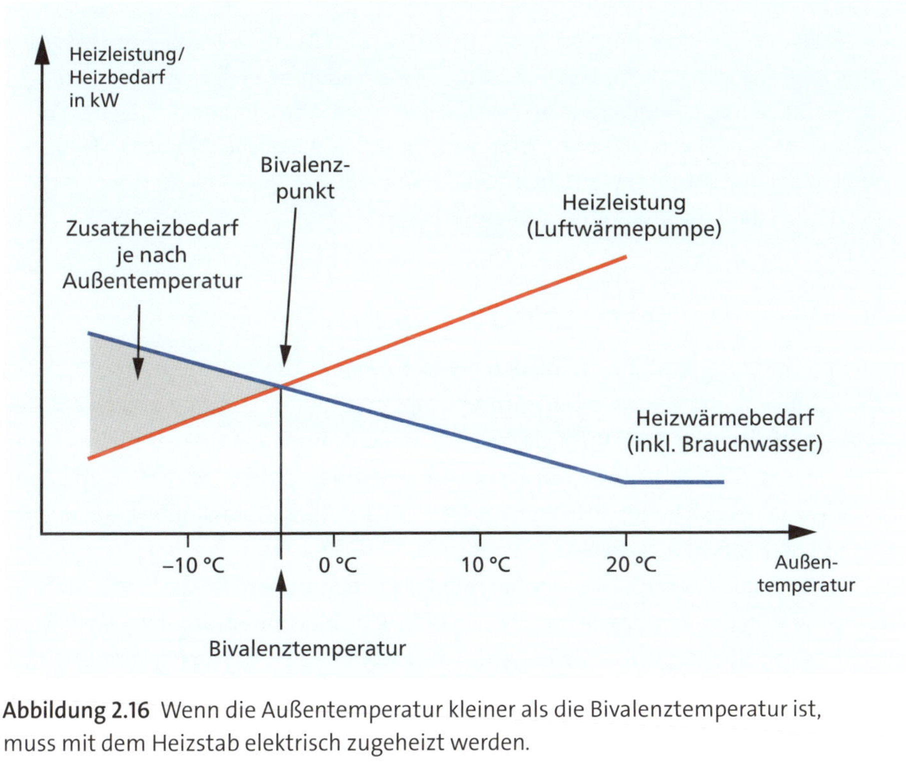

Abbildung 2.16 Wenn die Außentemperatur kleiner als die Bivalenztemperatur ist, muss mit dem Heizstab elektrisch zugeheizt werden.

Besonders wichtig ist ein Heizstab bei Luftwärmepumpen, weil die Außentemperatur stark variiert. Bei Erdwärme- oder Wasserwärmepumpen mit nahezu konstanten Sole- bzw. Wassertemperaturen kann auf den Heizstab verzichtet werden (außer die Wärmepumpe ist von ihrer Leistung sehr knapp dimensioniert); die Funktion des Heizstabs lässt sich zumeist im Einstellungsmenü der Wärmepumpe deaktivieren.

Der Heizstab befindet sich normalerweise direkt in der Wärmepumpe im Heizwasserkreislauf. Bei Wärmepumpen mit integriertem Warmwasserboiler kann der Heizstab aber auch dort platziert sein. Gerade wenn die Wärmepumpe in Kombination mit einer Fußbodenheizung verwendet wird, stellt die Vorlauftemperatur für die Heizung selten ein Problem dar, selbst an extrem kalten Tagen. Aber die Erwärmung des Warmwassers auf rund 60 °C ist schwierig. Insofern macht die Platzierung des Heizstabs im Warmwasserboiler Sinn.

Anstelle eines Heizstabs kann die Bivalenz auch mit einer Gasheizung erreicht werden. In der Regel ist die Gasheizung aber so ausgelegt, dass sie die Wärmepumpe nicht nur ergänzen, sondern vollständig ersetzen kann. Dann liegt ein hybrides Heizungssystem vor (siehe Abschnitt 2.8).

Vereinfachte Heizleistungskurve

In Abbildung 2.16 ist der Zusammenhang zwischen Außentemperatur und Heizleistung stark vereinfacht. Bei keiner realen Luftwärmepumpe steigt die Heizleistung linear mit der Außentemperatur an. Im Datenblatt von Wärmepumpen finden Sie oft ein ganzes Bündel von Heizleistungskurven mit unterschiedlichen Verläufen je nach Außentemperatur und gewünschter Vorlauftemperatur. Es geht mir an dieser Stelle nur darum, das Prinzip zu verdeutlichen.

Warum ist der Heizstab zweckmäßig?

Bivalente Systeme können vermieden werden, indem die Wärmepumpe deutlich stärker dimensioniert wird. Eine Wärmepumpe mit genug Leistung verschiebt den Bivalenzpunkt so weit nach links, dass es schließlich keinen Tag im Jahr mehr gibt, an dem eine Zusatzheizleistung erforderlich ist. Allerdings ist die Wärmepumpe dann für die restlichen 350 oder 360 Tage im Jahr massiv überdimensioniert (siehe dazu auch Abbildung 6.9 in Abschnitt 6.3, »Beispiel 2: Hybrid-Wärmepumpe in unsaniertem Bestandsgebäude«). Bei modulierenden Wärmepumpen ist das zwar nicht *so* schlimm wie in der Vergangenheit, wo die Wärmepumpe einem raschen Ausfall entgegentaktete; eine zu große Wärmepumpe bleibt aber eine Geldverschwendung.

Abbildung 2.16 macht ersichtlich, warum ein bivalentes System sinnvoll ist: Dank Heizstab kann die Wärmepumpe so ausgelegt werden, dass sie für den Normalfall genau passt. Nur an wenigen Tagen, wenn die Außentemperatur niedriger als die Bivalenztemperatur ist, muss der Heizstab die Differenz zwischen Heizleistung und Wärmebedarf kompensieren.

Die Angst vor dem Heizstab

Während eine Wärmepumpe Wärme mit einer hohen Leistungszahl erzeugt, produziert ein elektrischer Heizstab aus einer Kilowattstunde Strom »nur« eine Kilowattstunde Wärme. Das können auch eine alte Glühbirne oder eine Stromheizung. Genau diesen Fall will eine Wärmepumpe vermeiden.

Bei einer Wärmepumpe mit zu wenig Leistung ist der Heizstab häufig im Einsatz. Die Jahresarbeitszahl (JAZ, siehe Abschnitt 2.11, »Leistungszahl, Jahresarbeitszahl und andere Kennzahlen«) rasselt dann in den Keller, der Stromverbrauch steigt schier ins Unermessliche.

Deswegen ist es entscheidend, die Wärmepumpe richtig zu dimensionieren (siehe auch Abschnitt 3.8, »Auswahl der Wärmepumpe«). Die Bivalenztemperatur muss so niedrig sein, dass die Zusatzleistung des Heizstabs wirklich nur in Ausnahmefällen benötigt wird. Das Fraunhofer-Institut hat diverse reale Systeme ausgewertet. Der Anteil der für den Heizstab aufgewendeten Energie betrug weniger als zwei Prozent:

https://www.ise.fraunhofer.de/de/presse-und-medien/presseinformationen/2020/warmepumpen-funktionieren-auch-in-bestandsgebaeuden-zuverlaessig.html

Fazit: Bei Wärmepumpen mit zu wenig Leistung verursacht der Heizstab hohe Heizkosten. Aber bei richtiger Auslegung ist der Heizstab ein wertvolles Hilfsmittel, um Investitionskosten zu sparen. Angst vor dem Heizstab ist dann nicht angebracht.

Wärmepumpenkaskaden

Bei großem Heizbedarf, z. B. für ein Mehrparteienhaus oder ein Unternehmen, kann es effizienter sein, anstelle einer sehr großen Wärmepumpe mehrere Geräte in einer Kaskade zu schalten. Dabei gibt es verschiedene Gestaltungsformen:

- Je nach Wärmebedarf läuft nur ein Gerät oder teilen sich mehrere Wärmepumpen die Arbeit auf.
- Eine Wärmepumpe übernimmt die Heizlast; eine zweite, dafür optimierte Wärmepumpe kümmert sich dagegen um heißeres Warmwasser.

Bei Einfamilienhäusern sind Wärmepumpenkaskaden nicht zweckmäßig, insofern gehe ich auf dieses Thema hier nicht tiefer ein.

Sperrzeiten

Manche Energieversorgungsunternehmen bieten für den Betrieb der Wärmepumpe eigene, günstigere Stromtarife an. Die sind allerdings mit dem Nachteil verbunden, dass das EVU den Strom bis zu dreimal täglich für jeweils bis zu zwei Stunden abschalten darf. Diese sogenannten »Sperrzeiten« helfen dem EVU, Stromlastspitzen zu glätten. In Deutschland sind diese Sperrzeiten aktuell noch statisch, treten also immer zur gleichen Uhrzeit auf. (Welche Zeiten das sind, hängt von Ihrem Energieversorgungsunternehmen ab. Um ein Beispiel zu nennen: 17:30 bis 19:30 Uhr für die Monate Oktober bis März.)

Ein Pufferspeicher (siehe Abschnitt 3.5) wird manchmal als Maßnahme gegen die Auswirkungen von Sperrzeiten dargestellt – aber dieses Argument trifft nur mit Einschränkungen zu: In vielen Ländern gibt es vor der Abschaltung keine Vorwarnung durch das EVU; daher ist es unmöglich, den Puffer vorausschauend aufzuwärmen.

Grundsätzlich besteht mit oder ohne Puffer keine Gefahr, dass Ihr Haus während einer Abschaltung auskühlt. Zum einen sind die Abschaltzeiten in der Realität meist viel kürzer, zum anderen verhindert die Masse des Hauses jede schnelle Temperaturschwankung: Eine Fußbodenheizung, die den Estrich und eventuell die Betondecken erwärmt, wirkt wie ein riesiger Wärmepuffer. Dessen Energiegehalt ist um ein Vielfaches größer als jeder eventuell im Keller aufgestellte Wasserpuffer.

Am ehesten sind Beeinträchtigungen bei der Warmwasserversorgung zu befürchten, wenn gerade während einer Abschaltung viel geduscht oder gebadet wird.

Smart-Grid-Ready

Viele Wärmepumpen werden mit dem Attribut »SG-Ready« beworben. Dabei handelt es sich um zwei zusätzliche Steuerungseingänge, um die Wärmepumpe zwischen vier Modi umzuschalten. Die vier Modi lassen sich ein wenig salopp so charakterisieren:

- 1: aus
- 2: ein (Normalbetrieb)
- 3: ein (Sparbetrieb, es steht wenig Strom zur Verfügung)
- 4: ein (Extrabetrieb, es steht viel Strom zur Verfügung)

Gedacht ist diese Funktion, um Energieversorgungsunternehmen die Möglichkeit zu geben, den Stromverbrauch besser an die aktuelle Produktion anzupassen: Wärmepumpen und andere Großverbraucher sollen bevorzugt dann arbeiten, wenn im Netz gerade sehr viel Strom zur Verfügung steht. Daraus soll ein intelligentes Stromnetz entstehen, eben ein *Smart Grid*.

Aktuell bleiben diese Funktionen in den DACH-Ländern leider zumeist ungenutzt, weil die wenigsten Energieversorgungsunternehmen entsprechende Informationen an die Hauseinspeisung bzw. an die Wärmepumpe weitergeben können (oder wollen?). Ganz anders sieht es in Frankreich aus, wo diese Funktion aktiv genutzt wird, um Stromversorgungsengpässe zu kompensieren.

Dafür könnten die SG-Ready-Funktionen verwendet werden, um den Betrieb der Wärmepumpe besser mit der Stromproduktion der eigenen Photovoltaik-Anlage abzustimmen: Wenn die PV-Anlage mehr Strom produziert, als gerade im Haushalt benötigt wird, kann der Wechselrichter die Wärmepumpe anweisen, den Betriebszustand 4 zu aktivieren und z. B. vorausschauend den Warmwasserboiler oder einen Pufferspeicher zu erwärmen. In der Praxis wird auf diese Steuerungsmöglichkeiten aber zumeist verzichtet: Im Winter gibt es nur selten zu viel PV-Strom, im Sommer braucht die Wärmepumpe wiederum sowieso nur wenig Strom. Auch mit noch so intelligenten Steuerregeln gelingt es kaum, einen messbaren Nutzen zu erzielen.

2.11 Leistungszahl, Jahresarbeitszahl und andere Kennzahlen

In diesem Abschnitt geht es um verschiedene Kennzahlen, um die Effizienz von Wärmepumpen auszudrücken. Die hier behandelten Kennzahlen helfen beim Vergleich von Wärmepumpen. Es gibt aber noch einen Grund, sich mit den Kennzahlen zu beschäftigen. Wenn Sie die Ermittlung der Kennzahlen verstehen, wird Ihnen auch klar, warum Wärmepumpen am besten funktionieren, wenn die Temperaturdifferenz zwischen der Nutztemperatur (Vorlauftemperatur) und der Quellentemperatur (Luft, Sole oder Wasser) möglichst gering ist.

Leistungszahl (Coefficient of Performance)

Der *Coefficient of Performance* (COP, im Deutschen die Leistungszahl) gibt das Verhältnis zwischen gewonnener Wärmeenergie Q_H und eingesetzter elektrischer Energie P_{el} an:

$$COP = Q_H / P_{el}$$

Die Leistungszahl ist keine Konstante für die jeweilige Wärmepumpe, sondern vom Betriebspunkt abhängig. Das Datenblatt einer Wärmepumpe enthält deswegen *mehrere* Leistungszahlen für unterschiedliche Betriebspunkte, die durch die nutzbare Umgebungstemperatur (z. B. A12), die resultierende Nutztemperatur (z. B. W40) und die Heizleistung in kW charakterisiert sind. Dabei bezeichnen zwei Buchstabencodes Medium und Temperatur für die Umgebungswärme und für die Nutzwärme (siehe Tabelle 2.2).

Temperaturcode	Bedeutung
A-3	Luft (Air) mit –3 °C (Luftwärmepumpe)
B10	Sole (Brine) mit 10 °C (Erdwärmepumpe)
W8	Wasser mit 8 °C (Grundwasserwärmepumpe)
A10/W45	Leistungszahl für eine Luftwasserwärmepumpe bei einer Außentemperatur von 10 °C und einer Nutzwärmetemperatur von 45 °C
B8/W50	Leistungszahl für eine Erdwärmepumpe bei einer Soletemperatur von 8 °C und einer Nutzwärmetemperatur von 50 °C

Tabelle 2.2 Buchstabencodes zur Spezifizierung der Leistungszahl

Beispielsweise enthält das Datenblatt einer Split-Luftwärmepumpe mit Warmwasserspeicher die folgenden Daten:

- für A2/W55: Heizleistung 8,52 kW, COP 2,9
- für A-7/W35: Heizleistung 6,45 kW, COP 3,2

Bei einer Außentemperatur von 2 °C und einer Nutzwärmetemperatur von 55 °C erreicht das Gerät eine Leistungszahl von 2,9. Beträgt die Außentemperatur nur –7 °C und werden gleichzeitig nur 35 °C Nutzwärme gebraucht, verbessert sich die Leistungszahl auf 3,7. (Den Betriebspunkt A-7/W55 verschweigt das Datenblatt – sicher aus guten Gründen! Eine derart hohe Nutzwärme ist bei einer Fußbodenheizung zum Glück nur vorübergehend notwendig, um das Warmwasser zu erwärmen.)

Beachten Sie, dass der COP bei modulierenden Wärmepumpen nicht über den gesamten Lastbereich gilt. Im Datenblatt stehen die Idealwerte, für die die Wärmepumpe optimiert wurde, oft in einem mittleren Lastbereich.

Seasonal Coefficient of Performance (SCOP)

Der *Seasonal Coefficient of Performance*, kurz SCOP, ist eine Variante zum COP. Er berücksichtigt den durchschnittlichen Temperaturverlauf über ein Jahr. Beispielsweise kann eine Luftwärmepumpe im Winter bei niedrigen Außentemperaturen nur eine niedrige Effizienz erreichen, im Frühjahr und Herbst bei höheren Außentemperaturen eine höhere Effizienz (eine höhere Leistungszahl). Für die Berechnung des SCOP gibt es in Europa drei Profile für Nord-, Mittel- und Südeuropa, denen durchschnittliche Umgebungstemperaturen zugrunde liegen. Für Deutschland gilt das mitteleuropäische Profil. Im Folgenden berücksichtige ich nur dieses Profil.

Der SCOP-Wert berücksichtigt auch die gewünschte Nutzwärmetemperatur. Im Datenblatt einer Wärmepumpe werden normalerweise zwei Werte angegeben, für 35 und für 55 °C Nutztemperatur:

- SCOP »mittleres Klima« bei 35 °C Nutztemperatur: 4,3
- SCOP »mittleres Klima« bei 55 °C Nutztemperatur: 3,2

Das bedeutet, dass die Wärmepumpe über den Jahresverlauf bei einer Nutztemperatur von 55 °C eine Leistungszahl von 3,2 erreicht. Dieser Wert hat deutlich mehr Aussagekraft als ein COP-Wert: Nur technologisch gute Wärmepumpen erreichen auch außerhalb des Volllastbetriebs eine gute Leistungszahl und dementsprechend einen guten SCOP-Wert. Allerdings ist auch der SCOP-Wert ein Laborwert, der die realen Bedingungen Ihres Hauses und Ihrer Heizung nicht berücksichtigt.

Theoretisches Maximum für die Leistungszahl (Carnot-Prozess)

Aus thermodynamischer Sicht realisiert eine Wärmepumpe ebenso wie ein Kühlschrank oder eine Klimaanlage einen sogenannten Carnot-Kreisprozess. Auf dieser Grundlage kann das theoretische Maximum der Leistungszahl errechnet werden. Bei der folgenden Formel ist T_{Max} die von der Wärmepumpe produzierte Nutztemperatur, T_{Min} die Temperatur, auf die das Kältemittel durch die Umgebung aufgewärmt werden kann. Beachten Sie, dass Sie in diese Formel die Temperaturen in Kelvin einsetzen müssen! (0 Grad Celsius sind 273,15 Kelvin.)

$$COP_{Max} = T_{Max} / (T_{Max} - T_{Min})$$

Nehmen Sie an, eine Luftwärmepumpe soll Nutzwärme mit 50 °C (323 Kelvin) in das Haus liefern. Die Umgebungstemperatur beträgt gerade 4 °C (277 Kelvin). In diesem Fall wäre das theoretische Maximum der Wirkzahl ungefähr 7:

$$COP_{Max} = 323 / (323 - 277) = 323 / 46 = 7{,}02$$

Selbst bei –20 °C (253 Kelvin) könnte die Wärmepumpe noch über 4,5 Mal mehr Wärme produzieren, als elektrische Energie eingesetzt wird:

$$COP_{Max} = 323 / (323 - 253) = 323 / 70 = 4{,}61$$

Die einfache Formel des Carnot-Prozesses lässt zwei wichtige Rückschlüsse für den Betrieb von Wärmepumpen zu:

- Die Wärmepumpe funktioniert am besten, wenn die Differenz zwischen der Nutztemperatur und der Umwelttemperatur (Luft, Erdreich, Wasser) möglichst klein ist. Aus diesem Grund sollte eine Wärmepumpe in Kombination mit einer Fußbodenheizung verwendet werden, durch die nur ca. 30 Grad warmes Wasser gepumpt wird. In Neubauten ist diese Voraussetzung meistens gegeben.

  Wenn Sie dagegen ein älteres Haus mit Konvektionsheizkörpern heizen, muss die Vorlauftemperatur an kalten Tagen zwischen 50 °C und 60 °C betragen. Die Temperatur muss deswegen höher sein, weil die Heizkörper viel weniger Fläche als der Fußboden zum Abstrahlen der Wärme haben.

  Falls Sie mit der Wärmepumpe auch Ihr Warmwasser erwärmen, müssen Sie die Wärmepumpe in jedem Fall hin und wieder mit einer hohen Nutztemperatur betreiben. Zur Erwärmung des Warmwasserspeichers brauchen Sie rund 60 °C.

- Die Wärmepumpe funktioniert umso effizienter, je wärmer die Umgebung ist, der Energie entzogen werden kann. Bei einer Erdwärmepumpe sind das auch im Winter 10 °C und mehr. Die Luftwärmepumpe ist dagegen auf die Außenluft angewiesen, die im Winter durchaus auf –20 °C sinken kann. Deswegen erreicht eine Erd- oder Grundwasserwärmepumpe speziell im Winter eine deutlich höhere Leistungszahl als eine Luftwärmepumpe.

Theorie versus Praxis

Im realen Betrieb können Wärmepumpen das theoretische Maximum laut Carnot-Prozess bei Weitem nicht erreichen! Das liegt daran, dass die Formel nur den Energieaufwand des Kompressors berücksichtigt, nicht aber die Energie für den Wärmeaustausch (Ventilator, Sole-Pumpe etc.).

Auch das Kältemittel weist nicht die idealen Eigenschaften auf, von denen der Carnot-Prozess ausgeht. Im Kompressor treten Reibungsverluste auf. Bei einer Luftwärmepumpe kommen Wärmeleitungsverluste auf dem Weg von der Luftwärmepumpe ins Innere des Hauses hinzu. An feuchten Wintertagen muss die Anlage regelmäßig enteist werden.

Aus diesen Gründen müssen Sie froh sein, wenn die reale Leistungszahl der Wärmepumpe die Hälfte des laut Carnot-Prozess berechneten Maximums erreicht.

Jahresarbeitszahl (JAZ)

Über ein Jahr verteilt variiert die Nutzung einer Wärmepumpe und damit auch die gerade relevante Leistungszahl stark: Im Winter wird viel Wärme gebraucht, gleichzeitig steht (zumindest bei einer Luftwärmepumpe) nur Umweltwärme auf einem niedrigen Temperaturniveau zur Verfügung. Das Erwärmen des Warmwassers im Sommer gelingt der Wärmepumpe dagegen mühelos und mit einer hohen Leistungszahl. Die Jahresarbeitszahl gibt das Verhältnis zwischen der über das ganze Jahr produzierten Wärme und der dafür eingesetzten elektrischen Energie an, ist also ein Durchschnittswert.

Literaturtipps

In den vergangenen Jahren wurden mehrere Forschungsprojekte durchgeführt, im Zuge derer die Jahresarbeitszahl von realen Anlagen durch aufwendige ein- und zum Teil sogar mehrjährige Messungen ermittelt wurde. Ein guter Startpunkt ist die folgende Presseinformation vom Fraunhofer Institut. Am Ende der Seite befinden sich mehrere Links auf Artikel mit Detailinformationen:

https://www.ise.fraunhofer.de/de/presse-und-medien/presseinformationen/2020/warmepumpen-funktionieren-auch-in-bestandsgebaeuden-zuverlaessig.html

Lesenswert und gut verständlich ist auch der folgende Artikel des FIZ Karlsruhe (Leibniz-Institut für Informationsinfrastruktur):

https://www.energieinstitut.at/tools/machvier/doc/BINE_WP_Effizienz_reale_Bedingungen.pdf

Theoretisch sollte die JAZ relativ nahe am SCOP liegen (unter Berücksichtigung des für die Region zutreffenden Temperaturprofils und der notwendigen Heiznutztemperatur). Tatsächlich variieren die Ergebnisse aber beträchtlich (siehe Tabelle 2.3) und fallen fast immer deutlich niedriger aus, als die Versprechungen der Wärmepumpenhersteller erwarten lassen. Schuld sein können eine falsche Auslegung von Wärmepumpe oder Heizung, Wärmeverluste in den Leitungen, andere klimatische Gegebenheiten als bei den Referenztests der Hersteller usw.

Wärmepumpenart	Jahresarbeitszahl
Luftwärmepumpe	2,9 bis 3,2
Erdwärmepumpe	3,2 bis 4,1
Grundwasserwärmepumpe	3,7 bis 5,1

Tabelle 2.3 Im realen Betrieb ermittelte Jahresarbeitszahlen je nach Wärmepumpentyp

Raumheizungs-Energieeffizienz (ETAs)

Neben COP, SCOP und JAZ wurde in den letzten Jahren ein weiterer Wert immer relevanter: Die sogenannte »jahreszeitbedingte Raumheizungs-Energieeffizienz« (ETAs) drückt aus, wie viel Wärme eine Wärmepumpe aus einer gegebenen Menge fossiler Brennstoffe (»Primärenergie«) erzeugt. Das merkwürdige Kürzel ETAs ergibt sich aus dem Namen des griechischen Buchstabens Eta (η), der in der Physik den Wirkungsgrad ausdrückt, und dem jahreszeitlichen Einfluss (*seasonal*, daher »s«). In manchen Datenblättern wird anstelle von ETAs auch ηs angegeben.

Der ETAs-Wert errechnet sich aus dem Produkt aus dem SCOP-Wert und dem Wirkungsgrad bei der Erzeugung des Stroms. Er wird in Prozent angegeben. Als Wirkungsgrad für die Stromerzeugung wird der EU-Mittelwert von 40 Prozent verwendet. Der ETAs-Berechnung liegt also zugrunde, dass in der EU im Schnitt Primärenergie in der Höhe von 1 kWh erforderlich ist, um 400 Wh Strom zu erzeugen.

Ein Beispiel: Eine Wärmepumpe hat einen SCOP-Wert von 4,3 bei einer Nutztemperatur von 35 °C, erzeugt also 4,3 kW Wärme aus 1 kW Strom. Multipliziert mit dem durchschnittlichen Wirkungsgrad bei der Stromerzeugung ergibt sich ein ETAs-Wert von 172 Prozent.

$430 \times 0{,}40 = 172$ Prozent

Wenn also (im EU-Schnitt) 1 kWh Primärenergie für die Stromerzeugung aufgewendet wird, können Sie mit der hier als Beispiel verwendeten Wärmepumpe 1,72 kWh Wärme erzeugen. Würden Sie stattdessen Gas mit einer Energiemenge von 1 kWh direkt in einer Gasheizung verbrennen, könnten Sie dagegen nur ca. 0,95 kWh Wärme produzieren. Mit anderen Worten: Der Einsatz einer Wärmepumpe ist unter Berücksichtigung des europäischen Strommixes beinahe doppelt so effizient bzw. verursacht also nur ca. die Hälfte an CO_2-Emissionen.

Fragwürdiger Nutzen

Die Berechnung des ETAs-Werts mit einem mittleren Wirkungsgrad für die Stromerzeugung der ganzen EU spiegelt nicht die starken regionalen Unterschiede wider. Der regenerative Anteil an der Stromproduktion betrug 2021/2022 in Österreich immerhin 80 Prozent, in der Schweiz ca. 70 Prozent, in Deutschland aber nur 46 Prozent. Wenn man jetzt noch berücksichtigt, wie der restliche Strom gewonnen wird (Gas, Kohle, Kernkraft), würden sich in den drei Ländern ganz unterschiedliche ETAs-Werte für ein und dieselbe Wärmepumpe ergeben. In Österreich ist der Einsatz einer Wärmepumpe ökologisch vorteilhafter als in Deutschland.

Zum Vergleich zweier Wärmepumpen spielt es keine Rolle, ob Sie den SCOP- oder den ETAs-Wert heranziehen. Die beiden Parameter unterscheiden sich nur durch einen immer gleichen Faktor voneinander. Ein Vergleich unterschiedlicher Heizungsformen (Gas, Öl, Pellets, Wärmepumpe) müsste aber regionale Faktoren berücksichtigen. Dazu ist der ETAs-Wert ungeeignet.

Kapitel 3
Integration in die Heizungsanlage

Im vorigen Kapitel habe ich Ihnen die Funktionsweise der Wärmepumpe erklärt. Am Ende dieses Kapitels wird die Frage stehen, welche Leistung die Wärmepumpe für Ihr Haus haben muss. Bevor Sie das ausrechnen bzw. abschätzen können, müssen Sie die Heizlast Ihres Hauses kennen: Wie viel kWh Wärme sind an einem sehr kalten Tag notwendig, um Ihr Haus warmzuhalten?

Dieser Wert hängt wiederum von vielen Faktoren ab: Wie ist Ihr Haus gedämmt? Wie wird es belüftet? Werden alle Räume bewohnt? Wie viel Warmwasser brauchen Sie, und wie wird dieses erwärmt? Wie ist die Wärmepumpe mit der restlichen Heizungsanlage verbunden?

Nachdem ich also im vorigen Kapitel die Wärmepumpe als singuläres Gerät behandelt habe, geht es in diesem Kapitel um das Gesamtsystem samt Heizkörpern oder Fußbodenheizung, den dorthin verlegten Leitungen (der »Hydraulik«) und einem eventuell dazwischen befindlichen Puffer.

Bei der Integration der Wärmepumpe in die Heizungsanlage gibt es erstaunlich viele Spielarten. Diese Aspekte stehen im Mittelpunkt des Kapitels. Bei den restlichen Themen, die weniger unmittelbar mit Wärmepumpen zu tun haben (also Dämmung, Lüftung etc.), werde ich mich dagegen kurzfassen und so vermeiden, dass aus diesem Wärmepumpenbuch ein sehr viel umfangreicheres Buch zu Haustechnik, Wohnbau und Sanierung wird.

3.1 Dämmung

Bei neu errichteten Häusern ist eine gute Dämmung selbstverständlich. Wenn Sie aber einen Altbau sanieren, sollten Sie sich vor allen anderen Überlegungen mit der Dämmung auseinandersetzen. Die Dämmung, der Zustand von Fenstern und Türen sowie das Dach entscheiden darüber, wie viel Wärmeenergie das Haus im Winter verliert und wie schnell es sich im Sommer aufwärmt. (Die Erwärmung des Hauses im Sommer ist bei Altbauten manchmal weniger dramatisch, weil das Mauerwerk oft sehr massiv ausgeführt ist und die Fensterflächen im Vergleich zur Außenfläche kleiner sind als bei Neubauten. Die meisten Probleme machen diesbezüglich Dachausbauten.)

Ein Haus nachträglich abzudichten bzw. zu dämmen, ist nicht nur teuer, der Vorgang ist auch bauphysikalisch weniger trivial, als es auf den ersten Blick erscheint. Wenn Sie alte Fenster durch moderne, zwei- oder dreifach verglaste Fenster ersetzen und womöglich auch die Außentüren austauschen, ist Ihr Haus plötzlich luftdicht. Während bisher immer ein wenig Luft durch Fenster und Türen zog, ist dies jetzt nicht mehr der Fall.

Sie müssen Ihr Haus daher gezielt lüften, damit die Luftfeuchtigkeit nicht zu hoch wird und in kälteren Räumen des Hauses (z. B. im Schlafzimmer) an den Außenwänden kein Schimmel entsteht.

Was den Wärmeverlust betrifft, bringt selbst eine Dämmung mit relativ dünnen EPS-Platten (6 bis 8 cm) bereits eine massive Verbesserung und eine spürbare Kostenreduktion beim Heizen mit sich. Die Dämmung mindert auch die Schimmelgefahr, weil die Wände nun weniger kalt sind.

EPS-Platten sind die gebräuchlichste Form der Dämmung und kommen bei rund zwei Drittel aller Gebäude zum Einsatz. Die Platten sind praktisch, relativ einfach zu verarbeiten und vergleichsweise kostengünstig. Sie haben aber auch Nachteile: EPS ist ökologisch bedenklich, praktisch unverrottbar und brennbar. Die Dämmindustrie spricht zwar von Recyclingmöglichkeiten, tatsächlich wird der Großteil von EPS nach seinem Einsatz »thermisch verwertet« (also in Müllverbrennungsanlagen verbrannt).

Die gängigsten Alternativen zu EPS sind Steinwolle und Mineralschaumplatten. Beide Materialien sind nicht brennbar und diffusionsoffen. Allerdings sind diese Dämmstoffe teurer und dämmen etwas schlechter. Die gleiche Dämmleistung erfordert also eine dickere Dämmung. Die Verarbeitung bzw. Verlegung ist ebenfalls etwas aufwendiger. Schließlich können Sie auch mit organischen Materialien dämmen, z. B. mit Kork, Schafwolle, Zellulose oder Holzfasern.

Was bringt Dämmung?

Die zentrale Kennzahl zur Bemessung der Dämmung ist der Wärmedurchgangskoeffizient (der U-Wert): Er bemisst den Wärmestrom in Watt durch die Wand pro m^2 und pro Kelvin Temperaturdifferenz (Einheit W/m^2K).

Eine ungedämmte, beidseitig verputzte Wand mit modernen, 25 cm dicken Ziegelsteinen hat ca. einen U-Wert von 0,8 W/m^2K. Bei einer Temperaturdifferenz von 25 Kelvin (Innentemperatur 20 °C, Außentemperatur –5 °C) beträgt der Wärmefluss von innen nach außen rund 20 W pro m^2 Wandfläche. Wenn die Außenwand 250 m^2 groß ist, ergibt sich ein Wärmeverlust von 5 kW. Die Heizung muss also ständig 5 kW Wärmeleistung liefern, damit die Temperatur im Inneren des Hauses nicht sinkt. (Diese extrem vereinfachte Rechnung berücksichtigt nicht, dass es im Haus außer der Heizung weitere Wärmequellen gibt, dass aber Wärme auch durch das Dach, den Keller, die Fenster und Türen sowie beim Lüften entweicht. Auch die Warmwassererwärmung und -nutzung fehlen.)

Wird die Ziegelwand nun mit 12 cm starken EPS-Platten gedämmt, sinkt der U-Wert auf ca. 0,20 W/m²K – also auf ein Viertel. Entsprechend verliert unser Referenzhaus bei 25 Kelvin Temperaturdifferenz durch die Außenwände nun nur mehr ca. 1250 W Wärme. Eine entsprechend verminderte Heizleistung reicht aus, um das Haus warmzuhalten.

Beim Dämmen bringen die ersten 6 bis 8 cm Dämmung den größten Nutzen. Natürlich wird der U-Wert immer kleiner (besser), je mehr Dämmung Sie verwenden; aber der relative Nutzen wird mit zunehmender Dämmstärke immer geringer.

Förderung und Mindestdämmung

Neubauten müssen Mindeststandards erfüllen, die in Deutschland im Gebäudeenergiegesetz festgeschrieben sind. Bei Fassadendämmung im Rahmen einer Gebäudesanierung können Sie um Förderungen ansuchen. Dabei dürfen Sie einen bestimmten U-Wert nicht überschreiten, z. B. 0,20 W/m²K für die Außenwand.

Die richtige Reihenfolge

Der Sanierung eines Altbaus stehen oft finanzielle Grenzen entgegen. Also stellt sich die Frage: Wo anfangen? Zuerst die alte Ölheizung durch eine Wärmepumpe ersetzen und in fünf Jahren die Dämmung angehen? Oder lieber umgekehrt?

Nach Möglichkeit sollte die Dämmung des Hauses unbedingt am Anfang stehen. Zum einen sparen Sie damit unmittelbar Heizkosten, ganz egal, wie Sie aktuell heizen. Und zum anderen ist ein gedämmtes Haus viel eher Wärmepumpen-kompatibel als ein ungedämmtes. Wenn Sie mit dem Heizungsaustausch beginnen, müssen Sie die Wärmepumpe für den jetzigen Heizbedarf auslegen. Führen Sie dann ein paar Jahre später die Dämmung durch, ist die Wärmepumpe überdimensioniert.

3.2 Lüftungsanlage

Je luftdichter Fenster, Türen und Dach sind, desto wichtiger ist es, das Haus richtig zu lüften. Vordergründig lüften Sie, damit die Luft frisch ist und gut riecht. Bauphysikalisch müssen Sie aber auch lüften, damit die Luftfeuchtigkeit nicht zu hoch wird und keine Gefahr besteht, dass sich an weniger warmen Wänden oder Decken Schimmel bildet.

Richtig lüften bedeutet, dass Sie in jedem Raum zwei- bis dreimal am Tag für rund fünf Minuten die Fenster weit öffnen. Im Sommer sollten Sie vorzugsweise abends und nachts lüften, damit nicht zu viel heiße (feuchte) Luft in das Haus kommt.

Richtig lüften klingt einfach, funktioniert in der Praxis aber selten. Ein paar Negativbeispiele:

- Nach dem Duschen wird das Badfenster geöffnet – und dann eine Stunde lang vergessen; wenn Sie das nächste Mal ins Bad gehen, ist dieses komplett ausgekühlt.
- Im Schlafzimmer bleibt das Fenster den ganzen Tag gekippt; die Luft ist zwar angenehm frisch, aber aufgrund eines Luftzugs durch das ganze Haus verliert dieses konstant an Wärme.
- Dafür vergessen die Kinder vollständig das Lüften ihrer Zimmer, und entsprechend riecht es auch.
- Im Sommer wird der Keller gelüftet, um die Feuchtigkeit herauszubringen. Leider hat dies genau den gegenteiligen Effekt: Die warme Sommerluft trägt viel Feuchtigkeit in den Keller, und an kalten Oberflächen kondensiert diese und führt zu mehr Wasser im Keller als vorher. Werden Räume gelüftet, um die Feuchtigkeit zu reduzieren, muss dies bei möglichst kalten Außentemperaturen geschehen!

Kontrollierte Wohnraumlüftung

Eine kontrollierte Wohnraumlüftung automatisiert das Lüften und verspricht in allen Räumen ständig frisch Luft ohne wahrnehmbare Luftströmungen oder Geräusche. Der Wärmeverlust beim Lüften wird damit deutlich kleiner. Bei Bedarf (Pollenallergie) kann die Lüftungsanlage sogar mit einem Pollenfilter ausgestattet werden.

Der aus Sicht dieses Buchs größte Vorteil ist die Wärmerückgewinnung: Mit der ausströmenden warmen Luft wird die frische Luft vorgewärmt. Andererseits hat die Lüftungsanlage selbst einen nicht ganz unerheblichen Strombedarf, der je nach Hausgröße (Luftvolumen) und Nutzungsstunden ca. 400 bis 600 kWh pro Jahr beträgt.

Bei der Ausführung haben Sie die Wahl zwischen zwei Bauweisen:

- **Zentralsystem:** Hier wird die Belüftungsanlage samt Wärmetauscher im Technikraum oder Keller aufgestellt. Die Räume werden über Rohre bzw. Luftkanäle mit Frischluft versorgt.
- **Dezentrale Geräte:** Hierbei handelt es sich um kleine Geräte, die paarweise in einem Wanddurchlass eingebaut werden und normalerweise nur ein Zimmer versorgen. Dabei wird die Luft wechselweise durch einen Wärmetauscher aus Metall oder Keramik nach außen geblasen und dann wieder angesaugt (Pendellüftungsprinzip). Der Wärmetauscher wird beim Ausblasen der Luft erwärmt und kann so die frische Luft beim Ansaugen vorwärmen.

Bei entsprechender Anordnung mehrerer Lüfter kann durch sogenanntes »Überströmen« die frische Luft auch über mehrere Räume hinweg durch das Haus geführt werden.

Der größte Vorteil dezentraler Geräte besteht darin, dass keine Luftkanäle durch das ganze Haus erforderlich sind und somit ein nachträglicher Einbau z. B. im Rahmen einer Sanierung möglich ist.

Wohlfühlfaktor

Aus energetischer Sicht ist der Nutzen automatischer Belüftungssysteme unbestritten: Richtig installiert sparen sie deutlich mehr Wärmeenergie, als sie elektrische Energie kosten. Der Automatismus ist zudem äußerst bequem.

Andererseits sollen Sie sich in Ihrem Haus wohlfühlen. Wenn Sie das leichte Säuseln in der Nacht stört oder wenn Sie kein gutes Gefühl dabei haben, dass Ihre Frischluft zuerst durch 10 oder 20 m lange, uneinsichtige Eisenrohre geleitet wird, sollten Sie zumindest von Zentralanlagen Abstand halten. Dann braucht es allerdings etwas Lüftungsdisziplin.

Idealerweise sprechen Sie vorher mit anderen Hausbesitzern. Sie werden (wie ich) auf ganz unterschiedliche Ansichten stoßen: glückliche Nutzer, die nie mehr etwas anderes wollen, und solche, die ihre Anlage nach ein paar Monaten komplett oder zumindest in den Schlafzimmern deaktiviert haben.

3.3 Heizkörper versus Fußbodenheizung

Ich habe es im vorigen Kapitel schon zur Sprache gebracht, und Sie haben es vermutlich auch sonst schon oft gelesen: Wärmepumpen sollten idealerweise mit einer Fußbodenheizung kombiniert werden. Aber warum eigentlich?

Der entscheidende Unterschied zwischen herkömmlichen Heizkörpern und einer Fußbodenheizung ist die Fläche. Bei einem Raum mit 20 m^2 beträgt die Abstrahlungsfläche der Fußbodenheizung fast 20 m^2. (Normalerweise sind ein paar Quadratmeter mit Einrichtungsgegenständen blockiert.) Der gleiche Raum kann auch mit einem großen oder zwei kleinen Konvektionsheizkörpern beheizt werden. Deren Abstrahlfläche beträgt aber dann nur rund 1,5 m^2. Um die gleiche Heizleistung zu erzielen, ist somit eine viel höhere Temperatur erforderlich. Gerade in Altbauten sind die Heizkörper oft fast schon zu heiß, um sie mit der Hand anzugreifen.

Wie ich Ihnen in Abschnitt 2.11, »Leistungszahl, Jahresarbeitszahl und andere Kennzahlen«, erläutert habe, ist die Effizienz einer Wärmepumpe am höchsten, wenn die Differenz zwischen der Außen- oder Sole-Temperatur und der Vorlauftemperatur der Heizung möglichst gering ist. Für eine Fußbodenheizung reicht eine Vorlauftemperatur von rund 30 °C aus. Bei Konvektionsheizkörpern brauchen Sie je nach Ausführung,

Dämmung und Außentemperatur rund 50 °C, in manchen Fällen (z. B. bei schlecht isolierten Altbauten) sogar noch mehr.

Sonderfall Badezimmer

In Bädern stößt die Fußbodenheizung oft an ihre Grenzen. Die Bodenfläche ist klein, der Wärmebedarf aber höher als in anderen Räumen. Wenn Sie im Winter stoßlüften, dauert es danach lange, bis das Bad wieder eine angenehme Temperatur hat. Um die Situation zu verbessern, bestehen diverse Möglichkeiten:

- Bestehen Sie darauf, dass die Schlangen der Fußbodenheizung so gut wie möglich auch unterhalb der Duschtasse und der Badewanne verlegt werden.
- Ziehen Sie eine zusätzliche Wandheizung in Betracht, d. h., verlegen Sie die Schläuche der Fußbodenheizung einfach auch entlang einer Wand.
- Sehen Sie einen zusätzlichen Konvektionsheizkörper oder ein Infrarot-Panel vor, mit dem Sie elektrisch heizen können. Direkt elektrisch zu heizen (also mit einem Wirkungsgrad von maximal 1), widerspricht natürlich dem Mantra dieses Buchs. Aber idealerweise statten Sie die Heizung mit einem Zeitschalter aus, der die Heizung nach fünf bis zehn Minuten wieder deaktiviert.

Bodenbelag bei Fußbodenheizungen

Fußbodenheizungen funktionieren am besten, wenn der Bodenbelag eine gute Wärmeleitung aufweist:

- Ideal sind Fliesen oder Steinzeug.
- Wenn Sie sich in den Wohnräumen nicht mit Fliesen anfreunden können, ist verklebtes Parkett die populärste Lösung. Allerdings ist Holz kein guter Wärmeleiter, die Fußbodenheizung gibt die Wärme langsamer ab. Aus energetischer Sicht sind dünne Parkettböden massiven Dielen vorzuziehen.

  Beachten Sie, dass die Fußbodenheizung ein Härtetest für den Parkettkleber ist. Bestehen Sie bei der Verlegung des Parketts unbedingt auf einen hochwertigen Kleber, der für eine Fußbodenheizung geeignet ist! Andernfalls kann es passieren, dass sich der Kleber nach ein paar Jahren löst und das Parkett im Sommer (bei hoher Luftfeuchtigkeit) Blasen wirft. Einer der Autoren dieses Buchs spricht diesbezüglich aus leidvoller Erfahrung.
- Für die Wärmeübertragung noch schlechter ist ein »schwimmend« verlegter Parkettboden. Hier befindet sich zwischen Estrich und Parkett auch noch eine Luftschicht, also ein weiterer Isolator.
- Ungünstig sind Korkböden sowie Teppiche.

Wie immer im Leben müssen Sie nach Kompromissen suchen. Sie werden sich von Ihrer Heizung nicht den Bodenbelag Ihres Wohnzimmers vorschreiben lassen. Aber es lohnt auf jeden Fall, über Ausführungsvarianten nachzudenken.

Schwierige Temperaturregelung

Gewöhnliche Heizkörper sind leicht zu steuern: Wenn Ihnen zu kalt oder zu warm ist, verdrehen Sie den Thermostat des Heizkörpers ein wenig; eine Viertelstunde später ist der Effekt bereits zu spüren.

Bei einer Fußbodenheizung ist eine manuelle Steuerung dagegen fast unmöglich:

- Zum einen fehlt bei vielen Anlagen ein leicht zugängliches Stellrad oder ein Thermostat. Sie müssen die Veränderung direkt bei der Heizung durchführen, z. B. indem Sie in den Einstellungen eine Vorlauftemperatur oder einen Temperaturgradienten anpassen (also einen Einflussfaktor zwischen aktueller Außentemperatur und erforderlicher Vorlauftemperatur). Diese Einstellungen gelten für das gesamte Haus.

  Alternativ können Sie im Heizungswasserverteiler einzelne Ventile ein wenig öffnen oder schließen, um die Temperatur nur in einem Zimmer zu beeinflussen.

- Zum anderen ist eine Fußbodenheizung ein enorm träges System. Über die Fußbodenheizung erwärmen Sie den Estrich und teilweise auch die darunter befindliche Betondecke. (Die Dämmung zwischen Decke und Fußbodenheizung kann dies über einen längeren Zeitraum nicht ganz verhindern.) Über das ganze Haus gerechnet ist das eine Masse von etlichen Tonnen. Eine Veränderung der Vorlauftemperatur wird frühestens nach einigen Stunden bemerkbar.

  Wegen der großen Nachlaufzeit besteht die Gefahr der Übersteuerung: Ihnen ist gerade jetzt zu kalt. Sie erhöhen die Vorlauftemperatur. Nach einer Stunde ist es weiterhin zu kalt. Sie erhöhen die Vorlauftemperatur nochmals. Zwei Stunden später gehen Sie – frustriert über Ihre Heizung – schlafen. Am nächsten Tag ist es sonnig, und in Ihrem Wohnzimmer hat es unerträgliche 26 °C. Sie reißen alle Fenster auf. Mit etwas Pech erkennt der Temperatursensor im Wohnzimmer jetzt, dass es im Wohnzimmer zu kalt ist, und regelt die Heizung nochmals nach oben.

Die obige Darstellung war natürlich überspitzt, aber das Grundproblem bleibt: Eine Fußbodenheizung ist träge und kann manuell nur sehr schwer gesteuert oder individuell für einzelne Zimmer angepasst werden.

Der Idealfall sieht so aus, dass Ihr Installateur nach der Inbetriebnahme der Heizung die Einzelventile der Fußbodenheizung so einstellt, dass sämtliche Räume eine passende Temperatur erhalten: Badezimmer etwas mehr als das Wohnzimmer, Schlafzimmer etwas weniger. Im Prinzip werden dazu alle Ventile komplett geöffnet; dann wird die Vorlauftemperatur so weit reduziert, bis der erste Raum zu kalt wird.

Schließlich wird der Durchfluss bei den jetzt noch zu warmen Räumen über Ventile gedrosselt (siehe Abschnitt 3.6, »Hydraulik«).

Außerdem müssen Sie oder Ihr Installateur sich die Mühe machen, die Steuerung der Vorlauftemperatur abzustimmen. Die Heizung berücksichtigt dabei Innen- und Außenthermometer, bei Häusern mit vielen Fenstern idealerweise auch den Sonnenstand und den Wetterbericht. Bei einer perfekten Konfiguration sollte das gesamte Haus unabhängig vom Wetter immer angenehm warm sein. Erfahrungsgemäß dauert der Einstellungsprozess eine Weile und ist mit Mühe verbunden.

Zu guter Letzt sollte es im Wohnzimmer einen Regler geben, mit dem Sie das Niveau der gesamten Heizung beeinflussen können, ohne im Heizungskeller durch das Menü Ihrer Wärmepumpe zu navigieren. Wenn Sie krank sind und mehr Wärmebedarf haben, stellen Sie die Heizung für ein paar Tage wärmer. Und wenn Sie für ein verlängertes Wochenende nicht zu Hause sind, reduzieren Sie die Temperatur ein wenig (wissend, dass es nach Ihrer Rückkehr einen halben oder ganzen Tag brauchen wird, bis die Temperatur wieder angepasst ist). Bei modernen Systemen können Sie diese Steuerung per Smartphone vornehmen – wenn Sie daran denken also schon am letzten Urlaubstag.

Selbstregeleffekt

Die Fußbodenheizung profitiert von einem Selbstregelmechanismus: Der warme Fußboden gibt umso mehr Wärme ab, je größer die Differenz zur Lufttemperatur ist. Haben der Fußboden und die Raumluft in etwa die gleiche Temperatur, geht die Wärmeabgabe nahezu gegen null. Der Selbstregeleffekt funktioniert umso besser, je niedriger die Wassertemperatur in der Fußbodenheizung ist (erfordert gute Dämmung) und je größer die Heizflächen sind.

In einem kalten Raum gibt der Fußboden somit mehr Wärme ab als in einem warmen Raum. Wenn ein Raum von Sonne beschienen wird und ein zweiter gerade schattig ist, sollte dies nur wenig Einfluss auf die Temperatur beider Räume haben. Beim schattigen Raum ist die Wärmeabgabe durch die Heizung größer.

Bei riesigen südseitigen Fenstern kommt diese Selbstregulierung natürlich rasch an ihre Grenzen, zumal ein Wärmetransport in die umgekehrte Richtung – also von der Raumluft in die Fußbodenheizung – nur in einem vernachlässigbar kleinen Umfang erfolgt. Die Fußbodenheizung kann einen zu warmen Raum also nicht kühlen.

Zonenregelung (Einzelraumregelung)

Den optimalen Ausweg aus dem Steuerungsdilemma verspricht die Zonenregelung: Dazu wird jeder Raum im Haus mit einem Thermostat ausgestattet (siehe Abbildung 3.1).

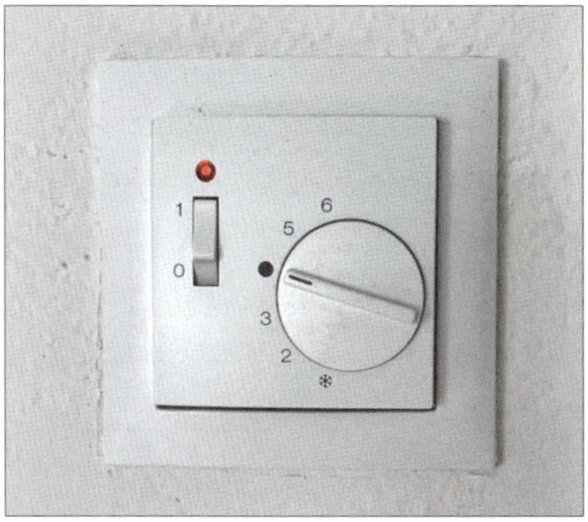

Abbildung 3.1 Einfacher Raumthermostat für eine Zonenregelung

Sie können nun individuell für jedes Zimmer die gewünschte Temperatur einstellen. Die Thermostate sind mit elektrischen Ventilen im Heizkreisverteiler verbunden (siehe Abbildung 3.2). Sobald ein Raum die gewünschte Temperatur erreicht hat, wird der für die Heizschleifen im Boden dieses Zimmers zuständige Kreislauf reduziert oder ganz geschlossen. Wenn die Temperatur sinkt, wird der Kreislauf wieder geöffnet.

Abbildung 3.2 Heizkreisverteiler mit elektrischen Ventilen

In Deutschland sind Einzelraumregelungen im Gebäudeenergiegesetz (GEG) sogar vorgeschrieben. Es gibt allerdings Ausnahmen für kleine Räume, einigen Interpretationsspielraum, wie die Realisierung aussehen kann, sowie eine Befreiungsmöglichkeit, die konkret und projektspezifisch begründet werden muss.

Die Zonenregelung verspricht die gewünschte Temperatur in jedem Raum – samt der Möglichkeit, die Wunschtemperatur jederzeit unkompliziert einzustellen: Das Wohnzimmer hat dann 21 °C, das Badezimmer 24 °C, das Schlafzimmer 17 °C und das aktuell nicht bewohnte Gästezimmer 15 °C. Leider sind diese Versprechungen zu einem gewissen Ausmaß ein Wunschdenken. Viele Installateure werden Ihnen deswegen vom Einbau einer Zonenregelung abraten. Warum?

- Aufgrund der Trägheit der Fußbodenheizung ist eine konstante Raumtemperatur über eine Zonenregelung nahezu unmöglich. Wenn der Thermostat erkennt, dass 21 °C erreicht sind, und den Kreislauf stoppt, ist es zu spät. Die Temperatur wird durch das Speichervolumen im Estrich weiter steigen.

  Wenn der Thermostat ein paar Stunden später erkennt, dass die Temperatur auf unter 21 °C gesunken ist, und den Kreislauf wieder öffnet, ist es wiederum zu spät. Es dauert eine Weile, bis die Temperatur wieder steigt.

  Natürlich können intelligente Systeme den Temperaturverlauf verfolgen und vorausschauend steuern, also schon bei 20,5 °C und steigenden Temperaturen den Durchlauf etwas reduzieren bzw. schon bei 21,5 °C und sinkenden Temperaturen den Durchlauf etwas öffnen. (Das erfordert entsprechende Ventile, die fein gesteuert werden können und nicht nur die Zustände *offen* und *geschlossen* kennen.) Die Frage ist aber, wie viel Aufwand und welche Kosten Sie bereit sind, für die Zonenregelung zu investieren.

- Aus Energiespargründen orientiert sich die Vorlauftemperatur an den Wohnräumen. Eine höhere Temperatur in Bädern lässt sich nur durch zusätzliche Wärmequellen oder durch die Erhöhung der Vorlauftemperatur erreichen. Letzteres wirkt sich auf die Effizienz der gesamten Heizung negativ aus.

- Wenn in einem Haus ein Raum auf 22 °C geheizt wird, ein anderer dagegen auf 17 °C, wird sich die Temperatur beider Räume zu einem gewissen Ausmaß angleichen, d. h., der warme Raum heizt den kalten Raum mit.

- Falls der Heizungskreislauf ohne Puffer realisiert wird (siehe auch Abschnitt 3.5, »Pufferspeicher«), muss sichergestellt werden, dass zumindest einige Fußbodenkreisläufe *immer* geöffnet sind. Eine Wärmepumpe ist, anders als Gas- oder Ölheizungen, auf einen deutlich höheren Durchfluss angewiesen. Wird dieser nicht aufrechterhalten, kann es zu einer Störung in der Heizungsanlage kommen.

- Eine Zonensteuerung erfordert den Einbau und die Verkabelung etlicher Thermostate sowie elektrischer Ventile. Selbst ein einfaches System verursacht bei einem Neubau Mehrkosten in der Größenordnung von 1000 bis 3000 € (bei großen Häusern mehr). Die nachträgliche Realisierung im Rahmen einer Sanierung ist noch aufwendiger.

Persönliche Meinung

Wenn Sie mit drei Experten sprechen, werden Sie vier Meinungen hören. Viele Installateure betrachten aufgrund der oben aufgezählten Argumente eine Einzelraumregelung in Kombination mit einer Fußbodenheizung als nicht zielführend und führen diese – wenn überhaupt – nur im gesetzlich vorgeschriebenen Ausmaß durch.

Aufgrund eigener Erfahrungen sehe ich in der Zonenregelung dennoch einen gewissen Sinn: Je nach Hausgröße und Familiensituation ist es nicht immer notwendig, alle Räume zu beheizen. Die Zonenregelung gibt mir die Möglichkeit, die Heizung für einzelne Räume vorübergehend unkompliziert abzuschalten, ohne dass ich an irgendwelchen Ventilen herumdrehen muss.

Mir ist natürlich klar, dass diese Räume dennoch durch angrenzende Räume mitgeheizt werden. Tatsache ist aber, dass unbeheizte Räume bei geschlossenen Türen kühler sind als beheizte. Durch die Nicht-Heizung wird also zumindest etwas Energie gespart.

Was die Temperatursteuerung betrifft, bin ich der gleichen Meinung wie die Skeptiker: Nach meinen Erfahrungen ist es nahezu unmöglich, verschiedene Räume im Haus auf konstanten, unterschiedlichen Temperaturniveaus zu halten.

Es geht auch ohne Fußbodenheizung

Die Kombination aus Fußbodenheizung und Wärmepumpe ist der Idealfall, aber es geht auch anders. Wenn der Einbau einer Fußbodenheizung nicht infrage kommt, haben Sie die folgenden Optionen:

- Sie entscheiden sich für eine Hybridheizung, die eine Wärmepumpe mit einer Gasbrennwerttherme kombiniert. Derartige Hybridsysteme können an sehr kalten Tagen mit Gas heizen und dann die erforderliche Vorlauftemperatur mühelos erreichen. Das restliche Jahr liefert die Wärmepumpe genug Wärme.
- Sie bleiben bei einer gewöhnlichen Wärmepumpe (idealerweise mit Erdwärme) und nehmen an den kalten Tagen eine höhere Vorlauftemperatur und damit eine schlechtere Effizienz in Kauf.
- Sie tauschen alte Radiatoren durch bessere und größere Modelle aus. Stand der Technik sind sogenannte 33er-Systeme. Derartige Heizkörper kombinieren drei Wasser führende Heizplatten mit drei Konvektionsblechen und haben eine wesentlich höhere Heizleistung als alte Radiatoren. Rein optisch handelt es sich dabei einfach um moderne Heizkörper mit nach außen hin glatten Oberflächen.

  Im Einzelfall noch besser (aber teurer) sind Modelle mit serieller Durchströmung (die Frontplatte des Heizkörpers wird zuerst vom Heizungswasser durchflossen,

z. B. Kermi X2) oder Niedertemperatur-Heizkörper (NT-Heizkörper) mit eingebauten Ventilatoren für eine bessere Wärmeausbreitung.

Eine kostengünstige Alternative zum Austausch vorhandener Heizkörper kann die Montage kleiner Heizkörperlüfter sein, die den Luftaustausch verbessern.

- Sie bauen zusätzlich Heizkörper oder eine zusätzliche Wandheizung ein (siehe den folgenden Abschnitt).

Wandheizung

Eine Wandheizung funktioniert im Prinzip wie eine Fußbodenheizung. Der einzige Unterschied besteht darin, dass die Kunststoffschläuche mit dem Heizwasser auf einer Wand verlegt und dann verputzt werden.

Prädestiniert für Wandheizungen sind Außenwände (so wie auch herkömmliche Heizkörper in der Regel an Außenwänden unter oder neben Fenstern platziert werden). Die Wandheizung von Außenwänden setzt voraus, dass die Wände gut gedämmt sind! Andernfalls erhöht sich der Wärmeverlust durch die Wand stark, ohne innen nennenswert mehr Wärme zu geben.

Der größte Vorteil der Wandheizung besteht darin, dass diese laut Studien den höchsten thermischen Komfort bietet (noch mehr als bei einer Fußbodenheizung). Auch wenn der Raum dadurch nicht wärmer ist, fühlt sich der Aufenthalt darin angenehmer an.

Grundsätzlich gilt: Je größer die Heizfläche ist, desto kleiner kann die Vorlauftemperatur sein, um die gleiche Heizleistung zu erzielen. Insofern wird eine Wandheizung manchmal bei Neubauten ergänzend zur Fußbodenheizung verlegt, um die Vorlauftemperatur noch mehr zu senken. (Oft reicht es, die Wandheizung nur in einzelnen Räumen vorzusehen, wo ein besonderer Heizbedarf besteht.)

Anders ist die Motivation bei der Sanierung von Altbauten: Dort ist die Verlegung einer Wandheizung unter Umständen günstiger als die Realisierung einer Fußbodenheizung.

Gegen eine Wandheizung sprechen vor allem praktische Überlegungen: Eine Wandheizung ist nur zweckmäßig, wenn die Wand danach nicht mit Schränken zugebaut wird. Sie müssen bei der Planung einer Wandheizung also schon an die Möblierung denken. Außerdem müssen Sie natürlich darauf achten, dass Sie in beheizten Wänden nicht unbedacht Nägel einschlagen oder Löcher für Dübel bohren. (Es gibt Thermofolien, um den Ort von Heizschleifen festzustellen.)

3.4 Warmwasser

In der Regel ist eine Heizungswärmepumpe nicht nur für die eigentliche Heizung zuständig, sondern auch für die Erwärmung des Trinkwassers zum Waschen, Baden und Duschen. Dieses »Trinkwarmwasser« bezeichne ich in diesem Buch kurz als »Warmwasser«. Den ebenfalls gebräuchlichen Begriff »Brauchwasser« vermeide ich dagegen, weil Brauchwasser eigentlich ein Synonym zu Betriebswasser ist, also für technische Prozesse genutztes Wasser, das in der Regel keine Trinkwasserqualität hat.

Der Umgang mit Warmwasser ist komplizierter, als es auf den ersten Blick den Anschein hat. Dafür gibt es zwei Gründe:

- **Legionellen:** Legionellen sind Bakterien, die schwere Krankheiten auslösen können, neben der Legionärskrankheit auch Lungenentzündungen und das Pontiac-Fieber. Legionellen sind natürlicher Bestandteil von Oberflächengewässern und Grundwasser. Sie vermehren sich in stehendem Wasser mit einer Temperatur zwischen 30 und 45 °C stark. In 60 °C heißem Wasser erfolgt eine Abtötung innerhalb von 30 Minuten, bei 65 °C sogar innerhalb von zwei Minuten.
- **Effizienz:** Wärmepumpen laufen bei einer möglichst niedrigen Wassertemperatur mit der höchsten Leistungszahl. Während für die Heizung im Idealfall ca. 30 °C ausreichen (gut gedämmtes Haus mit Fußbodenheizung), sollte Warmwasser auf 60 °C erwärmt werden. Um Effizienz und Trinkwassersicherheit unter einen Hut zu bringen, erfolgt die Trinkwassererwärmung getrennt von der Heizwassererwärmung in eigenen Betriebsphasen.

Minimalkonzept

Der einfachste Weg, mit einer Wärmepumpe sowohl zu heizen als auch Trinkwasser zu erwärmen, ist die Platzierung eines Drei-Wege-Ventils (auch Vorrangumschaltventil, VUV) am Ausgang der Wärmepumpe. Das von der Wärmepumpe erzeugte Warmwasser kann nun wahlweise durch den Heizungskreislauf oder durch den Warmwasserboiler geleitet werden (siehe Abbildung 3.3).

Im ersten Fall heizt die Wärmepumpe das Wasser auf eine für die Heizung geeignete und an den aktuellen Heizbedarf angepasste Vorlauftemperatur auf. Oft reichen 35 °C oder weniger; in einem Altbau mit herkömmlichen Heizkörpern ist eine höhere Vorlauftemperatur erforderlich, vielleicht 45 oder 50 °C. Im zweiten Fall muss die Wärmepumpe das Wasser dagegen auf über 60 °C aufheizen, damit die Boilertemperatur 60 °C erreicht.

Falls es der Wärmepumpe nicht gelingt, die für das Warmwasser erforderliche Temperatur von gut 60 °C zu erreichen, kommt der in die Wärmepumpe integrierte Heizstab zum Einsatz (siehe auch Abschnitt 2.10, »Betriebsweise von Wärmepumpen«). Am häufigsten wird das an kalten Tagen der Fall sein, wenn Sie sich für eine Luftwärmepumpe entschieden haben.

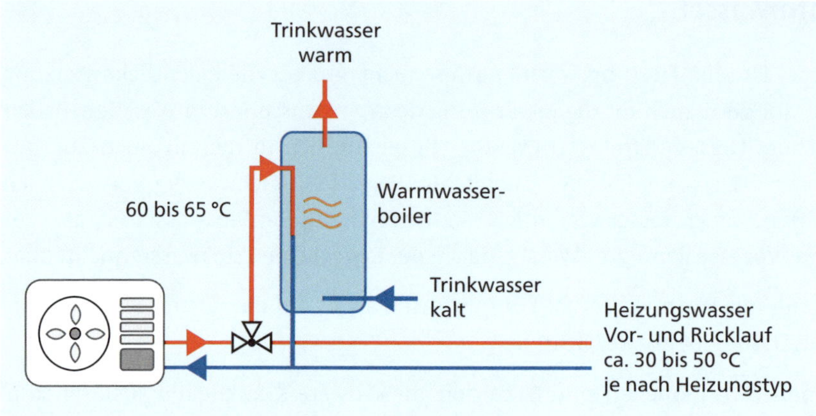

Abbildung 3.3 Heizung und Warmwassererwärmung per Wärmepumpe

Wie bereits in Kapitel 2, »Grundlagen und Funktionsweise«, beschrieben, ist bei manchen Wärmepumpen ein Warmwasserboiler direkt im Gerät integriert. Das verkürzt die Leitungswege und vereinfacht die Installation, gibt aber weniger Spielraum für individuelle Anpassungen. Der Heizstab kann in diesem Fall auch direkt im Boiler platziert werden, sofern keine Notwendigkeit für sehr heißes Heizwasser besteht (z. B. zur Beheizung eines schlecht gedämmten Hauses mit Heizkörpern).

Varianten

Es gibt auch andere Wege, um hygienisch Warmwasser zu erzeugen. Sämtliche Varianten setzen voraus, dass die Wärmepumpe zuerst einen Pufferspeicher erhitzt. Der Puffer kann wahlweise als Hygienespeicher ausgeführt sein oder mit einer Trinkwasserstation kombiniert werden. Ich gehe auf die unterschiedlichen Konzepte in Abschnitt 3.5, »Pufferspeicher«, näher ein.

Vermeidung von Legionellen

Legionellenerkrankungen traten in der Vergangenheit vor allem in Kasernen, Sportheimen und Hotels auf, also überall, wo große, weit verzweigte Warmwasseranlagen im Einsatz sind. Wohnungen und Einfamilienhäuser waren dagegen kaum betroffen: Dort sind die Leitungswege in der Regel kurz. Das Warmwasser wird oft in einem Gasdurchlauferhitzer oder in einem Elektroboiler erwärmt. Sofern dort die Temperatur nicht zu niedrig eingestellt wurde, ist ein starkes Legionellenwachstum nahezu ausgeschlossen. Der bis heute gebräuchliche Einsatz von Solarthermie ist ebenfalls vorteilhaft – auch dabei wird Wasser so stark erhitzt, dass sämtliche Legionellen absterben. (Je nach Wohngegend haben Sie eher ein Verkalkungsproblem, das aber immerhin gesundheitlich unbedenklich ist.)

Das höhere Energiebewusstsein führt nun aber dazu, dass Legionellen auch außerhalb von Großanlagen zum Problem werden (siehe auch den folgenden Lesetipp). Egal ob beim Neubau oder bei der Sanierung sollten daher zwei Grundprinzipien beachtet werden: **Das Warmwasser muss ausreichend heiß gemacht werden (auch wenn die Jahresarbeitszahl der Wärmepumpe darunter leidet), und es muss im Boiler sowie in allen Leitungen genug Durchsatz herrschen, damit es nirgendwo zu langen Stehzeiten kommt.**

In den folgenden Punkten gehe ich auf einige Detailempfehlungen ein.

- **Boilertemperatur:** Der Warmwasserboiler muss grundsätzlich auf ca. 60 °C aufgewärmt werden. Legionellen sterben dabei ab. Allerdings müssen Sie bei den Armaturen darauf achten, dass das Warmwasser dort ausreichend mit Kaltwasser gemischt wird, damit es zu keinen Verbrühungen kommen kann.

  Aus Energiespargründen wird mitunter darauf verzichtet, derart hohe Temperaturen ständig einzuhalten. Stattdessen wird der Boiler durch ein sogenanntes »Legionellenprogramm« nur einmal wöchentlich auf über 60 °C erhitzt. Die hygienische Wirksamkeit dieser Maßnahme wird aber unter anderem vom deutschen Umweltbundesamt bezweifelt.

- **Boilergröße:** Die Wassertemperatur im Boiler ist geschichtet. Auch wenn das Wasser ganz oben 60 °C oder mehr hat, ist es im untersten Bereich womöglich gerade einmal knapp 40 °C warm – ideale Bedingungen für ein Legionellenwachstum also! Das ist umso problematischer, je größer das Boilervolumen ist. Insofern sollte der Boiler auf keinen Fall überdimensioniert werden.

- **Stagnation:** Legionellen können sich auch außerhalb des Boilers in Leitungen bilden, wenn das Wasser dort regelmäßig ausreichend lang steht (»Stagnation«). Das gilt sogar für Kaltwasserleitungen, wenn sich diese zu wenig isoliert neben Warmwasserleitungen befinden. Abhilfe schaffen die folgenden Maßnahmen:

  – Leitungen sollten generell so kurz wie möglich sein. Gerade bei der Planung eines Neubaus sollten Sie darauf Rücksicht nehmen.

  – Verzichten Sie auf eine Zirkulationsleitung!

  – Vermeiden Sie Stichleitungen, in denen Wasser längere Zeit steht. Besser sind Ring- oder Reihenleitungen, bei denen sich der größte Verbraucher (bei Kaltwasser das WC, bei Warmwasser zumeist die Dusche) am Ende befindet. Damit wird für *alle* Wasserentnahmestellen stets möglichst frisches Wasser garantiert. Wenn Sie sich für die Details interessieren, finden Sie im folgenden Kasten einige Links.

  – Länger nicht verwendete Systeme (das Ferienhaus) oder Systemteile (die Leitungen zur selten benutzten Dusche im Keller) sollten vor einer neuerlichen Verwendung ausreichend durchgespült werden.

Lesetipps

In ihrer Dissertation »Untersuchung zur Besiedlung der Warmwassersysteme von Ein- und Zweifamilienhäusern mit Legionellen« hat Juliane Stanke 2005 nach Legionellen in Münster und Greven gesucht – und wurde bei ca. 5 % der Proben erschreckend oft fündig. Als auslösende Faktoren hat sie eine zu niedrige Wassertemperatur (unter 55 °C) sowie die Verwendung einer Zirkulationsleitung festgestellt. (In einer Zirkulationsleitung wird warmes Wasser quasi im Kreis gepumpt. Das ist zwar mit hohen Wärmeverlusten verbunden, dafür steht bei jedem Wasserhahn sofort warmes Wasser zur Verfügung.)

https://repositorium.uni-muenster.de/document/miami/8fb47494-e4f2-43e7-aa12-6bf5481f2d47/diss_stanke_juliane.pdf

Der Einfluss verschiedener Trinkwasserleitungssysteme (Stichleitung, Reihenleitung, Ringleitung usw.) geht stark in die Sanitärtechnik und ist außerhalb der Reichweite dieses Buchs. Wenn Sie sich dafür interessieren, z. B. bei der Planung eines neuen Einfamilienhauses, werfen Sie einen Blick auf die folgenden Seiten:

https://www.haustechnikdialog.de/SHKwissen/342/Trinkwasser-Leitungssysteme
https://www.sanitaerjournal.de/mit-reihen-oder-ringleitungen-schon-bei-der-planung-stagnation-vermeiden_1966
https://www.ikz.de/ikz-praxis-archiv/p0104/010404.php

Energiebedarf für das Warmwasser

In der Vergangenheit wurde der Energiebedarf für die Erwärmung des Warmwassers pauschal mit ca. einem Sechstel des Gesamtenergiebedarfs der Heizung veranschlagt. Diese Pi-mal-Daumen-Schätzung ist mittlerweile hinfällig. Gerade bei Niedrigenergiehäusern ist der Heizbedarf stark gesunken, während der Energieaufwand für die Warmwassererzeugung weitgehend gleich geblieben ist.

Grundsätzlich sind 1,16 Wh Energie notwendig, um einen Liter Wasser um ein Kelvin zu erwärmen. Wenn das Trinkwasser mit 15 °C in das Haus kommt und auf 60 °C erwärmt werden soll, ergeben sich 52,2 Wh pro Liter. Der Tagesbedarf pro Person wird oft mit 40 bis 50 l veranschlagt. Je nachdem, wie oft Sie oder Ihre Familienmitglieder duschen oder baden, kann der Wert auch beträchtlich höher ausfallen. Der in Wärmepumpen integrierte Boiler hat häufig ein Volumen von ca. 200 Litern. Dezidierte Warmwasserpumpen (siehe Kapitel 5) sehen zumeist Boilergrößen zwischen 250 und 300 Liter vor.

Zu bedenken ist auch, dass Sie das Wasser nicht mit 60 °C nutzen, sondern kaltes Wasser hinzumischen. Damit wird die nutzbare Wassermenge größer. Für die folgende Abschätzung habe ich mit 40 Liter bei 60 °C pro Person gerechnet. Das ergibt für eine vierköpfige Familie einen Energiebedarf von etwas mehr als 8 kWh pro Tag oder gut 3000 kWh pro Jahr.

$40 \times 4 \times 52{,}2 = 8352$ Wh = 8,35 kWh/Tag

$8{,}35 \times 365 =$ ca. 3050 kWh/Jahr

Wird das Wasser mit einer Wärmepumpe erwärmt, profitieren wir von deren Leistungszahl. Hier sollten Sie allerdings keine allzu optimistischen Werte annehmen. Bei einer Luftwärmepumpe mit einer Außentemperatur von 5 °C (278 Kelvin) und einer Zieltemperatur von 60 °C (333 Kelvin) beträgt der theoretisch maximale Wirkungsgrad für den Carnot-Prozess etwa 6.

$COP_{Max} = T_{Max} / (T_{Max} - T_{Min}) = 333 / 55 = 6{,}05$

In der Praxis erreichen wir bestenfalls die Hälfte davon, im Winter manchmal noch weniger (wenn die Wärmepumpe mit dem Heizstab dazuheizen muss), im Sommer mehr. Mit einer durchschnittlichen Jahresarbeitszahl von 3 würde der Strombedarf für die Wärmepumpe nur für die Warmwassererwärmung pro Tag ca. 2,8 kWh betragen, im Jahr knapp 1000 kWh.

3.5 Pufferspeicher

Ein Pufferspeicher (kurz Puffer) ist ein großer, zylindrischer Wassertank, dessen Aufgabe darin besteht, Wärme zu speichern und wieder abzugeben. Es gibt unzählige Ausführungsformen und -varianten. Der Puffer in Abbildung 3.4 ist direkt mit dem Wasserkreislauf der Wärmepumpe sowie mit dem Vor- und Rücklauf der Heizung verbunden. Nach außen hin ist der Pufferspeicher gedämmt, um den Wärmeverlust im Heizraum zu minimieren.

Durch den Wassertank führen spiralförmig mehrere Rohre, die als Wärmetauscher dienen. In diesem Beispiel dient eines zur Einbindung einer zweiten Wärmequelle (hier Solarthermie, bei einem Hybridsystem kann es aber auch die Gastherme sein), ein zweites für das Warmwasser. (Auf die Details der Integration des Warmwassersystems gehe ich gleich näher ein.) Optional kann der Puffer auch einen Heizstab enthalten, oder eine Öffnung, um einen Heizstab später nachzurüsten.

Schließlich sieht jeder Puffer zwei oder drei Vertiefungen vor, um Temperatursensoren einzuführen und die Puffertemperatur unten, eventuell in der Mitte und oben zu messen. (Wärme steigt auf; außerdem wird das heiße Wasser von der Wärmepumpe oben in ein spiralförmiges Rohr eingeführt und verlässt es unten wieder. Deswegen ist die Temperatur im Puffer ungleichmäßig verteilt: oben heiß, unten nur warm.) Bei manchen Puffern werden durch Schichtenbleche gezielt zwei oder sogar drei Schichten bzw. Temperaturzonen geschaffen (»Schichtenpufferspeicher«), zwischen denen die Wasser- und Wärmedurchmischung eingeschränkt ist.

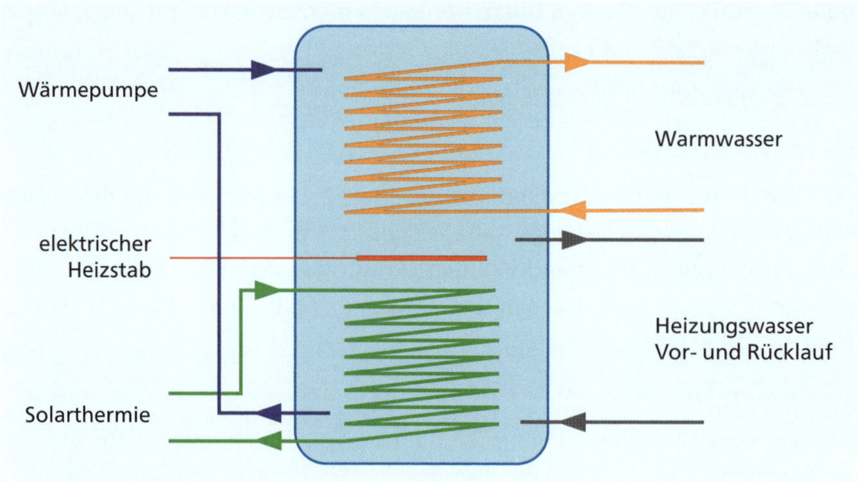

Abbildung 3.4 Schema eines Pufferspeichers

Puffer versus Boiler

Die Begriffe Puffer und Boiler werden oft verwechselt. Ein Boiler ist ein Speicher für Warmwasser (Trinkwasser), während ein Puffer für Heizungswasser (kein Trinkwasser) gedacht ist.

Pufferspeicher – Für und Wider

Mit einem Pufferspeicher können Sie die Wärmeproduktion und die Wärmeentnahme zeitlich entkoppeln. Das hat mehrere Vorteile:

- In der Übergangszeit ist der Wärmebedarf im Haus meist gering. Eine herkömmliche (nicht modulierende) Wärmepumpe kann nicht so wenig Leistung liefern und würde sich bei einer direkten Einspeisung in den Heizungskreislauf häufig ein- und ausschalten (also »takten«).

  Ein Puffer vermeidet dieses Problem: Die Wärmepumpe läuft, bis der Puffer vollständig erwärmt (»geladen«) ist. Das reicht dann für einige Stunden Heizungsbetrieb, während derer die Wärmepumpe ausgeschaltet ist.
- Den Puffer können weitere Wärmequellen speisen, z. B. ein Solarthermie-Kreislauf oder eine zweite Heizung bei einem hybriden System.
- Der Puffer kann wiederum Wärme an *mehrere* Kreisläufe abgeben, z. B. an einen mit niedriger Temperatur für die Fußbodenheizung, an einen weiteren mit mittlerer Temperatur für Konvektionsheizkörper und an einen dritten mit Warmwasser. (Auf die Integration der Warmwasserversorgung gehe ich gleich getrennt ein.)

- Ein Puffer kann Wärme zwischenspeichern, die zeitlich nicht immer zur Verfügung steht. Nehmen Sie an, Sie verwenden den Puffer im Sommer nur für die Warmwasserversorgung (z.B. als Hygienespeicher oder über eine Frischwasserstation; diese Begriffe erläutere ich in den weiteren Abschnitten): Ein einziger sonniger Tag reicht aus, um einen großen Puffer via Solarthermie aufzuwärmen. Wenn es danach zu regnen beginnt, können Sie Ihr Haus mit der gespeicherten Wärme zwei bis drei Tage lang mit Warmwasser versorgen.
- Der Puffer vermeidet Probleme, die entstehen können, wenn aufgrund einer Zonenregelung sämtliche Heizungskreisläufe geschlossen sind. (Bei einer vernünftig konzipierten Zonenregelung wird dieser Fall aber ohnedies nie auftreten.)
- Befürworter argumentieren, dass ein Puffer vor Temperaturverlusten durch Sperrzeiten schützt (wenn also der Energieversorger die Stromlieferung zur Wärmepumpe vorübergehend unterbricht). Was die Heizung betrifft, ist die Angst vor einem Temperatureinbruch aufgrund von Sperrzeiten nicht begründet: Die Fußbodenheizung und der von ihr erwärmte Deckenaufbau bieten eine viel größere Speichermasse als jeder Puffer.

  Der Puffer kann aber tatsächlich helfen, die Warmwasserversorgung während der Sperrzeiten zu stabilisieren. Allerdings ist es zweifelhaft, ob dies wirklich notwendig ist, zumal die Sperrzeiten in der DACH-Region zuletzt nur sehr zögerlich angewendet wurden.

Es gibt auch gute Argumente, die gegen einen Puffer sprechen:

- Ein Puffer verschlechtert die Energiebilanz, und das gleich zweifach:
  - Bei den in den Puffern integrierten Wärmetauschern kommt es zu Temperaturverlusten.
  - Selbst wenn der Puffer gut isoliert ist, verliert er Wärme an den Heizungsraum. Das Wasser im Puffer wird also kälter, der Heizungsraum wärmer. Das nützt Ihnen nur, wenn Sie dort im Winter Wäsche trocknen möchten.
- Der Puffer macht das gesamte Heizungssystem komplexer und teurer. Bedenken Sie auch den Platzbedarf!
- Wenn Sie mit der Wärmepumpe auch kühlen möchten (siehe Kapitel 4, »Kühlen mit Wärmepumpen«), ist ein gemeinsamer Puffer für den Fussbodenkreislauf und die Warmwasserversorgung ungünstig. Sie brauchen zusätzliche Ventile, um den Puffer im Sommer zu umgehen (gewissermaßen einen Bypass). Damit werden das Gesamtsystem und die Steuerung *noch* komplizierter.

Die Nachteile nehmen Sie beispielsweise in Kauf, wenn Sie ein automatisches Hybridsystem mit einer zweiten Heizquelle (z.B. Gasheizung) realisieren möchten oder wenn Sie mehrere Heizkreisläufe mit unterschiedlichen Temperaturen betreiben wollen (Fußbodenheizung *und* Konvektionsheizkörper). Dann ergeben sich weitere Fragen:

- Welcher Puffer? Es gibt eine schier überwältigende Auswahl von verschiedenen Konzepten und Modellen. Letztlich hängt es davon ab, was Sie mit dem Puffer erreichen möchten.
- Wie viel Volumen? Ich habe es bereits angedeutet: Auch ein großer Puffer kann im Vergleich zur Masse Ihres Hauses nur relativ wenig Energie speichern. Insofern bin ich skeptisch, dass große Modelle mit mehr als 1000 Liter Volumen nennenswerte Vorteile mit sich bringen.

Hygienespeicher

Das im Puffer gespeicherte Wasser hat keine Trinkwasserqualität. Sie können es je nach Pufferkonzept für den Heizwasserkreislauf verwenden, aber auf keinen Fall für das Warmwasser. Stattdessen gibt es zwei Konzepte, die ich Ihnen hier kurz vorstellen möchte. Ich beginne in diesem Abschnitt mit dem »Hygienespeicher«: Dabei führt ein spiralförmiges Wellrohr durch den Pufferspeicher. Das kalte Trinkwasser wird unten eingeführt. Es erwärmt sich im Durchlaufprinzip und verlässt das Wellrohr oben in ausreichender Temperatur (siehe Abbildung 3.5).

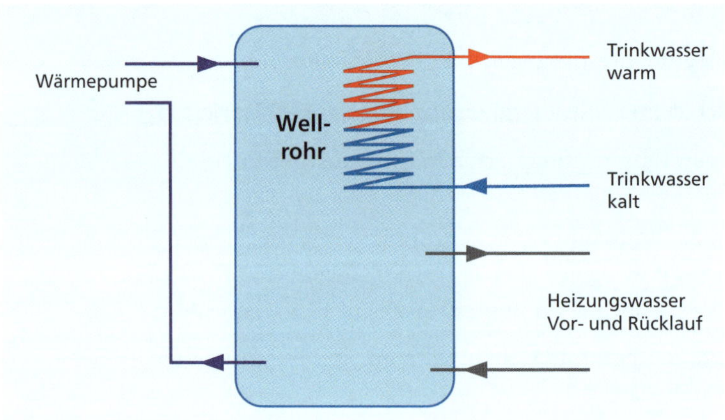

Abbildung 3.5 Im Hygienespeicher wird das Warmwasser im Durchlaufprinzip erwärmt.

Ein »Wellrohr« oder »Wellschlauch« hat einen wellenförmig wechselnden Durchmesser. Das erhöht die Oberfläche (besserer Wärmeaustausch). Durch leichte Temperaturschwankungen verformt sich das Rohr zudem minimal, sodass sich angelegter Kalk löst.

Der große Vorteil dieses Konzepts besteht darin, dass sich zu keinem Zeitpunkt mehr als ein paar Liter Trinkwasser im Puffer befinden. Mit jeder Warmwasserentnahme wird das Wasser erneuert. Insofern ist eine Legionellenvermehrung an dieser Stelle nahezu ausgeschlossen.

Verkalkungsproblem

Falls das Wasser in Ihrer Wohngegend stark kalkhaltig ist, rate ich Ihnen von einem Hygienespeicher dringend ab. Auch das Wellrohr kann die Kalkablagerungen nicht verhindern. Diese werden umso stärker ausfallen, je höher die Temperatur im Puffer ist. (Besonders schlimm wird es, wenn Sie Ihren Hygienespeicher mit Solarthermie kombinieren. Dann kann die Puffertemperatur im Sommer auf 80 und 90 °C steigen.) Selbst Kalk, der sich nicht dauerhaft anlegt, sondern vom Wellrohr löst, stört: Er verstopft Duschen und Armatursiebe. Mit zunehmender Verkalkung sinkt der Warmwasserdurchfluss immer mehr. Eine Entkalkung des Wellrohrs ist zwar möglich, aber sehr arbeitsintensiv und teuer: Dazu wird der Kreislauf geöffnet und für ein paar Stunden ein Entkalkungsmittel durchgepumpt. Danach muss das Wellrohr intensiv gespült werden.

Vielleicht fragen Sie sich, ob sämtliche Kreisläufe durch den Puffer Verkalkungsprobleme haben. Das ist glücklicherweise nicht der Fall, weil alle anderen Kreisläufe geschlossen sind. Zu dem im Kreislauf enthaltenen Kalk kommt also nie weiterer Kalk hinzu. Nur der Warmwasserteil des Hygienespeichers wird stets mit frischem Wasser gespeist.

Frischwasserstation

Eine sogenannte »Frischwasserstation« funktioniert wie ein Durchlauferhitzer. Das Frischwasser wird dabei durch einen Plattenwärmetauscher außerhalb des Puffers geleitet. Der Wärmetauscher wird über eine Pumpe mit warmem Wasser aus dem Puffer gespeist (siehe Abbildung 3.6). Die Pumpe wird von der Frischwasserstation ausschließlich dann eingeschaltet, wenn gerade Warmwasser benötigt wird; sie läuft also nicht ständig!

Das Schema im Abbildung 3.6 zeigt hier die direkte Nutzung des Pufferwassers für die Kreisläufe der Heizung und der Frischwasserstation. Die Verwendung eines Puffers wie in Abbildung 3.4 wäre ebenfalls denkbar; die hier skizzierte Variante mit der direkten Wasserentnahme aus dem Puffer vermeidet aber einen zusätzlichen Wärmetauscher auf dem Weg zur Frischwasserstation.

Im Vergleich zu einem Hygienespeicher ist die Menge des stehenden Warmwassers noch geringer, die Erwärmung erfolgt noch rascher. Bei stark kalkhaltigem Wasser sind die Verkalkungsprobleme nun im Plattenwärmetauscher zu erwarten. Diese können durch Vorlauftemperaturen unter 60 °C gemindert werden. Ein Legionellenwachstum innerhalb der Frischwasserstation ist nahezu ausgeschlossen, weil es an dieser Stelle nicht zur Stagnation größerer Wassermengen kommen kann. Es muss aber sichergestellt sein, dass das von der Frischwasserstation erzeugte Warmwasser anschließend nicht über längere Zeit in den Leitungen steht. Daher sind kurze Leitungswege, angemessen dünne Rohre und die Verwendung von Reihen- oder Ringleitungen zu empfehlen.

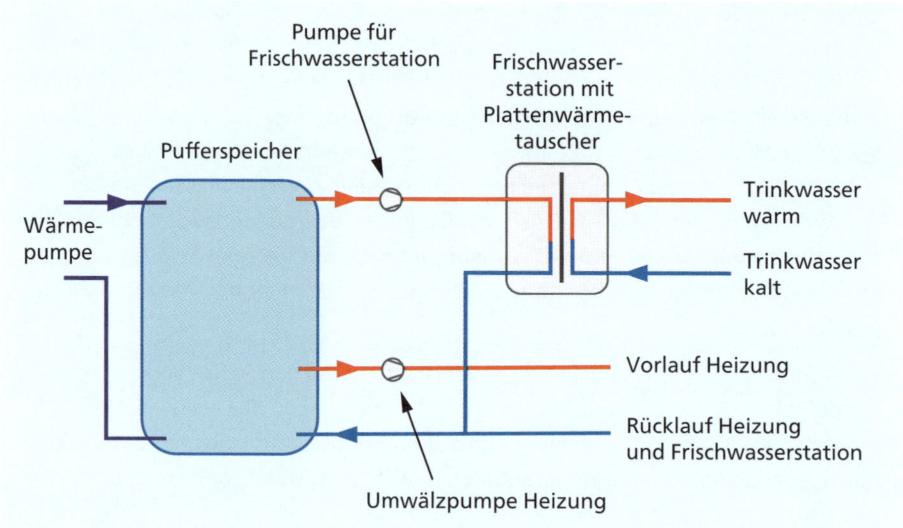

Abbildung 3.6 Anbindung einer Frischwasserstation an einen Pufferspeicher

Die Frischwasserstation kann auch *in* den Pufferspeicher integriert werden. Der Puffer wird dann »Frischwasserspeicher« genannt.

Empfehlung

Mein Ratschlag lautet, eine modulierende Wärmepumpe einzusetzen und einfache Heizungsanlagen ohne Puffer und mit einem nicht zu großen Warmwasserboiler zu realisieren. Das minimiert die Kosten und vereinfacht eine mögliche Nutzung der Kühlfunktion der Wärmepumpe (siehe Kapitel 4, »Kühlen mit Wärmepumpen«).

Die Integration von Solarthermie ist aus meiner Sicht kein überzeugender Grund für einen Puffer. Ich würde auf Solarthermie zugunsten einer PV-Anlage verzichten (siehe auch Abschnitt 5.3). Mit Solarthermie können Sie im Sommer günstig Warmwasser erwärmen. Im Sommer läuft aber jede Wärmepumpe, auch eine Luftwärmepumpe, mit optimaler Effizienz. Die eventuell erzielbaren Ersparnisse sind also sehr überschaubar. Gleichzeitig verursachen Solarthermieanlagen oft höhere Wartungskosten.

Die plausibelste Argumentation für einen Puffer führt über die Warmwasserversorgung: Sie haben die Wahl zwischen einem Warmwasserboiler, der direkt durch die Wärmepumpe beheizt wird, oder einem Puffer mit Wellrohr oder Frischwasserstation.

Wenn Sie nun den Boiler samt dem Dreiwegeventil zur Umschaltung zum Heizungskreislauf durch einen nicht allzu großen Puffer mit Frischwasserstation ersetzen, steigt der Platzbedarf im Heizraum nur unwesentlich.

Dafür reicht jetzt eine niedrigere Temperatur für die Warmwasserversorgung, weil Sie dank Frischwasserstation kein Legionellenproblem haben (einigermaßen kurze Leitungen von der Frischwasserstation zu den Zapfstellen vorausgesetzt). Im Idealfall erreichen Sie eine höhere Jahresarbeitszahl und können die Wärmeverluste durch den Puffer mehr als nur kompensieren. Energetisch haben Sie dann gewonnen. Ob sich der komplexere Anlagenbau auch finanziell lohnt, ist eine eigene Frage.

3.6 Hydraulik

Die »Hydraulik« einer Heizung bezeichnet die Gesamtheit aller Leitungen, Pumpen, Ventile und Druckausgleichgefäße zur Verteilung des Heizungswassers von der Wärmepumpe in die Schleifen der Fußbodenheizung bzw. in die Heizkörper. Dieser Kreislauf beginnt mit relativ dicken Rohren, die von der Wärmepumpe oder vom Pufferspeicher zu einem Heizkreisverteiler führen. Von dort führen dünnere Rohre oder Schläuche weiter.

Die Hydraulik hat mit Wärmepumpen nur am Rande zu tun, und dementsprechend werde ich mich in diesem Abschnitt kurzfassen. Das Thema ist für dieses Buch aber insofern wichtig, als eine falsche Abstimmung zu erheblichen Effizienzverlusten sowie zu störenden Geräuschen (Rauschen, Gluckern) führen kann. Es wäre fatal, wenn Sie Zeit und Geld in die Dämmung des Hauses und in eine moderne Wärmepumpe investieren, aber beim hydraulischen und thermischen Abgleich sparen würden. Diese Arbeiten sollten ein selbstverständlicher Bestandteil der Heizungsinstallation oder -erneuerung sein. Es schadet aber nicht, explizit nachzufragen!

Stromsparpotenzial bei der Umwälzpumpe

Die Aufgabe der Umwälzpumpe besteht darin, den Heizungswasserkreislauf im Gang zu halten. Bei manchen Wärmepumpen ist eine Umwälzpumpe bereits integriert. Wenn das nicht der Fall ist, wenn die integrierte Pumpe nicht ausreichend leistungsstark oder der Heizungskreislauf über einen Puffer von der Wärmepumpe getrennt ist, brauchen Sie eine eigene Umwälzpumpe.

Es liegt in der Natur der Sache, dass die Umwälzpumpe viele Stunden läuft, oft ohne Unterbrechung die ganze Heizperiode durch (und bei einer nachlässigen Heizungssteuerung womöglich sinnloserweise auch im Sommer!). Das verursacht einen Stromverbrauch von 150 bis 300 kWh pro Jahr. Insofern lohnt sich die Wahl eines etwas teureren, aber dafür stromsparenden Modells.

Hinterfragen Sie auch, ob die Pumpe wirklich ständig laufen muss. Idealerweise kümmert sich die Steuerung der Wärmepumpe auch um die Umwälzpumpe, passt deren Leistung an den Heizbedarf an und führt eine nächtliche Absenkung durch.

Wird die Umwälzpumpe dagegen losgelöst von der Wärmepumpe betrieben, z. B. wenn das Heizungswasser einem Puffer entnommen wird und nicht direkt von der Wärmepumpe kommt, dann sind eine Ausschaltung der Umwälzpumpe am Abend und eine Reaktivierung in der Früh (z. B. um 3:00 Uhr) zweckmäßig. Beachten Sie den trägen Charakter einer Fußbodenheizung! Mit dem Abschalten der Pumpe kühlt der Boden nicht sofort aus, nach dem Einschalten dauert es auch eine Weile, bis die Temperatur steigt. Generell sind bei einer Fußbodenheizung trotz abendlicher Absenkung/Ausschaltung nur relativ geringe Temperaturänderungen zu erwarten.

Heizkurve (Heizungskennlinie)

Bevor ich den hydraulischen und thermischen Abgleich erläutere, muss ich Ihnen die Funktionsweise der Heizkurve (auch Heizungskennlinie) erklären. Das Steuerungssystem der Heizung errechnet aus der gemessenen Außentemperatur die erforderliche Vorlauftemperatur, damit Ihr Haus unabhängig von der Außentemperatur immer gleichmäßig warm bleibt.

Die Heizkurve gibt an, welche Vorlauftemperatur erforderlich ist, um je nach Außentemperatur die gewünschte Innentemperatur zu erreichen. Die richtige Heizkurve sieht für jedes Haus in Abhängigkeit von Wärmeaustragung, Dämmung und der gewünschten Innentemperatur anders aus. Bei einem gut isolierten Haus und einer Fußbodenheizung reicht bei –5 °C Außentemperatur vielleicht eine Vorlauftemperatur von 25 °C. Ist ein Altbau dagegen schlecht gedämmt und wird er mit Konvektionsheizkörpern beheizt, muss die Vorlauftemperatur vielleicht 49 °C betragen. Kurz und gut: Sie bzw. Ihre Installateurfirma müssen die Heizkurve individuell für Sie anpassen. Dabei gibt es normalerweise zwei Parameter:

- **Steilheit/Neigung:** Die Steilheit bestimmt, wie groß der Einfluss der Außentemperatur auf die Vorlauftemperatur ist. Eine Steilheit von 1,3 bedeutet, dass beim Sinken der Außentemperatur um 1 Kelvin die Vorlauftemperatur um 1,3 Kelvin angehoben werden muss. Bei gut gedämmten Häusern mit Fußbodenheizung ist die Steilheit deutlich unter 1, oft zwischen 0,4 und 0,2.

  Beachten Sie in Abbildung 3.7 die für Heizkurven übliche inverse Skalierung der X-Achse: Links befinden sich hohe Temperaturen, rechts niedrige. Der »Nullpunkt« bei 20 °C deutet an, dass bei dieser Temperatur keine Heizung erforderlich ist. Die Kurve endet bei der Normaußentemperatur des Wohnorts. (Auf die Normaußentemperatur gehe ich in Abschnitt 3.7, »Heizlast und Heizwärmebedarf«, näher ein.)

- **Parallelverschiebung (Niveau/Soll-Raumtemperatur):** Dieser Parameter verschiebt die ganze Kurve nach oben bzw. unten.

Manche Heizungshersteller differenzieren in den Konfigurationsmenüs zwischen dem Niveau und der Soll-Raumtemperatur und sehen dementsprechend drei Einstellparameter vor. Sie müssen in der Dokumentation Ihrer Wärmepumpe nachlesen, wie die Parameter der Heizungskurve interpretiert werden. Die Krümmung der Heizkurve ergibt sich aus dem Umstand, dass der Zusammenhang zwischen Wärmeabgabe und Vorlauftemperatur nicht linear ist.

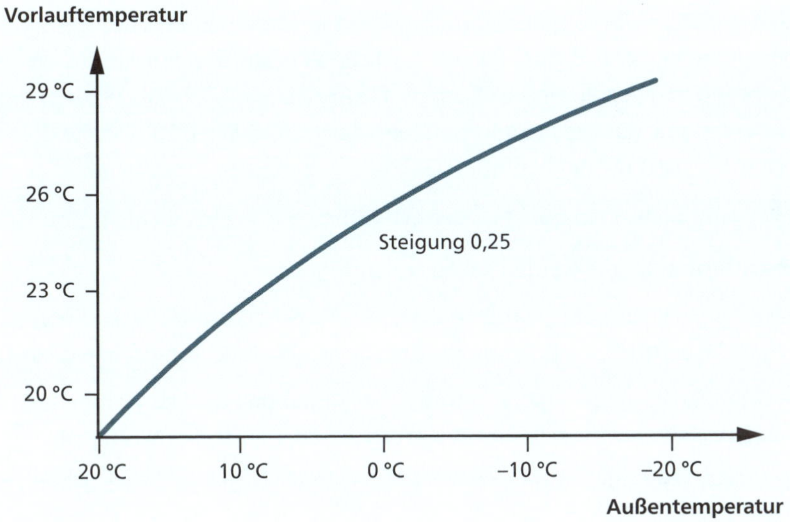

Abbildung 3.7 Beispielhafte Heizkurve für eine Fußbodenheizung eines sehr gut gedämmten Hauses

Temperaturabweichungen durch Sonneneinstrahlung

Bei einem Haus mit großen südseitigen Fenstern ist der Heizbedarf bei −15 °C und Sonnenschein deutlich geringer als bei −5 °C in der Nacht bzw. bei Nebel. Zur optimalen Steuerung müsste die Heizung also über einen Sensor auch die Sonneneinstrahlung mit einrechnen. Das ist selten der Fall, daher werden südseitige Räume bei Sonnenschein oft zu warm. Der schon beschriebene Selbstregulierungseffekt von Flächenheizungen kann die Einstrahlung nur teilweise kompensieren.

Selbst wenn die Heizung die gemessene Sonneneinstrahlung oder den aus dem Internet geladenen Wetterbericht kennt, bleibt der Umstand, dass sonnige Räume viel weniger Wärmebedarf haben als schattige Räume. Eine perfekte Einstellung der Vorlauftemperatur ist unmöglich. Wie so oft müssen Sie mit Kompromissen leben.

Hydraulischer Abgleich

Beim hydraulischen Abgleich geht es darum, dass alle Heizschleifen der Fußbodenheizung bzw. alle Heizkörper mit dem richtigem Maß Heizwasser versorgt werden. Ohne diesen Abgleich kann es passieren, dass Räume in der Nähe des Heizungskellers, deren Leitungen einen geringeren Strömungswiderstand aufweisen, besser versorgt werden als weiter entfernte Räume. Das gilt vor allem beim Einschalten der Heizung, sei es beim morgendlichen Aufheizen oder beim Start der Heizung zu Beginn der Heizsaison.

Im ungünstigsten Fall werden weiter entfernte Räume erst dann mit Wärme versorgt, wenn der Durchfluss in den vorderen Räumen durch einen Thermostat oder die Zonenregelung gestoppt wird. Bis dahin ist die Rücklauftemperatur des Wassers, das überwiegend von den vorderen Räumen stammt, relativ hoch. Die Wärmepumpe kann nicht erkennen, dass es in anderen Teilen des Hauses noch kalt ist. Sie drosselt womöglich ihre Leistung oder beginnt zu takten.

Es gibt diverse Indikatoren dafür, dass der hydraulische Abgleich nicht stimmt:

- Weiter entfernte Räume werden später warm.
- Bis alle Räume gleichmäßig warm sind, treten vermehrt Strömungsgeräusche auf. (Weil manche Leitungen stärker durchflossen sind als andere, rauschen diese.)
- Die notwendige Vorlauftemperatur und die resultierende Rücklauftemperatur des Heizungswassers weicht stark von den errechneten/erwarteten Werten ab.
- Die Heizung taktet oder mindert die Leistung, obwohl im Haus noch erheblicher Heizbedarf besteht.

Der hydraulische Abgleich erfolgt bei einem Neubau auf der Basis eines Rechenmodells: Dazu wird für jeden Raum aufgrund der Größe, der Lage (Nord/Süd, Innen- oder Außenmauern), der beabsichtigten Nutzung, der Dämmung und des geplanten bzw. notwendigen Luftaustauschs der Heizbedarf ermittelt. (Aus dieser Berechnung ergeben sich in weiterer Konsequenz die Heizlast und der Heizwärmebedarf des ganzen Hauses. Auf diese beiden Kennzahlen gehe ich in Abschnitt 3.7, »Heizlast und Heizwärmebedarf«, näher ein.)

Im zweiten Schritt wird ermittelt, mit wie viel Heizwasser die in diesem Raum befindlichen Heizflächen (Fußboden- und/oder Wandheizung, Heizkörper) durchflossen werden müssen. Die zu diesem Raum geführten Leitungen werden so ausgeführt, dass dieser Heizwasserfluss möglichst exakt erreicht wird. Der hydraulische Abgleich enthält Angaben, wie weit die Heizkörper oder die Zuleitungen durch Ventile gedrosselt werden müssen, damit der Heizwärmezufluss nicht zu groß ist.

Bei der Inbetriebnahme wird die Heizkurve entsprechend den berechneten Werten eingestellt und schließlich die Funktionsweise der Heizung überprüft. Gegebenenfalls erfolgt eine Nachjustierung über Durchflussventile bei den Heizkörpern oder über Rücklaufdrosselventile im Heizkreisverteiler.

Wesentlich schwieriger ist ein hydraulischer Abgleich bei der Sanierung oder nach strukturellen Umbauten. Wenn genaue technische Daten fehlen, muss mit Schätzungen gearbeitet werden. Während bei einer vorausschauenden Planung die Hydraulik so gestaltet wird, dass kleine Eingriffe (z. B. in Drosselventilen) ausreichen, müssen bei einer Sanierung eventuell größere Änderungen durchgeführt werden – z. B. durch die Neugestaltung des Heizkreisverteilers oder durch die Veränderung von Rohrdurchmessern im Heizraum bzw. bis hin zum Heizkreisverteiler.

Die Durchführung des hydraulischen Abgleichs ist die Aufgabe der Installateurfirma. Diese verfügt über Software, die nach der Eingabe der Eckdaten des Hauses und von dessen Räumen die eigentlichen Berechnungen durchführt. Das Ergebnis ist ein mehrseitiges Dokument. Es beschreibt für jeden Raum den erwarteten Energieabfluss durch Transmissionswärmeverluste (also den Wärmeverlust durch Wände, Fenster usw.) sowie die Lüftungswärmeverluste. Werfen Sie einen Blick in die folgende Musterberechnung, wenn Sie eine Vorstellung von der Komplexität eines korrekt durchgeführten hydraulischen Abgleichs gewinnen möchten:

https://www.heizlast.de/images/stories/heizlastberechnung/wbs_HEIZLAST_MUSTERBEISPIEL.pdf

Thermischer Abgleich

Der thermische Abgleich ist eine Feinabstimmung der Heizung, die bei einem Neubau zwei oder drei Jahre nach dem Einzug durchgeführt werden kann. Das Haus (Decken, Estrich, Putz) ist dann vollständig ausgetrocknet, die Räume sind möbliert. Unter diesen Voraussetzungen wird nun die Zonenregelung, falls vorhanden, vorübergehend deaktiviert. Im einfachsten Fall stellen Sie sämtliche Regler auf maximale Wärme. Noch besser ist es, die elektrischen Ventile im Heizkreislaufverteiler abzuschrauben, um deren Fehlfunktion auszuschließen.

Damit wird das gesamte Haus maximal beheizt. Nach einem Tag Anlaufzeit sollten sämtliche Räume zu warm sein. Nun wird schrittweise das Niveau der Heizungskurve gesenkt, bis es zumindestens einen Raum gibt, der zu kalt ist. (Falls Sie in jedem Raum ein kleines Thermometer aufstellen, sollten Sie die Thermometer zuerst kalibrieren. Dazu geben Sie alle Thermometer an denselben Ort und notieren eventuelle Abweichungen. Gerade billige Geräte zeichnen sich durch eher mäßige Genauigkeit aus.) Heben Sie das Niveau der Heizungskurve wieder etwas an, damit der kälteste Raum gerade richtig warm ist.

Bei den restlichen, jetzt noch zu warmen Räumen reduzieren Sie nun über Ventile den Durchfluss. Bei großen Räumen kann es mehrere Fußbodenkreisläufe und Ventile geben. Die Durchflussventile befinden sich im Heizkreislaufverteiler. Falls Sie eine Zonenregelung verwenden, gibt es üblicherweise je ein Vor- und ein Rücklaufventil. Das Vorlaufventil wird durch den motorischen Stellmotor eingestellt (unten in Abbildung 3.2), im Rücklaufventil können Sie den maximalen Durchfluss manuell einstellen (oben in Abbildung 3.2). Die einstellbaren Ventile befinden sich normalerweise unter den Heizungsthermostaten. Der Thermostat muss für eine Veränderung abgeschraubt werden, was unproblematisch ist, weil dabei kein Wasser austreten kann.

Gehen Sie schrittweise vor (die Veränderung *eines* Ventils beeinflusst den Durchfluss aller anderen Kreisläufe!), bis alle Räume in etwa die gleiche Temperatur haben. Geben Sie bei jedem Schritt der trägen Fußbodenheizung genug Zeit, bis Ihre Änderungen wirksam werden. Zuletzt reaktivieren Sie die Zonenregelung wieder.

Wenn sich die Außentemperatur ändert, sollte die Innentemperatur gleich bleiben. Ist dies nicht der Fall, müssen Sie auch die Steigung der Heizkurve ändern. Wenn es bei sinkenden Außentemperaturen innen zu kalt wird, ist die Steigung zu klein. Wird es innen dagegen zu warm, können Sie die Steigung ein wenig reduzieren. Gehen Sie behutsam vor.

Sie sehen schon: Sie können den thermischen Abgleich selbst machen und benötigen bestenfalls bei den ersten Schritten die Unterstützung Ihrer Heizungsfirma. Sie brauchen aber genug Zeit und Geduld.

3.7 Heizlast und Heizwärmebedarf

Zur richtigen Dimensionierung der Wärmepumpe müssen Sie die sogenannte »Heizlast« Ihres Hauses kennen. Diese Zahl sagt aus, wie viel Heizleistung erforderlich ist, um an einem besonders kalten Tag das Haus warm zu halten und das Warmwasser für Ihre Familie zu erwärmen. Die Heizlast ist der wichtigste Parameter zur richtigen Dimensionierung der Wärmepumpe. Sie entscheidet darüber, welche Leistung Ihre Wärmepumpe haben muss. Typische Werte für ein Einfamilienhaus liegen zwischen 6 und 15 kW. Die große Schwankungsbreite ergibt sich aus Wohnfläche, Personenanzahl, Dämmung, Wohnort usw.

Im Gegensatz dazu gibt der »Gesamtwärmebedarf« an, wie viel Energie Sie über ein Jahr summiert aufwenden müssen, damit Haus und Wasser warm sind. Diese Zahl benötigen Sie, um die Lebenskosten (also Anschaffung, Wartung und Energie) zweier Heizungssysteme über einen längeren Zeitraum (z. B. 20 Jahre) zu vergleichen. Bei der Berechnung wird oft zwischen Warmwasser (Wasserwärmebedarf) und der eigentlichen Heizung (Heizwärmebedarf) differenziert. Die Summe daraus ergibt den Gesamtwärmebedarf, der aber oft vereinfachend »Heizwärmebedarf« oder »Jahresheizwärmebedarf« genannt wird.

Der Gesamtwärmebedarf für ein Einfamilienhaus liegt typischerweise zwischen 10.000 und 20.000 kWh/a (also Kilowattstunden per Jahr, *Annum*). Je nach Hausgröße, Dämmung bzw. Alter, Nutzung usw. sind sowohl kleinere als auch größere Werte möglich.

Heizlast versus Wärmebedarf

Um den Unterschied dieser beiden Größe nochmals klarzustellen: Bei der Heizlast geht es darum, wie stark Ihre Heizung sein muss, um Ihr Haus auch an besonders kalten Tagen warm zu halten. Zur Ermittlung der Heizlast müssen Sie wissen, wie kalt es am Wohnort im Extremfall sein kann.

Der Gesamtwärmebedarf gibt an, wie viel Energie in einem Jahr zum Heizen erforderlich ist. Die Berechnung bezieht wieder Klimadaten ein. Allerdings geht es dabei nicht um die Extreme, sondern um den typischen (mittleren) jahreszeitlichen Temperaturverlauf, die zu erwartende Sonneneinstrahlung etc.

Normaußentemperatur, Gradzahltage und Heizgradtage

Ein Grundparameter zur Ermittlung der Heizlast ist die »Normaußentemperatur«. Dabei handelt es sich um die niedrigste Temperatur, die – über eine Periode von zumindest zwei Tagen – in den letzten 20 Jahren zehn Mal aufgetreten ist. (Vereinfacht: So kalt wird es im Schnitt nur alle zwei Jahre, wobei eintägige Kältespitzen ignoriert werden.) Die Normaußentemperatur variiert je nach Wohnort (siehe Tabelle 3.1).

Stadt	Normaußentemperatur
Berlin	–11 °C
Hamburg	–8 °C
München	–11 °C
Köln	–7 °C
Wien	–11 °C
Graz	–12 °C
Salzburg	–13 °C
Zürich	–8 °C

Tabelle 3.1 Normaußentemperatur in ausgewählten Städten in der DACH-Region

Für Deutschland gibt es eine frei zugängliche Datenbank, die nach Eingabe der Postleitzahl die entsprechende Normaußentemperatur verrät. In Österreich können Sie die Normaußentemperatur mit einem Excel-Tool des Instituts für Bautechnik ermitteln. Für die Schweiz habe ich keine vergleichbare öffentliche Datenbank gefunden. Stattdessen können Sie Normwertkarten heranziehen, aus denen die Minimumtemperatur für einen bestimmten Monat hervorgeht. (Der Wert für Zürich in Tabelle 3.1 stammt aus einer Diskussion im Forum von *https://www.haustechnikdialog.de*. Ich kann seine Richtigkeit aber nicht garantieren.)

https://www.waermepumpe.de/normen-technik/klimakarte
https://www.oib.or.at/sites/default/files/nat_2.xls
https://www.meteoschweiz.admin.ch/service-und-publikationen/applikationen/ext/climate-norm-maps-public.html

Während die Normaußentemperatur vor allem zur Berechnung der Heizlast benötigt wird, gibt es andere Parameter, die für den Jahreswärmebedarf relevant sind. Einfach zu verstehen sind die Heiztage, also die Anzahl der Tage, an denen an einem bestimmten Ort typischerweise die Heizung läuft.

Schon ungewöhnlicher ist die »Gradtagzahl« (GTZ): Sie ergibt sich aus der Summe der täglichen Temperaturdifferenzen zwischen der gewünschten Innentemperatur und der durchschnittlichen Außentemperatur an einem bestimmten Ort. Dabei kommen je nach Land unterschiedliche Grenzwerte zum Einsatz:

- In Deutschland (DIN 4108 T6) wird mit einer Innentemperatur von 20 °C und einer Heizgrenze von 15 °C gerechnet ($G_{20/15}$). Wenn es also z. B. an einem Tag durchschnittlich 12 °C hat, wird die Temperaturdifferenz dieses Tages (8 Kelvin) in die Summe aufgenommen. Hat es dagegen 16 °C, wird dieser Tag nicht berücksichtigt.
- In Österreich (ÖNORM B 8135) und der Schweiz (SN 565381-3) lebt man spartanischer: Die Heizgrenze wird bei 12 °C angesetzt ($G_{20/12}$).

Mit einem Beispiel wird die Berechnung klarer. Die mittlere Außentemperatur beträgt an den sieben Tagen einer Woche 11, 10, 13, 9, 13, 17 und 18 °C. Die Gradtagzahl für diese Woche wird in Deutschland so berechnet:

$$G_{20/15} = (20–11) + (20–10) + (20–13) + (20–9) + (20–13) = 9 + 10 + 7 + 11 + 7 = 44$$

Die letzten beiden Tage liegen über der Heizgrenze und werden nicht berücksichtigt. In Österreich und der Schweiz fallen auch der dritte und der fünfte Tag weg:

$$G_{20/12} = (20–11) + (20–10) + (20–9) = 9 + 10 + 11 = 30$$

Analog kann die Gradtagzahl für einen ganzen Monat oder ein ganzes Jahr berechnet werden. Letzteres hilft dann bei der Berechnung des Jahreswärmebedarfs.

Es gibt noch weitere Berechnungsvarianten. Bei den »Heizgradtagen« nach VDI 3807 wird als Referenztemperatur nicht die gewünschte Raumtemperatur verwendet, sondern die bei 15 °C angesetzte Heizgrenze (ergibt $G_{15/15}$). Weitere Details und Berechnungsbeispiele finden Sie in der Wikipedia:

https://de.wikipedia.org/wiki/Gradtagzahl

Leider führen die meisten dort angegebenen Links mit vorberechneten Gradtagzahlen für diverse Orte ins Leere. CSV-Tabellen mit monatlichen Daten für ausgewählte deutsche Städte finden Sie hier:

https://opendata.dwd.de/climate_environment/CDC/derived_germany/techn/monthly/heating_degreedays/hdd_3807/recent/

Heizlast und Jahresheizwärmebedarf abschätzen

Es gibt im Internet eine Menge Online-Tools, um Heizlast und Jahreswärmebedarf abzuschätzen. Und für diesen Zweck, nämlich als erste Abschätzung, erfüllen diese Tools absolut ihre Aufgabe. Besonders intuitiv zu bedienen ist der Heizrechner des Energieinstituts Vorarlberg. Für Interessierte aus Deutschland oder der Schweiz hat das Programm den Nachteil, dass sie sich beim Wohnort für ein österreichisches Bundesland entscheiden müssen. Trotzdem empfehle ich Ihnen, das Programm einfach auszuprobieren.

https://www.energieinstitut.at/tools/heizrechner

Sehr einfach ist die Abschätzung, wenn es sich um ein Bestandsgebäude handelt, dessen Heizkostenabrechnung Ihnen bekannt ist. Wenn Sie z. B. aktuell eine Heizung mit Gasbrennwerttherme haben, multiplizieren Sie den jährlichen Gasbedarf in kWh mit einem Faktor von 0,9 und kennen sofort Ihren Jahresheizbedarf. Idealerweise berücksichtigen Sie nicht nur die letzte Abrechnung, sondern errechnen einen Durchschnittswert der letzten Jahre, um Ausreißer durch besonders kalte oder milde Winter auszuschließen.

Ähnliche Umrechnungsfaktoren gibt es auch für Öl, Pellets und andere Energieträger (siehe Tabelle 3.2). Wenn Ihre bestehende Heizung also beispielsweise 2300 l Öl pro Jahr braucht, beträgt der Jahresheizwärmebedarf ca. 22.500 kWh. Beachten Sie aber, dass sämtliche Angaben nur Richtwerte sind! Wie viel Heizenergie Ihre Heizung wirklich liefert, hängt auch von deren Wirkungsgrad ab, sowie davon, wie häufig der Kessel unter Voll- oder Teillast läuft. Die direkte Multiplikation von Energiemenge mal Heizwert ergibt deswegen oft einen zu hohen Jahresheizwärmebedarf.

Energieträger	Heizwert
1 kWh Erdgas	ca. 0,9 bis 0,95 kWh
1 m^3 Erdgas	ca. 10,1 kWh
1 l Öl	ca. 9,8 kWh
1 kg Pellets	ca. 4,8 kWh

Tabelle 3.2 Abschätzung von Energiemengen

Wenn keine Heizdaten bekannt sind, wird zur Abschätzung der Heizlast die Wohnfläche mit dem Heizwärmebedarf (HWB) pro Quadratmeter multipliziert. Diese Kennzahl ergibt sich aus der Bauweise und Dämmung des Hauses. Je niedriger sie ist, desto besser. In Österreich muss der Heizwärmebedarf pro Quadratmeter auf dem Energieausweis des Hauses angegeben werden. (Wenn der genaue HWB bekannt ist, wurde der Jahresheizwärmebedarf in der Vergangenheit offensichtlich schon ermittelt. Versuchen Sie, die Berechnungsgrundlagen zu finden!)

Bei älteren Gebäuden fehlt diese Information oft. Sie können anhand von Tabelle 3.3, dem Alter Ihres Hauses und der Ausführung der Dämmung den Heizwärmebedarf abzuschätzen versuchen, etwa so: »Baujahr 2005, Dämmung 14 cm, große, nur zweifachverglaste Fenster, das wird zwischen 70 und 80 liegen. Nehmen wir 75.« Der unwissenschaftliche Charakter dieser Annäherung ist Ihnen sicher klar! Aber wenn Sie Unterstützung von einer Energieberaterin oder einem anderen Experten mit ein paar Jahren Erfahrung haben, liegen derartige Schätzwerte oft verblüffend nahe an der Wahrheit.

Der durchschnittliche Heizwärmebedarf in Deutschland liegt bei rund 160 kWh/m². Neubauten mit guter Dämmung erreichen Werte unter 70 kWh/m² (siehe Tabelle 3.3). Die Tabelle nimmt Bezug auf diverse Baustandards und Verordnungen in Deutschland (EnEV = Energieeinsparverordnung, KfW = Kreditanstalt für Wiederaufbau, zuständig für Förderungen). Ähnliche Werte sind je nach Baujahr auch in Österreich und der Schweiz zu erwarten.

Haustyp	Heizwärmebedarf (HWB)
unsanierter Altbau (1960 bis 1980)	ca. 300 kWh/m²
laut Wärmeschutzverordnung 1977	kleiner 250 kWh/m²
Durchschnitt Deutschland	160 kWh/m²
laut Wärmeschutzverordnung 1982	kleiner 150 kWh/m²
laut Wärmeschutzverordnung 1995	kleiner 100 kWh/m²
Niedrigenergiehaus (EnEV 2002)	kleiner 70 kWh/m²
KfW-Effizienzhaus 70 (EnEV 2009)	kleiner 45 kWh/m²
KfW-Effizienzhaus 55 (EnEV 2009)	kleiner 35 kWh/m²
KfW-Effizienzhaus 40 Plus (EnEV 2014/2016)	kleiner 25 kWh/m²
Passivhaus	kleiner 15 kWh/m²

Tabelle 3.3 Heizwärmebedarf pro Quadratmeter

Nehmen wir an, Sie wissen oder vermuten, dass Ihr Haus einen Heizwärmebedarf von ca. 65 kWh/m² hat. Die Wohnfläche beträgt 157 m². Der Heizwärmebedarf beträgt damit ca. 10.000 kWh pro Jahr. Dazu kommt noch der Warmwasserwärmebedarf für vier Personen:

Heizwärmebedarf:	157 × 65 kWh/a = 10.200 kWh/a
Warmwasserwärmebedarf:	4 × 800 kWh/a = 3200 kWh/a
Gesamtwärmebedarf:	13.400 kWh/a

Heizlast und Jahresheizwärmebedarf exakter ermitteln

Wenn Sie drei Schätz-Tools oder Online-Rechner verwenden, werden Sie drei unterschiedliche Ergebnisse erhalten. Je näher es Richtung Realisierung geht, desto dringlicher ist eine fachgerechte Ermittlung der Heizlast und des Heizwärmebedarfs. Idealerweise wissen Sie bereits, wie das Heizungssystem aussehen soll (Größe und Ort der Heizkörper, Ausführung der Fußboden- oder Wandheizung). Dann beauftragen Sie die Durchführung eines hydraulischen Ausgleichs, dessen Ergebnisse auch die Heizlast des ganzen Hauses beinhalten. Die Vorgehensweise ist in Normen festgeschrieben, unter anderen in der Europäischen Norm (EN) 12831 und der Deutschen Industrienorm (DIN) 4108. Je nach Bauvorhaben oder angesuchter Förderung müssen Sie nicht nur die Endergebnisse der Berechnung vorweisen, sondern auch eine Dokumentation über den Ermittlungsprozess.

Zur Berechnung der Heizlast verwendet Ihre Installateurfirma oder Ihr Energieberater eine spezielle Software. Diese wird unter anderem mit den folgenden Daten gefüttert:

- Lage des Hauses (Normaußentemperatur, Gradzahltage etc.)
- Wohnfläche und Volumen des Hauses
- Wärmedurchgangskoeffizienten (U-Werte) für Außenwände, Fenster, Türen, Dach und Kellerdecke
- Auflistung aller Zimmer samt Größe, Wunschtemperatur und geplanter Nutzung (Küche, Bad, Wohnzimmer, Schlafzimmer)
- Fläche, Aufbau und Zusammensetzung der Außenhülle

Nicht in der EN 12831 vorgesehen, aber von modernen Berechnungsverfahren dennoch berücksichtigt werden die folgenden Parameter:

- Speichermassen (z. B. Betondecken)
- Zusätzliche Wärmequellen, z. B. Betrieb von Haushaltsgeräten und Lampen, solare Gewinne durch Sonneneinstrahlung bei Fenstern oder Solarthermie zur Warmwassererwärmung
- Belüftungssystem mit/ohne Wärmerückgewinnung

Bei Altbauten können die U-Werte der Außenhülle teilweise nur abgeschätzt werden. Hilfreich ist dabei die folgende Datenbank:

http://www.altbaukonstruktionen.de

Zur Berechnung des Energiebedarfs für die Warmwassererwärmung muss bekannt sein, wie viele Personen das Haus bewohnen. Ein Richtwert für den Jahreswasserwärmebedarf sind 800 kWh pro Person. Sofern das Warmwasser in einem Boiler gespeichert oder über einen Puffer erwärmt wird, reicht eine zusätzliche Heizleistung von ca. 200 W pro Person. (Bei einer Gastherme, die das Wasser im Durchlaufverfahren erhitzt, muss die Heizleistung dagegen viel höher sein.)

Es geht nicht um die dritte Nachkommastelle!

Egal, welche Normen Sie berücksichtigen, wie viele Parameter Sie einbeziehen: Ganz exakt können derartige Berechnung nie sein! Mit der Zeit ändern sich die Nutzung (Kinder kommen hinzu oder ziehen aus, ein Kinderzimmer wird zum Gästezimmer oder Büro etc.), der Zustand des Hauses (Austausch der Fenster) und das Klima.

Außerdem wird die Wärmepumpe nie exakt der Heizlast entsprechen. Nehmen wir an, es ergibt sich eine Heizlast von 7850 W. Der Wärmepumpenhersteller Ihrer Wahl bietet zwei Modelle an, eines mit 7 kW Leistung, das andere mit 9,5. Reicht das kleinere Modell? Oder wollen Sie lieber etwas Reserve? Auf diese Fragen gehe ich im nächsten Abschnitt ein.

3.8 Auswahl der Wärmepumpe

Sie wissen jetzt, welche Heizlast Ihr Haus hat, und Sie haben sich dazu entschlossen, die Heizung auf eine Wärmepumpe umzustellen. Jetzt steht die letzte Frage an: Welche Wärmepumpe soll es denn sein? In diesem Abschnitt gebe ich Ihnen diesbezüglich einige Empfehlungen – wohl wissend, dass die Markenauswahl stark durch Ihre Installateurfirma mitbestimmt wird: Die meisten Firmen arbeiten intensiv mit einem oder maximal zwei Wärmepumpenherstellern zusammen.

Wenn Sie ein Produkt eines anderen Herstellers wünschen, werden Sie auf wenig Begeisterung stoßen. Tatsächlich macht das Beharren auf wenige Hersteller Sinn: Jedes Fabrikat verhält sich ein wenig anders. Die Installationsfirma spart Zeit (und letzten Endes Ihr Geld), wenn einmal erlernte und bewährte Abläufe wiederholt werden. Natürlich können Sie trotzdem versuchen, den Fachbetrieb von Ihrem Wunschmodell zu überzeugen – oder einen anderen Betrieb kontaktieren.

Beispieldaten

Die Berechnung der Heizlast hat einen Wert von 6700 W ergeben (ohne Warmwasser). Für den Vierpersonenhaushalt rechnen Sie weitere 800 W Leistung für die Warmwasserbereitung hinzu. Der Energieversorger sieht Sperrzeiten von bis zu zwei Stunden vor, also rund 8 % eines Tages. Auch wenn es unwahrscheinlich ist, dass diese Zeiten tatsächlich ausgeschöpft werden, erhöhen Sie die Leistung um diese 8 % Prozent.

Heizlast: (6700 + 200 × 4) × 1,08 W = 8100 W

Der Jahreswärmebedarf ohne Warmwasser wurde mit 13.500 kWh berechnet. Dazu kommt der Warmwasserwärmebedarf von ca. 800 kWh pro Person:

Gesamtwärmebedarf: 13.500 + 4 × 800 kWh/a = 16.700 kWh

Art der Wärmepumpe

Wollen Sie eine Luft-, Erd- oder Wasserwärmepumpe einsetzen? Und, falls Erdwärme: Mit Flächenkollektoren oder Tiefenbohrung?

Ganz oft haben Sie wenig Wahl: Gerade bei einer Bestandssanierung fehlt oft der Platz, um eine Tiefenbohrung durchzuführen oder Flächenkollektoren zu verlegen. Noch unwahrscheinlicher ist, dass geeignete Grundwasservoraussetzungen für eine Wasserwärmepumpe gegeben sind. Dann ist dieser Punkt rasch abgehakt: Es wird eine Luftwärmepumpe.

Die Errichtung einer Luftwärmepumpe scheitert nur in seltenen Fällen an den Lärmschutzvorschriften. (Moderne Wärmepumpen sind ziemlich leise.) Wesentlich problematischer ist die Regel, wonach eine Wärmepumpe mindestens 3 m von der Grenze zum Nachbarn entfernt sein muss. Diese Regel ist z. B. bei Reihenmittelhäusern mit 6 m Breite nicht einzuhalten.

Bei einem Neubau oder beim Vorliegen eines großen Gartens haben Sie mehr Optionen. Grundsätzlich gilt: Bei Erd- und Wasserwärmepumpen sind die Errichtungskosten höher, die laufenden Kosten wegen des Wärmegewinns durch die Jahresarbeitszahl aber niedriger. An sich müssen Sie nur die Lebenszykluskosten für – sagen wir – 20 Jahre ausrechnen, und Sie wissen, welches die kostengünstigste Variante ist.

Ganz so einfach ist es aber nicht: Die Rechnung hängt einerseits vom Strompreis ab, der sich in den nächsten 20 Jahren unvorhersehbar ändern wird. Ich habe hier mit 32 ct/kWh gerechnet. Andererseits müssen Sie für jede Variante eine Jahresarbeitszahl ansetzen, deren exakter Wert aber unbekannt ist und erst nach ein, zwei Betriebsjahren klar wird. Tabelle 3.4 trifft also unsichere Annahmen. (Bei den Errichtungskosten wurde nur die Wärmepumpe an sich berücksichtigt, nicht die Kosten für die restliche Heizungsanlage, die bei allen Varianten gleich ist. Auf die Berücksichtigung von Wartungskosten habe ich ebenfalls verzichtet, wiederum unter der Annahme, dass diese bei allen drei Varianten gleich sind.)

	Errichtungskosten	Erwartete JAZ
Luftwärmepumpe	15.000 €	3,1
Erdwärmepumpe mit Flächenkollektoren	20.000 €	3,6
Erdwärmepumpe mit Tiefenbohrung	26.000 €	3,9

Tabelle 3.4 Eckdaten für die Beispielrechnung

Bei einem Zeitraum von 20 Jahren ergeben sich folgende Lebenszykluskosten:

Luftwärmepumpe: 15.000 + 16.700 / 3,1 × 0,32 × 20 = 49.500 €

Erdwärmepumpe (Flächenkollektoren): 20.000 + 16.700 / 3,6 × 0,32 × 20 = 49.700 €

Erdwärmepumpe (Tiefenbohrung): 26.000 + 16.700 / 3,9 × 0,32 × 20 = 53.400 €

Demnach würden Luftwärmepumpe und Erdwärmepumpe mit Flächenkollektoren etwa gleichauf liegen. Die Erdwärmepumpe mit Tiefenbohrung lohnt sich erst, wenn ein deutlich größerer Durchrechenzeitraum gewählt wird.

Selbstverständlich müssen Sie den Vergleich mit eigenen Daten durchführen. Mir ist es an dieser Stelle nur darum gegangen, den Rechenweg zu zeigen. Am schwierigsten ist die realistische Abschätzung der Jahresarbeitszahl. Diese hängt von der erforderlichen Vorlauftemperatur der Heizung ab, vom Warmwasseranteil am Gesamtwärmebedarf sowie von den metereologischen bzw. geologischen Bedingungen am Wohnort. Ich habe hier mit eher konservativen Werten gerechnet. Bei optimalen Bedingungen (gut gedämmter Neubau, perfekt abgestimmte Heizungsinstallation, günstige klimatische Verhältnisse etc.) können Sie mit allen drei Wärmepumpenarten auch eine höhere Jahresarbeitszahl erzielen.

Losgelöst von der rein ökonomischen Sichtweise fasse ich nochmals die wichtigsten Vor- und Nachteile der verschiedenen Wärmepumpenarten zusammen (siehe auch Kapitel 2):

- **Luftwärmepumpe:** Vorteile: billiger, vergleichsweise einfache Errichtung
  Nachteile: Lärm, niedrige Effizienz im Winter (speziell bei hoher Luftfeuchtigkeit)
- **Erdwärmepumpe:** Vorteile: höhere Jahresarbeitszahl, leise, passive Kühlfunktion
  Nachteile: teuer, bei Tiefenbohrung geologisches Gutachten erforderlich
- **Wasserwärmepumpe:** Vorteile: noch höhere Jahresarbeitszahl, leise, passive Kühlfunktion
  Nachteile: Genehmigungsverfahren notwendig, kann austrocknen

Leistung

Die erforderliche Leistung der Wärmepumpe ergibt sich relativ direkt aus der Heizlast. Dabei müssen auch eventuelle Sperrzeiten sowie die Heizlast für das Warmwasser berücksichtigt werden.

In aller Regel werden Sie keine Wärmepumpe finden, die *exakt* die richtige Leistung hat. Fast immer müssen Sie sich zwischen einem Modell mit zu wenig und einem anderen mit zu viel Leistung entscheiden. Hier ist guter Rat teuer. Zuerst ein paar Argumente, die für das leistungsstärkere Modell sprechen:

- Die meisten modernen Wärmepumpen arbeiten modulierend, können also die Leistung gut an den tatsächlichen Bedarf anpassen.
- Auch wenn Sie einen Puffer verwenden, ist zu viel Leistung kein großes Problem: Die Wärmepumpe lädt den Speicher voll und schaltet sich dann eben für eine Weile aus.
- Ein wenig Reserve, z. B. für einen späteren Dachbodenausbau oder zusätzliche Familienmitglieder (Warmwasser!), kann nicht schaden.
- Etwas Leistungsreserve ist auch praktisch, wenn die Wärmepumpe bei hoher Luftfeuchtigkeit und Temperaturen knapp über 0 °C immer wieder enteist werden muss und dann für eine Weile keine Wärme liefert.
- Um bei der Luftwärmepumpe zu bleiben: Wenn diese nur ganz selten unter Volllast laufen muss, ist sie leiser.

Für das leistungsschwächere Modell spricht:

- Es ist höchstwahrscheinlich spürbar billiger und ökologischer, sowohl in der Anschaffung als auch im Betrieb.
- Die Außeneinheit ist möglicherweise kleiner und stört optisch weniger.
- Die Heizlast wird immer für den Extremfall berechnet. Dieser tritt aber nur ganz selten ein.
- In der Vergangenheit wurden Heizungen fast immer überdimensioniert – und die Gefahr ist groß, dass Ihnen das auch passiert. Das beginnt bei einer zu pessimistischen Heizlastberechnung und endet bei der Angst sowohl des Hausherrn als auch der Installationsfirma, das Haus könnte zum Schluss zu kalt sein.

Sonstige Faktoren

Bei der Auswahl des Herstellers bzw. des konkreten Modells sollten Sie auch einen Blick auf die folgenden Faktoren werfen:

- **Kennzahlen:** Wie sehen die technischen Daten aus? Vergleichen Sie insbesondere die Leistungszahl und den SCOP-Wert für die von Ihnen benötigte Vorlauftemperatur.

Aktuell etablieren sich neue Firmen, deren Modelle nennenswert höhere SCOP-Werte versprechen als etablierte Hersteller. Besonders viel Aufmerksamkeit haben zuletzt die Luftwärmepumpen der österreichischen Firma Lambda auf sich gezogen (*https://lambda-wp.at*). Die Wärmepumpen erreichen eine Effizienzzahl (SCOP) größer 5,5 bei mittlerem Klima für Niedertemperaturanwendungen. Im Herbst 2023 gab es in der BAFA-Förderdatenbank keine andere Heizungsluftwärmepumpe mit einem derart hohen Wirkungsgrad. Zuletzt waren diese Wärmepumpen aber kaum lieferbar.

Vom deutschen Bundesamt für Wirtschaft und Ausfuhrkontrolle (BAFA) gibt es eine Liste aller förderfähigen Wärmepumpen mit einer Zusammenfassung der wichtigsten technischen Daten:

https://www.bafa.de/SharedDocs/Downloads/DE/Energie/beg_waermepumpen_pruef_effizienznachweis.html

- **Lautstärke:** Achten Sie bei Luftwärmepumpen unbedingt auf die Lärmentwicklung. Wie hoch ist die Schallleistung? Gibt es eine Nachtabsenkung, die einen leiseren Betrieb ermöglicht?
- **Kältemittel:** Wie umweltfreundlich ist das Kältemittel? Wärmepumpen, die Propan als Kältemittel verwenden, sind vorzuziehen.
- **Kühlfunktion:** Viele Wärmepumpen können im Sommer auch zum Kühlen verwendet werden. Auf dieses Thema gehe ich in Kapitel 4, »Kühlen mit Wärmepumpen«, näher ein. Mit der Kühlfunktion schränkt sich die Auswahl etwas ein, zudem sind die entsprechenden Modelle teurer. Es lohnt sich nun auch der Blick auf die Leistungszahl beim Kühlen.

  Beachten Sie, dass die Kühlfunktion von Anfang an mitgeplant werden muss! Das betrifft nicht nur die Wärmepumpe, sondern auch den Puffer, die Warmwasserversorgung und andere Komponenten der Heizungsanlage.
- **Preis:** Naturgemäß ist auch der Preis ein wichtiges Kriterium. Der Preisvergleich ist allerdings schwierig, weil Sie konkrete Preise oft nur im Rahmen eines Angebots erhalten. Und selbst im Angebot ist der Preis der Wärmepumpe oft nicht explizit aufgeschlüsselt. Ärgerlicherweise ist der Wärmepumpenmarkt diesbezüglich sehr intransparent.

  Da immer mehr Hersteller in den Wärmepumpenmarkt drängen, besteht die Hoffnung, dass Wärmepumpen in den kommenden Jahren preisgünstiger werden. Beachten Sie aber, dass die Wärmepumpe nur einen Teil der Kosten verursacht. Gehen Sie unbedingt billigen bzw. veralteten Geräte mit nur mittelmäßigen technischen Daten, kurzen Garantiezeiten und schlechtem Support aus dem Weg! Kurzfristig geringeren Investitionskosten stehen dann oft höhere Betriebs- und Wartungskosten gegenüber.

3.9 Online-Hilfen und -Werkzeuge

Das Internet ist voll von Seiten, die Informationen rund um Wärmepumpen und Heizungstechnik offerieren. Manche Seiten haben eindeutig einen kommerziellen Hintergrund (das muss durchaus nicht negativ sein), andere dienen eher als Diskussionsforum zum Wissensaustausch.

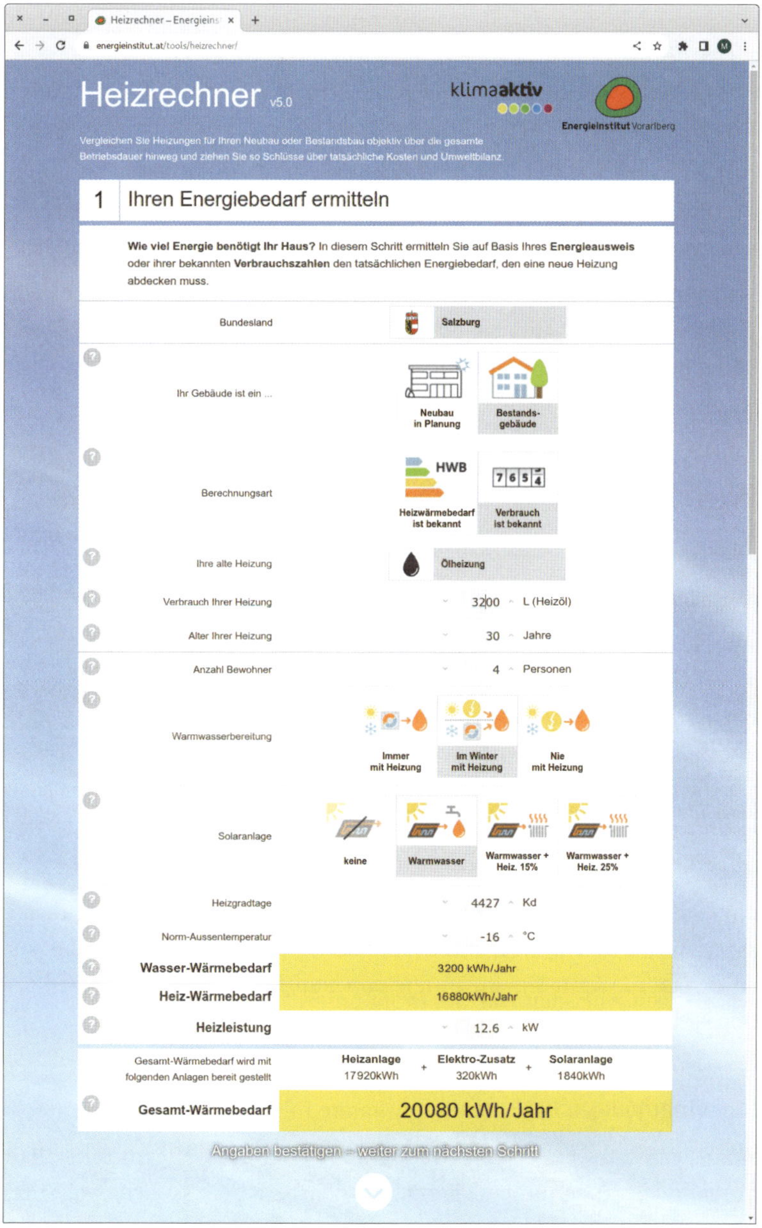

Abbildung 3.8 Online-Rechner zur Abschätzung von Heizlast und Gesamtwärmebedarf

An dieser Stelle habe ich Links zu einigen besonders hilfreiche Seiten zusammengefasst, die sich mit der Dimensionierung von Wärmepumpen und der Berechnung der Heizlast auseinandersetzen.

https://www.energieinstitut.at/tools/heizrechner (siehe Abbildung 3.8)
https://www.ibo-plan.de/heizlastberechnung.html
(enthält Links zu mehreren alternativen Verfahren zur Heizlastberechnung)
https://ingenieurbuero-heckmann.de/referenzwaermepumpe
https://www.haustec.de/heizung/waermepumpen/waermepumpen-effizient-auslegen-schritt-fuer-schritt-zum-ziel
https://www.heiz.report/de

Wärmepumpen-Vergleichstabellen und Videos

Falko Schling hat sich umfassend mit dem Vergleich technischer Daten diverser Wärmepumpen auseinandergesetzt und dazu sehr informative YouTube-Videos veröffentlicht. Auf seiner Website gibt es eine umfassende Vergleichstabelle vieler marktüblicher Modelle (Button »WP-Ranking«).

https://www.bonotos.com
https://www.youtube.com/@bonotos

Vergleichbare Videos und Tabellen gibt es auch von Alex Boerger:

https://schlau-energiesparen.de/
https://www.youtube.com/@schlauenergiesparen

Foren

Ich habe versucht, in diesem Kapitel die wichtigsten Begriffe und Konzepte der Haustechnik zu erläutern, soweit sie im Kontext von Wärmepumpen relevant sind. Dabei stellt sich immer die Frage nach dem richtigen Maß: Für manche Leser oder Leserinnen sind die hier präsentierten Informationen vielleicht schon zu viel, andere würden sich mehr wünschen.

Dieses Buch kann schon aus Platzgründen keine allumfassende Einführung in die Haustechnik geben, noch viel weniger eine Ausbildung zum Installateur oder zur Energieberaterin ersetzen. Wenn Sie auf Ihnen unbekannte Fachbegriffe oder Konzepte stoßen, empfehle ich Ihnen eine Suche in den beiden folgenden Foren:

https://www.haustechnikdialog.de/Forum/46/Haustechnikforum
https://www.energiesparhaus.at/forum/forum

Sie werden dort auf versiertes Expertenwissen stoßen, aber auch auf mitunter stur und einseitig vorgebrachte Meinungen. Trotzdem glaube ich, dass sich zwei, drei auf diesen Foren investierte Stunden Zeit absolut lohnen – alleine schon, um neue

Denkansätze kennenzulernen. Ein Problem besteht allerdings darin, dass es in den Forenbeiträgen von Abkürzungen wimmelt (siehe Tabelle 3.5).

Kürzel	Bedeutung
AG	Ausdehnungsgefäß
AT	Außentemperatur
BKA	Betonkernaktivierung
BTA	Bauteilaktivierung
BWWP	Brauchwasserwärmepumpe (= Warmwasserwärmepumpe)
DLE	Durchlauferhitzer
EEG	Erneuerbare-Energien-Gesetz
EFH	Einfamilienhaus
ERR	Einzelraumregelung (= Zonenregelung)
FBH	Fußbodenheizung
FriWa	Frischwasserstation
HK	Heizkörper
JAZ	Jahresarbeitszahl
KfW	Kreditanstalt für Wiederaufbau (Förderungen in Deutschland)
KWL	kontrollierte Wohnraumlüftung
LLWP	Luft-Luft-Wärmepumpe
LWWP	Luft-Wasser-Wärmepumpe
PV	Photovoltaik
RL	Rücklauf
RT	Raumtemperatur
SWWP	Sole-Wasser-Wärmepumpe
UP	Umwälzpumpe
VL	Vorlauf
WH	Wandheizung
WP	Wärmepumpe
WRG	Wärmerückgewinnung

Tabelle 3.5 Abkürzungen rund um die Themen Wärmepumpen und Heizungstechnik

Kürzel	Bedeutung
WT	Wärmetauscher
WW-Speicher	Warmwasserspeicher
WWWP	Warmwasserwärmepumpe
ZR	Zonenregelung (= Einzelraumregelung)

Tabelle 3.5 Abkürzungen rund um die Themen Wärmepumpen und Heizungstechnik (Forts.)

Kapitel 4
Kühlen mit Wärmepumpen

Die primäre Aufgabe von Wärmepumpen ist eigentlich das Heizen. Allerdings habe ich Ihnen in Kapitel 2, »Grundlagen und Funktionsweise«, schon erklärt, dass Heizen und Kühlen einfach zwei unterschiedliche Sichtweisen auf den Prozess sind: Auf einer Seite wird Energie entzogen, dort wird es kühler (außen), dafür kommt auf der anderen Seite Wärme dazu (innen).

Es ist also naheliegend, die Prozessrichtung umzudrehen und die Wärmepumpe auch als Klimaanlage zu verwenden. Besonders populär ist dieses Konzept bei Luft-Luft-Wärmepumpen. Solche Geräte sind zumeist primär als Klimaanlagen gedacht; sie können aber – quasi als Zusatzfunktion – auch heizen (siehe Abschnitt 2.7, »Luft-Luft-Wärmepumpe (Heizen mit der Klimaanlage)«). Umgekehrt werden viele moderne Heizungswärmepumpen inzwischen mit einer Kühlfunktion konzipiert.

In diesem Kapitel erläutere ich Ihnen kurz die technischen Grundlagen dieser Doppelfunktion. So viel vorweg: Die Realisierung ist deutlich komplexer, als es auf den ersten Blick erscheint. Bei Erdwärmepumpen gibt es sogar zwei unterschiedliche Arten der Kühlung, eine passive und eine aktive. Außerdem gehe ich darauf ein, wo die Grenzen der Anwendung einer Wärmepumpe als Klimaanlage liegen.

Um die wichtigste Botschaft gleich an den Beginn zu stellen: Wenn Sie erwägen, Ihre Wärmepumpe auch als Klimaanlage zu nutzen, müssen Sie dies von Anfang an planen. Das beginnt mit der Auswahl einer geeigneten Wärmepumpe (nicht jede Wärmepumpe kann kühlen!) und endet bei der Wärmeübertragung: Konvektionsheizkörper sind ungeeignet, und selbst die Fußbodenheizung ist nicht ganz ideal. Perfekt wären in die Decke integrierte Kühlschleifen.

4.1 Aktive und passive Kühlung

Die technischen Voraussetzungen für die Kühlung per Wärmepumpe hängen davon ab, ob Sie eine Luft- oder Erdwärmepumpe verwenden. Ich beginne hier mit der Luftwärmepumpe (genau genommen mit der Luft-Wasser-Wärmepumpe), also mit dem gebräuchlichsten Typ einer Heizungswärmepumpe. In der Folge gehe ich auf Erdwärmepumpen ein. Außerdem erkläre ich Ihnen, wie sich die Kühlfunktion mit der Warmwassererwärmung unter einen Hut bringen lässt.

Kühlen mit einer Luft-Wasser-Wärmepumpe

Die Kühlfunktion einer Luft-Wasser-Wärmepumpe setzt voraus, dass der Kältemittelkreislauf umgedreht werden kann (siehe Abbildung 4.1). Der Kompressor verdichtet das Kältemittel immer in die gleiche Richtung. Der Kältemittelkreislauf ist über ein Vierwegeventil mit dem Kompressor verbunden. Im Heizbetrieb erwärmt das erhitzte Kältemittel über einen Wärmetauscher im Kondensator das Wasser des Heizungskreislaufs. Über ein Expansionsventil wird es stark abgekühlt, entzieht dann im Verdampfer der Außenluft Wärme und kommt wieder zum Kompressor.

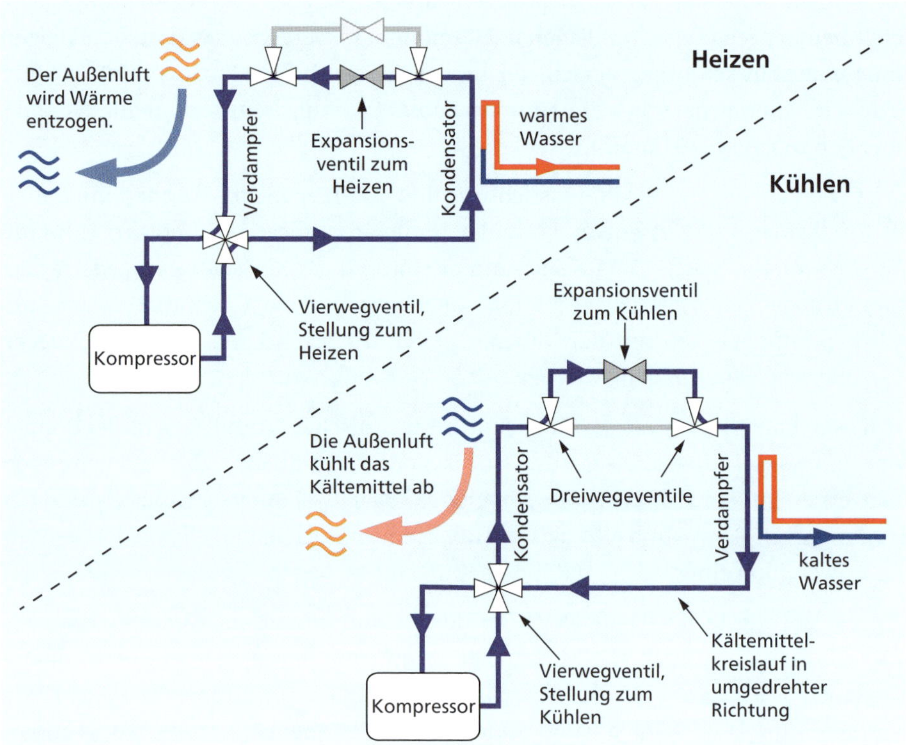

Abbildung 4.1 Bei einer Luft-Wasser-Wärmepumpe mit Kühlfunktion wird der Kältemittelkreislauf je nach Funktion umgedreht.

Zum Kühlen wird das Vierwegeventil umgestellt. Im Kondensator wird das durch den Kompressor erhitzte Kältemittel durch die Außenluft abgekühlt. (Beachten Sie, dass Verdampfer und Kondensator vertauscht sind! Der Wärmetauscher, der beim Heizbetrieb als Verdampfer arbeitet, fungiert im Kühlbetrieb als Kondensator.) Ein Dreiwegventil leitet das Kältemittel zu einem zweiten Expansionsventil, das mit dem umgekehrten Kältemittelfluss zurechtkommt. Beim Verdampfer entzieht das an dieser Stelle sehr kalte Kältemittel dem Heizwasserkreislauf Wärme. Das Wasser für die Fußbodenkühlung wird so auf etwa 18 °C abgekühlt.

Diese Art der Kühlung wird »aktive Kühlung« genannt, weil der Kältemittelkreislauf der Wärmepumpe genutzt wird. Sowohl der Kompressor als auch der Ventilator für den Außenluftwärmetauscher laufen. Die als Klimaanlage genutzte Wärmepumpe verbraucht daher ähnlich viel Strom wie beim Heizen.

Erdwärmepumpe mit Tiefenbohrung

Exakt die gleiche aktive Vorgehensweise ist auch bei einer Erdwärmepumpe möglich. Durch eine Umdrehung des Kältemittelkreislaufs wird dem Heizungswasser Wärme entzogen und diese dem Erdreich zugeführt.

Oft reicht aber eine wesentlich energiesparendere Vorgehensweise aus, die sogenannte »passive Kühlung« (siehe Abbildung 4.2). Sie macht sich zunutze, dass das Erdreich zwar wärmer ist als die winterliche Außenluft, aus sommerlicher Perspektive aber dennoch kühl: 50 m unter der Erde herrschen ziemlich konstant Temperaturen von 10 °C. Je tiefer die Bohrung geht, desto wärmer wird es. Aber selbst bei 200 m Tiefe sind lediglich Temperaturen von ca. 15 °C zu erwarten (außer es gibt thermale Quellen). Zudem ist das Erdreich vom winterlichen Betrieb der Wärmepumpe ausgekühlt und – zumindest in unmittelbarer Nähe der Tiefensonde – noch kälter als thermisch ungenutztes Erdreich.

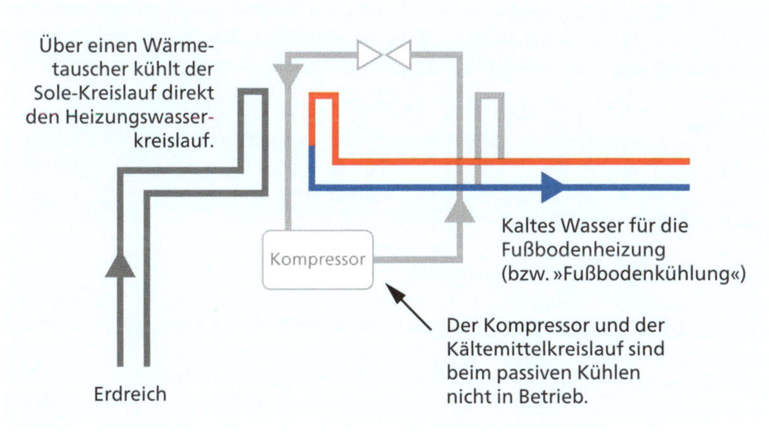

Abbildung 4.2 Passive Kühlung mit einer Erdwärmepumpe

Es liegt daher nahe, den Solekreislauf über einen Wärmetauscher *direkt* mit dem Heizwasserkreislauf in Verbindung zu bringen, also ohne den Kältemittelkreislauf zu aktivieren. Der Kompressor, der bei Weitem am meisten Strom benötigt, bleibt außer Betrieb. Es müssen lediglich die Umwälzpumpen für den Solekreislauf und das Heizungswasser betrieben werden. Der Strombedarf ist sehr klein im Vergleich zum normalen Betrieb der Wärmepumpe (auch wenn die Bezeichnung »passiv« natürlich auch nicht ganz zutreffend ist). Auf jeden Fall ist diese Art der Hauskühlung energiesparender als jede herkömmliche Klimaanlage.

Gegenmaßnahme zur Auskühlung des Erdreichs

Beim Betrieb von Wärmepumpen mit Tiefensonden kann es über die Jahre zu einer Auskühlung des Erdreichs kommen (siehe auch Abschnitt 2.5, »Sole-Wasser-Wärmepumpe (Erdwärmepumpe)«). Indem Sie Ihre Wärmepumpe im Sommer zum Kühlen verwenden (egal, ob aktiv oder passiv), verhindern oder verlangsamen Sie diese Auskühlung. Sie haben also einen doppelten Nutzen: Ihr Haus bleibt kühl, und die Jahresarbeitszahl Ihrer Wärmepumpe lässt über die Jahre nicht nach.

Grundsätzlich ist eine passive Kühlung auch bei einer Erdwärmepumpe mit Flächenkollektoren denkbar. 1,5 m unter der Erdoberfläche sind im Sommer Temperaturen zwischen 13 und 16 °C zu erwarten, im Verlauf eines heißen Sommers tendenziell eher mehr. Das reicht zum passiven Kühlen gerade noch aus. Viel Temperaturspielraum haben Sie aber nicht, d. h., die Kühlwirkung wird im Vergleich zu einer Tiefensonde geringer sein. Je tiefer die Flächenkollektoren verlegt sind, desto besser!

Wasserwärmepumpe

Für eine Wasserwärmepumpe gelten im Prinzip die gleichen Voraussetzungen wie bei einer Erdwärmepumpe: Sofern die Wärmepumpe dies vorsieht, ist sowohl eine passive als auch eine aktive Kühlung möglich. Sie nutzen also die natürliche Kälte des Grundwassers aus dem Förderbrunnen und speisen etwas erwärmtes Wasser im Schluckbrunnen wieder ein.

Integration mit der Warmwasserversorgung

Selbst wenn Sie es in Ihren Wohnräumen gerne kühl haben, brauchen Sie auch im Sommer warmes Wasser zum Waschen und Duschen. Die Wärmepumpe kann aber nicht gleichzeitig kühlen *und* heizen. Die einfachste Lösung besteht darin, dass die Wärmepumpe stundenweise die Betriebsart wechselt: Beim Heizen wird der Warmwasserboiler erwärmt (siehe Abbildung 3.3); beim Kühlen ist der Kreislauf für die Fußbodenheizung in Betrieb.

Ein Ausschlusskriterium ist ein gemeinsamer Puffer, der sowohl den Heizungskreislauf speist als auch zur Warmwasserversorgung dient – sei es als Hygienespeicher oder über eine Frischwasserstation. Der einfachste Ausweg ist ein »Bypass«, also die Möglichkeit, im Sommer das Kühlwasser direkt von der Wärmepumpe in den Fußbodenkreislauf zu leiten. Damit ist der Puffer im Sommer ausschließlich für das

Warmwasser zuständig. Der Bypass erhöht allerdings die Komplexität des Heizungssystems und seiner Steuerung.

Denkbar, aber wohl nur in ganz seltenen Fällen sinnvoll, sind zwei getrennte Puffer für das Warmwasser sowie für den Fußbodenkreislauf (im Winter zum Heizen, im Sommer zum Kühlen). Ich bleibe bei meiner Empfehlung aus Abschnitt 3.5, »Pufferspeicher«: Wenn es keine zwingenden Gründe gibt, sollten Sie auf Puffer möglichst verzichten.

4.2 Keine »echte« Klimaanlage

Womöglich habe ich Sie schon von der Genialität der Kühlfunktion der Wärmepumpe überzeugt. Lesen Sie noch weiter, bevor Sie den Kaufvertrag unterschreiben! Auch wenn das Konzept an sich gut ist, leidet die Kühlfunktion per Wärmepumpe unter zwei fundamentalen Einschränkungen: dem Ort der Kühlung (oft die Fußbodenheizung) und der Luftfeuchtigkeit.

Kühlung über die Heizung

»Gewöhnliche« Klimaanlagen werden an der Decke oder oberhalb der Fenster montiert. Sie stoßen kühle, entfeuchtete Luft aus, die nach unten sinkt. Die Zugluft und der Lärm stören, davon abgesehen funktioniert diese Vorgehensweise ausgezeichnet.

Wenn Sie dagegen per Wärmepumpe kühlen, verwenden Sie normalerweise das Heizungssystem zum Kühlen. Das ist mit Nachteilen verbunden:

- **Konvektionsheizkörper** sind zum Kühlen zu klein und ungeeignet. Es besteht die Gefahr, dass an den Heizkörper Wasser kondensiert. (Zur Not können Sie unterhalb der Heizung Kondensatschalen aufstellen und die Heizkörper mit Lüftern kombinieren. Die resultierende Lösung ist dem Wohnklima aber nicht zuträglich.)
- Am häufigsten kommen zum Kühlen per Wärmepumpe die Schleifen der **Fußbodenheizung** zum Einsatz. Die Fußbodenheizung wird damit zur **Fußbodenkühlung**. Diese Art der Kühlung funktioniert, wenn auch nicht perfekt: Erstens fühlen sich die Böden nun barfuß unangenehm kalt an. Zweitens wird die Raumluft nach oben hin wärmer. (Kalte Luft sinkt ab, warme Luft steigt auf.)
- Für das Raumklima deutlich besser wäre die Kühlung per **Wandheizung** (ergibt eine **Wandkühlung**). Wenn Sie also einen Neubau oder eine große Sanierung planen, ist die Kühlfunktion ein weiteres Argument, das für die Wandheizung spricht – zumindest für manche Wände.

Der Idealfall zum Kühlen wären in die Decke integrierte Kühlkreisläufe – also quasi eine Fußbodenheizung an der Unterseite der Zimmerdecke statt an der Oberseite im

Estrich. In Bürogebäuden kommt die **Deckenkühlung** manchmal zum Einsatz. In privaten Häusern scheitert die Deckenkühlung meistens an den hohen Kosten. Nicht nur die Verlegung der Kühlschleifen ist teuer, auch die Integration mit dem Heiz- bzw. Kühlsystem wird komplexer: Es gibt nun zwei voneinander getrennte Kreisläufe für die Heizung bzw. die Kühlung. Über Ventile muss sichergestellt werden, dass für jeden Zweck die richtigen Leitungen verwendet werden. Die Kühlkreisverteiler benötigen zusätzlichen Platz usw.

Probleme mit der Luftfeuchtigkeit

Eine »richtige« Klimaanlage reduziert auch die Luftfeuchtigkeit. Das ist deswegen notwendig, weil warme Luft – gerade im Sommer – sehr viel Wasserdampf aufnimmt. Wird die Luft nur abgekühlt (aber nicht entfeuchtet), steigt die relative Luftfeuchtigkeit. Die relative Luftfeuchtigkeit wird daran gemessen, wie viel Feuchtigkeit die Luft maximal aufnehmen kann. Bei 30 °C sind das etwa 30 g pro m³, bei 25 °C aber nur noch 23 g/m³.

Dazu ein Beispiel: Bei 30 °C und 70 % Luftfeuchtigkeit enthält die Luft 21,3 g Wasser. Wird die Lufttemperatur auf 25 °C abgesenkt, steigt die Luftfeuchtigkeit auf 92 %. (Absolut enthält die Luft weiterhin 21,3 g Wasser. Aber bei 25 °C kann die Luft weniger Wasser aufnehmen. Deswegen ist die relative Feuchtigkeit jetzt höher.)

Eine hohe relative Luftfeuchtigkeit wird nicht nur als sehr unangenehm empfunden, sie führt auch dazu, dass an kalten Oberflächen – z. B. an einem Wasserhahn – Wassertropfen entstehen. Das Wasser in der Luft kondensiert also.

Bei einem per Fußbodenheizung gekühlten Raum ist die kälteste Oberfläche der Boden. Sie dürfen den Boden also nur soweit kühlen, dass kein Kondenswasser entsteht. Andernfalls riskieren Sie Schimmel und Schäden am Fußboden.

Rund um den Heizkreisverteiler (der jetzt ein Kühlkreisverteiler ist) lässt sich ein gewisses Maß an Kondenswasser praktisch nicht vermeiden. Die Leitungen bzw. die glatten Oberflächen des Verteilers »schwitzen«, weil deren Temperatur kleiner als der »Taupunkt« ist. (Der Taupunkt ist die Temperatur, bei dem die Kondensation beginnt. Am Taupunkt beträgt die relative Luftfeuchtigkeit 100 %.) Sie müssen aufpassen, dass an diesen Stellen kein Wasser tropft oder die Wände feucht macht.

Entlüftungsgerät und Gebläsekonvektoren

Mit einem Entlüftungsgerät können Sie die Luftfeuchtigkeit gezielt reduzieren. Diese Geräte sind aber ziemlich laut und brauchen viel Strom. Ihr Einsatz ist daher wirklich nur eine Notlösung.

Quasi das Nonplusultra zur Kühlung per Wärmepumpe sind an der Decke montierte Gebläsekonvektoren (*Fancoils*). Sie verteilen kalte Luft ähnlich wie die Innengeräte von herkömmlichen Klimaanlagen und kümmern sich idealerweise auch um die Entlüftung. Der Einsatz solcher Geräte ist allerdings mit hohen Investitionskosten verbunden. Viele der in diesem Kapitel genannten Vorteile der Kühlung per Wärmepumpe (geringe Kosten, keine Zugluft, kein Lärm, keine hässlichen Geräte) gehen damit verloren.

Kühlen mit angezogener Handbremse

Wegen des Kondensatproblems darf die Differenz zwischen Lufttemperatur und Bodentemperatur nie zu groß sein. Die Steuerung der Kühlfunktion muss also zurückhaltend agieren und darf nicht versuchen, besonders rasch zu kühlen. Aufgrund der relativ kleinen Temperaturdifferenz von maximal 3 bis 5 Kelvin ist die Wirkung per Fußbodenkühlung wiederum sehr eingeschränkt. Das erklärt auch, warum die Kühlleistung von Wärmepumpen in der Regel viel kleiner als die Heizleistung ist und meist nur ca. ein Drittel beträgt.

Das Kühlpotenzial: Drei Kelvin

Gegenüber einem ungekühlten Raum können Sie die Temperatur per Wärmepumpe mit Kühlfunktion vielleicht um 3 Kelvin absenken, nicht mehr.

Das ist besser, als es vielleicht klingt. 27 °C im Schlafzimmer sind unangenehm, 24 °C dagegen schon in Ordnung.

Aber es muss Ihnen klar sein, dass das Kühlpotenzial einer Wärmepumpe viel kleiner ist als das einer »richtigen« Klimaanlage.

Wenn Sie zur Kühlung die Fußbodenheizung verwenden, müssen Sie die folgenden Regeln verinnerlichen:

- Beginnen Sie rechtzeitig mit dem Kühlen.
- Nutzen Sie alle Verschattungsmöglichkeiten. (Die Verschattung muss außerhalb der Fensterscheiben erfolgen. Innenrollos oder Vorhänge sind wirkungslos. Sie halten nur das Licht, aber nicht die Wärme auf.)
- Lüften Sie richtig, d. h. überwiegend am späten Abend, in der Nacht und am frühen Morgen! Wenn Sie bei 30 °C die Fenster auf Durchzug öffnen, wird es im Raum trotz des kühlenden Effekts der Zugluft in Wirklichkeit noch wärmer. Außerdem enthält die warme Luft noch mehr Wasserdampf.

Erfahrungsberichte und sehr technische Expertenmeinungen rund um das Thema Kühlung per Wärmepumpe und Fußbodenkühlung finden Sie im Forum des Haustechnikdialogs. Lesenswert ist z. B. die folgende Diskussion:

https://www.haustechnikdialog.de/Forum/t/254473

Wenn Sie die vielen Abkürzungen zur Verzweiflung bringen, werfen Sie einen Blick in Tabelle 3.5.

Kühlfunktion durch Bauteilaktivierung

Einen gänzlich anderen Kühlansatz verfolgt die thermische Bauteilaktivierung (BTA) bzw. die Betonkernaktivierung (BKA). Dabei wird die Gebäudemasse zur Temperaturregulierung genutzt. Über Rohrleitungen in der Bodenplatte sowie in Betonwänden und -decken kann die dort gespeicherte Wärme oder Kälte je nach Jahreszeit zum Heizen oder Kühlen verwendet werden. Die Bauteilaktivierung setzt eine gute Dämmung voraus. Eine gute Einführung in das Konzept finden Sie in der Wikipedia:

https://de.wikipedia.org/wiki/Thermische_Bauteilaktivierung

4.3 Fazit

Solange Sie keine überzogenen Erwartungen haben, ist das Kühlen per Wärmepumpe eine tolle Sache:

- Sie können die Raumtemperatur zwar nicht massiv senken, aber doch um ein paar Grad Celsius.
- Die zusätzlichen Investitionskosten sind bei guter Planung gering, auf jeden Fall geringer als bei der zusätzlichen Montage »gewöhnlicher« Split-Klimageräte.
- Die Klimaanlage ist unsichtbar. Sie funktioniert lautlos und ohne Zugluft.
- Besonders attraktiv ist die passive Kühlung mit einer Erdwärmepumpe mit Tiefensonde. Einerseits verursacht die Kühlung nur minimale Stromkosten, andererseits verhindern Sie damit die Auskühlung des Erdreichs.
- Wenn Sie eine Luftwärmepumpe zur aktiven Kühlung verwenden, ist die Kombination mit einer PV-Anlage empfehlenswert. Wenn es am heißesten ist, scheint auch die Sonne, d. h., Sie haben genug selbst produzierten Strom zum Kühlen.
- Mit einem ausreichend hohen Budget sollten Sie bei einem Neubau Kühlschleifen in die Zimmerdecken integrieren, insbesondere im obersten Stockwerk. Sie können zwar auch damit nicht wesentlich intensiver kühlen, aber Sie profitieren von einem angenehmeren Wohn- und Raumklima.

Kapitel 5
Warmwasserwärmepumpen

Bisher bin ich davon ausgegangen, dass die Heizungswärmepumpe sich gleichzeitig auch darum kümmert, das Warmwasser zu erwärmen. Bei einem Neubau bzw. bei vielen Sanierungsprojekten, bei denen die vorhandene Heizung durch eine Wärmepumpe ersetzt wird, ist das der Normalfall.

In diesem Kapitel geht es hingegen um Wärmepumpen, die *nur* das Warmwasser erwärmen, aber keine Heizungsfunktion übernehmen. Derartige »Warmwasserwärmepumpen« (manchmal verkürzt WWWP) kommen in den folgenden Anwendungsfällen zum Einsatz:

- Die Heizung erfolgt per Fernwärme oder durch ein anderes zentrales System, das sich außerhalb des Einflusses des Haus- oder Wohnungsbesitzers befindet. Das Brauchwasser wird bisher durch einen Elektroboiler erwärmt. Eine Warmwasserwärmepumpe kann den Stromverbrauch senken.
- Die Heizung erfolgt durch eine Gas-, Öl- oder Pelletheizung. Eine Warmwasserwärmepumpe verhindert, dass die Heizungsanlage auch im Sommer läuft.

Der Begriff »Brauchwasser«

In diesem Buch bezeichnet »Warmwasser« hygienisches, erwärmtes Trinkwasser zur Körperpflege.

Im Internet ist vielfach auch von Brauchwasser sowie entsprechend von Brauchwasserwärmepumpen die Rede. Beim Begriff »Brauchwasser« ist der Verwendungszweck aber nicht klar. Die Wikipedia setzt Brauchwasser mit »Betriebswasser« gleich, also Wasser, das einer spezifischen technischen Anwendung dient. Dabei handelt es sich *nicht* um Trinkwasser.

Um Verwechslungen auszuschließen, verwende ich in diesem Buch ausschließlich den Begriff Warmwasser. (Noch exakter wäre »Trinkwarmwasser«, aber das ist mir zu umständlich.)

Dieses Kapitel erläutert die Funktionsweise von Warmwasserwärmepumpen und lotet deren Vor- und Nachteile aus. Ökonomisch und ökologisch sinnvoll sind Warmwasserwärmepumpen nur in ganz spezifischen Einsatznischen. Diese Nischen sind aber größer, als man vielleicht annehmen würde: Laut Bundesverband Wärmepumpe e.V. wurden 2022 in Deutschland ca. 235.000 Heizungswärmepumpen sowie 45.000 Warmwasserwärmepumpen verkauft. Wirft man die beiden Wärmepumpenarten in einen Topf, dann war immerhin jede sechste in deutschen Haushalten installierte Wärmepumpe eine Warmwasserwärmepumpe.

Alternativen zur Warmwasserwärmepumpe

Je nachdem, wie das Heizungskonzept aussieht, ist die gängigste Alternative zur Warmwasserwärmepumpe eine Solarthermieanlage: Dabei wird das Warmwasser im Sommer über im Dach montierte Panels erwärmt. Solarthermie wurde in der Vergangenheit häufig mit Gas-, Öl- oder Pelletheizungen kombiniert. Heute ist die Kombination aus Wärmepumpe und Photovoltaik populärer. Abschnitt 5.3, »Solarthermie«, fasst kurz die Vor- und Nachteile der Solarthermie zusammen.

Wenn Ihr Haus mit einer PV-Anlage und Ihre Heizung mit einem Pufferspeicher samt Warmwasseranbindung ausgestattet ist, können Sie den Puffer im Sommer über einen Heizstab aufheizen. Das ist weniger effizient als bei einer Warmwasserwärmepumpe, aber dafür sind auch die Investitionskosten geringer. Die Argumentation geht zumeist in die Richtung: »Im Sommer produziert meine PV-Anlage sowieso mehr Strom, als ich selbst nutzen kann. Anstatt den Strom gegen eine geringe Entlohnung in das öffentliche Netz einzuspeisen, kann ich damit mein Warmwasser erwärmen.« Ökonomisch geht diese Rechnung zumeist auf, ökologisch ist sie zweifelhaft.

Verkehrt herum denken

Wärmepumpen tun sich schwer, Wasser auf 60 °C oder mehr zu erwärmen. Genau da brillieren fossile Brennstoffe. Wenn bei einem Projekt also fossile Brennstoffe ohnedies nicht ganz vermieden werden können – wäre es dann nicht vernünftiger, gerade umgekehrt anzusetzen? Wärmepumpen übernehmen also die Heizung mit geringer Vorlauftemperatur, Gas wird dafür in einem Durchlauferhitzer verwendet, um heißes Wasser nur dann zu erzeugen, wenn es gerade benötigt wird.

Natürlich ist dieser Lösungsansatz plausibler als eine Gasheizung in Kombination mit einer Warmwasserwärmepumpe. Und tatsächlich werden Sie eine Warmwasserwärmepumpe nur in absoluten Ausnahmefällen bei einem Neubau anstreben. (Dort gibt es in der Regel *eine* Wärmepumpe für Heizung und Warmwasser.) Aber bei der Sanierung von Altbauten kann die Warmwasserwärmepumpe dabei helfen, mit überschaubarem Aufwand den fossilen Anteil zumindest zu senken.

5.1 Funktionsweise von Warmwasserwärmepumpen

Warmwasserwärmepumpen sind relativ kleine Standgeräte, die im Haus aufgestellt werden, in der Regel im Heizungskeller oder im Wirtschaftsraum (siehe Abbildung 5.1). Äußerlich sehen sie aus wie ein Warmwasserboiler oder ein kleiner Pufferspeicher. Tatsächlich nimmt den meisten Platz ein Warmwasserboiler ein.

Darüber befindet sich eine relativ kleine Wärmepumpe, die der Luft des Raums Wärme entzieht und damit das Wasser im Boiler aufwärmt. Technologisch gesehen handelt es sich um Luft-Wasser-Wärmepumpen.

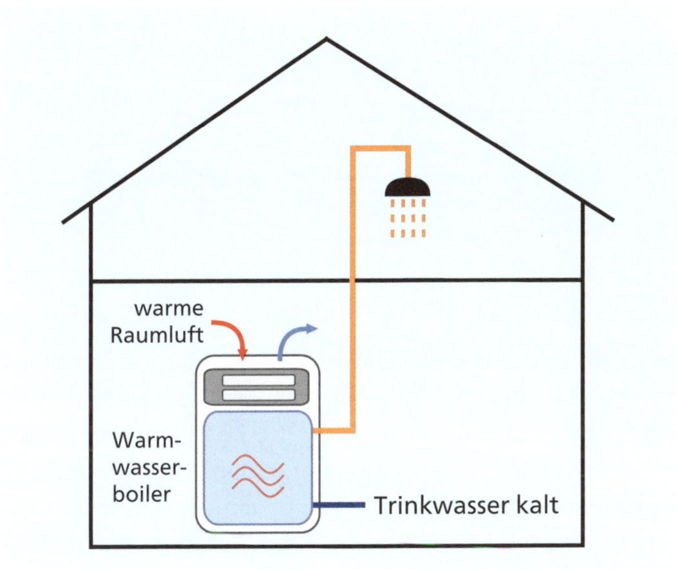

Abbildung 5.1 Die Warmwasserwärmepumpe wird im Heizungskeller oder Technikraum aufgestellt.

Warmwasserwärmepumpen besitzen außerdem einen Heizstab, der zum Einsatz kommt, wenn die Wärmepumpe der Umgebung zu wenig Wärme entziehen kann bzw. wenn der Aufheizprozess zu lange dauert. Generell ist eine Warmwasserwärmepumpe ein relativ langsames Gerät. Die Erwärmung des gesamten Wasservorrats von 20 auf 55 °C dauert bei vielen Modellen zwischen 6 und 10 Stunden. Wenn Sie also einmal den gesamten Warmwasservorrat aufbrauchen, müssen Sie sich danach lange bis zur nächsten Dusche gedulden.

Warmwasserwärmepumpen entziehen der Raumluft Feuchtigkeit. Das wird oft als Vorteil dargestellt, gerade wenn die Aufstellung in einem feuchten Keller erfolgt. Die Kehrseite der Medaille besteht darin, dass jede Warmwasserwärmepumpe einen Kondensatabfluss braucht.

Vermeiden Sie eine zu niedrige Wassertemperatur!

Warmwasserwärmepumpen gibt es nicht in beliebigen Größen. Viele Modelle sind auf einen Vierpersonenhaushalt ausgerichtet. Der Boiler hat dann ein Volumen von ca. 250 l. Wenn der Wasserbedarf kleiner ist, weil das Haus gerade nur von zwei Personen bewohnt wird, ist die Versuchung groß, die Wassertemperatur auf z. B. 45 °C zurückzudrehen. Damit steigt aber die Gefahr einer unkontrollierten Legionellenvermehrung (siehe auch Abschnitt 3.4, »Warmwasser«).

Die meisten Warmwasserwärmepumpen verfügen über ein sogenanntes »Legionellenprogramm«, das die Wassertemperatur einmal wöchentlich auf ca. 60 °C anhebt. Die Wirksamkeit solcher Steuerungsprogramme ist aber umstritten und wird unter anderem vom deutschen Umweltbundesamt angezweifelt.

Am sichersten ist es, die Boilertemperatur dauerhaft auf über 55 °C einzustellen, auch wenn das die Jahreswirkungszahl der Wärmepumpe mindert. Im Zweifelsfall ist es besser, ein etwas kleineres Modell auszuwählen und dieses bei höherer Temperatur zu betreiben.

Aufstellung

Der ideale Aufstellungsort für eine Warmwasserwärmepumpe ist ein ausreichend großer Raum (z. B. 10 m^2), in dem andere Geräte Abwärme produzieren. Besonders gut geeignet ist der Heizungskeller, der durch eine Gas-, Öl- oder Pelletheizung ungewollt mitbeheizt wird. Die Warmwasserwärmepumpe kann dann die Abwärme der Heizung nutzen. Aber auch ein Technikraum passt gut, in dem der Gefrierschrank, die Waschmaschine, der Wäschetrockner, der Wechselrichter der PV-Anlage und die Zentralstaubsaugeranlage Wärme abgeben. Vergessen Sie nicht, dass der Raum über einen Wasserabfluss für das Kondensat verfügen muss!

Entscheidend ist, dass es im Aufstellungsraum Wärmequellen gibt. Ohne diese kühlt der Raum innerhalb weniger Tage stark aus. Die Warmwasserwärmepumpe entzieht der Luft die Wärme. Umso kälter der Raum wird, desto schlechter ist die Effizienz.

In solchen Fällen besteht die Möglichkeit, die Luftzufuhr und den Luftabfluss des Geräts mit dicken Schläuchen nach außen zu leiten. Dabei müssen Sie aber darauf achten, dass die Schlauchenden weit genug voneinander entfernt sind – sonst saugt die Wärmepumpe die gekühlte Luft neuerlich an (thermischer Kurzschluss). Generell ist die Nutzung von Außenluft nur im Sommer eine gute Idee.

Absolut ungeeignet als Aufstellungsort sind winzige Abstellräume ohne Luftzufuhr – also genau dort, wo sich Elektroboiler oft in Wohnungen befinden.

Warmwasserwärmepumpe und Klimaanlage zugleich?

Eine Brauchwasserpumpe verwendet warme Innenluft und kühlt diese, um Wasser zu erwärmen. Gerade im Sommer liegt es nahe, die Wärmepumpe gleichzeitig als Klimaanlage zu nutzen – samt Entfeuchtungsfunktion! Dazu muss die Wärmepumpe einfach im oberen Stockwerk oder im Dachboden aufgestellt werden.

Die Idee klingt verlockend, funktioniert in der Regel aber nicht – und zwar gleich aus mehreren Gründen:

- Die Kühlfunktion ist nur im Sommer wünschenswert. Im Winter macht es dagegen keinen Sinn, das obere Stockwerk zu beheizen und dann mit der Wärmepumpe wieder abzukühlen.
- In einem unbewohnten Dachboden entfällt dieses Argument, aber auch dann wird es im Winter schwierig, dem (womöglich ungedämmten) Stauraum die erforderliche Wärme für den Betrieb der Wärmepumpe zu entziehen.
- Eine Brauchwasserwärmepumpe ist zwar kleiner und leiser als eine Heizungswärmepumpe, aber völlig lautlos ist sie nicht. Vermeiden Sie eine Aufstellung in oder nahe Wohnräumen!
- Zu guter Letzt befindet sich bei nahezu allen Häusern die Wasserzufuhr im Keller. Die Platzierung einer Brauchwasserwärmepumpe im Obergeschoss oder in Dachnähe macht die Wasserinstallationen komplizierter.

Jahresarbeitszahl: Traum und Wirklichkeit

Die Hersteller bewerben ihre Geräte oft mit einer Jahresarbeitszahl (JAZ) zwischen 3,5 und 4. Über das Jahr gemittelt werden damit aus jeder Kilowattstunde Strom über 3,5 Kilowattstunden Wasserwärme. Diese Werte sind allerdings Idealwerte, die nur unter Laborbedingungen in einem gut beheizten Raum zu erreichen sind.

In der Realität hängt die JAZ von zwei Faktoren ab: wie heiß Sie das Wasser erwärmen und welche Wärmequellen es am Aufstellungsort gibt. Die verlockendste Stellschraube zur Erzielung einer hohen JAZ ist die Reduktion der Wassertemperatur; ich habe aber schon darauf hingewiesen, dass damit auch die Legionellengefahr steigt – und das umso mehr, je weniger Wasser in Ihrem Haus umgesetzt wird.

Untersuchungen haben gezeigt, dass in der Praxis eine JAZ von 3 nur in seltenen Fällen erreicht wird. Realistisch sind Werte zwischen 2,5 und 3. Bei einem sehr ungünstigen Aufstellungsort sinkt die JAZ sogar in Richtung 2.

Stromverbrauch einer Warmwasserwärmepumpe

Wie viel Strom brauchen Sie nun pro Jahr, um das Warmwasser für Ihren Haushalt zu erzeugen? Der Warmwasserwärmebedarf pro Person wird normalerweise auf 800 kWh/a geschätzt. Bei einem Vierpersonenhaushalt ergibt das 3200 kWh/a. Mit einer JAZ von 2,8 braucht Ihre Warmwasserwärmepumpe ca. 3200 / 2,8 = 1150 kWh/a. Das sind gut 3 kWh pro Tag.

Warmwasser mit PV-Strom

Falls Sie über eine Photovoltaik-Anlage verfügen, können Sie die Diskussion über die JAZ ein wenig entspannter betrachten. Vor allem im Sommer verfügen Sie zumeist über mehr Strom, als Sie selbst nutzen können. Wenn Sie einen Teil davon für den Betrieb der Warmwasserwärmepumpe abzwacken, tut das nicht weh. Die Rechnung geht vor allem dann auf, wenn sich die Warmwasserwärmepumpe im Heizungskeller befindet: Im Winter nutzen Sie die Abwärme der Heizung, im Sommer günstigen eigenen Strom.

Aus PV-Sicht spricht noch ein Argument für die Warmwasserwärmepumpe: Im Gegensatz zu einem Elektroboiler, der normalerweise in relativ kurzer Zeit sehr viel Strom benötigt (mehr als viele PV-Anlagen produzieren können), ist eine Warmwasserwärmepumpe zwar langsam, aber auch genügsam. Beispielsweise können Sie per Zeitschaltuhr als Aufheizzeit 10:00 bis 17:00 Uhr einstellen – also eine Zeit, zu der an den meisten Tagen die Sonne scheint.

Warmwasserwärmepumpen mit anderen Energiequellen integrieren

Es gibt Warmwasserwärmepumpen, deren Boiler eine Heizspirale zur Durchleitung von heißem Wasser vorsieht. Über diesen Wärmetauscher können Sie eine andere Wärmequelle mit der Warmwasserwärmepumpe verbinden, z. B. Solarthermie oder die Heizung.

Wie weit das Sinn macht, ist eine andere Frage:

- Wenn Sie Solarthermie nutzen, brauchen Sie keine Warmwasserwärmepumpe. Die Kombination aus Solarthermie (Sommer) und Heizung (restliche Jahreszeiten) über einen Puffer reicht vollkommen aus.
- Bei einer Verbindung zwischen Heizung und Warmwasserwärmepumpe muss wiederum beachtet werden, dass das Heizwasser oft kühler ist als das Wasser im Warmwasserboiler. Unter ungünstigen Verhältnissen bewirkt die Integration mit der Heizung das Gegenteil dessen, was beabsichtigt ist: Das im Boiler befindliche, 50 °C heiße Warmwasser wird durch das 40 °C warme Heizwasser abgekühlt statt vorgewärmt.

Das lässt sich natürlich durch eine intelligente Steuerung sowie mit temperaturgesteuerten Ventilen verhindern. Aber wie so oft lautet mein Dogma bei Haustechnikfragen: Einfache Lösungen sind vorzuziehen.

5.2 Rentabilitätsrechnung

Lohnt sich die Investition in eine Warmwasserwärmepumpe? Das hängt natürlich immer von der konkreten Situation ab. Anhand des folgenden Beispiels können Sie sich das selbst mühelos ausrechnen.

Als Ausgangspunkt dient ein Haus mit einer Pelletheizung. Auch wenn die Heizung im Sommer ausgeschaltet ist, läuft der Pelletofen alle ein bis zwei Tage für einige Stunden, um den Hygienepufferspeicher (siehe Abschnitt 3.5, »Pufferspeicher«) aufzuheizen. Die Verbrennung von Pellets bei 30 °C Außentemperatur im Sommer erscheint den Besitzern absurd. Nachdem diese voriges Jahr eine PV-Anlage errichtet haben, möchten sie nun auf die Warmwassererzeugung mittels Wärmepumpe umsteigen. Die Pelletheizung soll in Verwendung bleiben, aber nur mehr im Winterhalbjahr und ausschließlich zur Heizung.

Der Jahrespelletbedarf für Heizung und Warmwasser betrug bisher ca. 4,5 Tonnen pro Jahr. Die Besitzer schätzen, dass der Warmwasseranteil ca. 1 Tonne ausmacht. (Die simple Division von 3200 kWh Warmwasserwärmebedarf durch den Heizwert von Pellets in der Höhe von 4,8 kW/kg ergibt nur ca. 700 kg Pellets. Das Warmwasser wird aber über einen Hygienepufferspeicher erwärmt. Im Heizungskeller ist es auch im Sommer relativ warm. Das System arbeitet also nicht mit einem optimalen Wirkungsgrad. Der Puffer strahlt trotz guter Dämmung etwas Wärme ab. Insofern erscheint die Abschätzung realistisch.)

Es liegt ein Angebot für die Installation einer Warmwasserwärmepumpe für 3500 € vor. Pro Jahr würde die Umstellung ca. 1 t Pellets im Wert von aktuell 400 € ersparen. Dem stehen allerdings höhere Stromkosten und niedrigere Einspeiseerträge gegenüber.

Die Besitzer erwarten, dass die Warmwasserwärmepumpe im Heizungskeller zumindest eine Jahresarbeitszahl von 2,7 erreichen wird. Für 3200 kWh Wärmebedarf sind somit 1185 kWh Strom erforderlich.

An sieben Monaten wird die PV-Anlage genug Strom liefern. Dafür geht die Einspeisevergütung von 8,6 ct/kWh verloren. An den anderen Monaten muss Strom vom Energieversorgungsunternehmen verwendet werden (Annahme: 30 ct/kWh).

Entgangene Einspeisevergütung:	1185 / 12 × 7 × 0,086 = ca. 60 €
Zusätzliche Stromkosten:	1185 / 12 × 5 × 0,30 = ca. 150 €
Damit beträgt die Heizkostenersparnis pro Jahr:	400 – 60 – 150 = 190 €

Unter diesen Annahmen ergeben sich nach 15 Jahren unter Berücksichtigung der anfänglichen Investitionskosten Mehrkosten von ca. 650 € (siehe Tabelle 5.1). Die Umstellung auf die Wärmepumpe lohnt sich demnach nicht bzw. erst nach einer längeren Nutzungsdauer. Das Ergebnis hängt natürlich stark davon ab, wie sich die Preise für Strom und Pellets in den nächsten 15 Jahren entwickeln und ob die Schätzwerte für den Pelletverbrauch und die Jahresarbeitszahl zutreffend sind.

	Wärmebedarf und Kosten
Warmwasserwärmebedarf 4 Personen	3200 kWh/a
Pelletbedarf geschätzt	1 t
Aktueller Pelletpreis	400 €/t
Jahresarbeitszahl geschätzt	2,7
Stromkosten	30 ct/kWh
Einspeisevergütung PV-Strom	8,6 ct/kWh
Strombedarf Warmwasserwärmepumpe	1185 kWh/a
Entgangene Einspeisevergütung (7 Monate)	ca. 60 €
Zusätzliche Stromkosten (5 Monate)	ca. 150 €
Heizkostenersparnis pro Jahr	ca. 190 €
Investitionskosten	3500 €
Reduktion der Heizkosten über 15 Jahre	2850 €
Mehrkosten nach 15 Jahren (leider keine Ersparnis!)	**650 €**

Tabelle 5.1 Betriebsdaten und -kosten für die Rentabilitätsrechnung

Keine Förderung

Der Einbau einer Warmwasserwärmepumpe wird in Deutschland aktuell nicht als Einzelmaßnahme gefördert. Anders sieht es aus, wenn Sie die gesamte Heizung ersetzen – aber dann wird die neue Lösung aller Voraussicht nach gar keine Warmwasserwärmepumpe beinhalten.

5.3 Solarthermie

Solarthermie bezeichnet die Erwärmung von Wasser durch die Sonne. Dazu wird kaltes Wasser durch schwarze oder dunkelviolette Panels gepumpt. Im Panel und im

Puffer befinden sich Temperatursensoren. Die Pumpe wird nur eingeschaltet, wenn die Temperatur im Panel höher ist als die im Puffer.

Das von der Sonnenstrahlung erwärmte Wasser heizt einen Pufferspeicher auf, der sowohl für die Heizung als auch für das Warmwasser dient (siehe Abbildung 5.2). Wenn die Sonne nicht scheint, heizt die Wärmepumpe, die Gastherme oder ein Ölofen den Pufferspeicher auf.

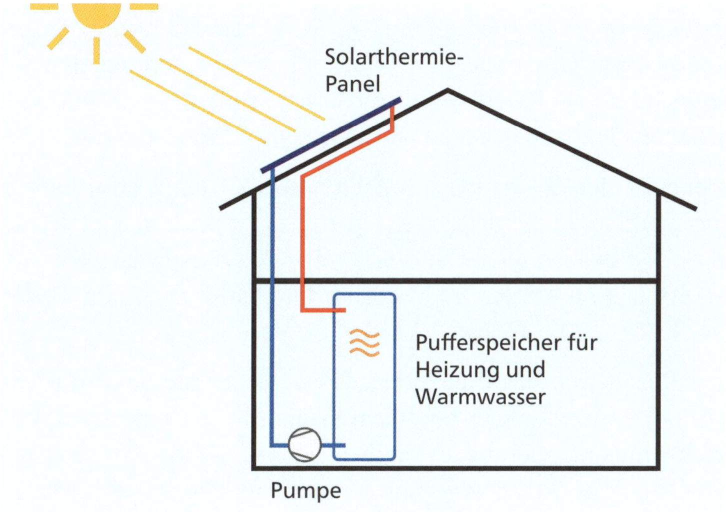

Abbildung 5.2 Wenn die Sonne scheint, wird der Pufferspeicher per Solarthermie aufgewärmt.

Solarthermie versus Photovoltaik

Solarthermie-Panels und PV-Panels sehen ganz ähnlich aus und werden oft verwechselt. Wo ist der Unterschied? Bei Solarthermie wird Sonnenlicht in Wärme umgewandelt, bei Photovoltaik dagegen in Strom. Ersteres ist wesentlich einfacher als Zweiteres.

Unterschiede gibt es auch beim Wirkungsgrad: Bei Solarthermie erreichen Sie je nach Temperatur einen Wirkungsgrad zwischen 70 und 85 %. Aktuelle PV-Module können dagegen nur gut 20 % der Sonnenenergie in Strom umwandeln.

Ist Solarthermie deswegen »besser« als Photovoltaik? Es kommt darauf an. Solange es Ihnen nur um warmes Wasser geht, ist Solarthermie eindeutig überlegen. Der entscheidende Vorteil der Photovoltaik besteht darin, dass Strom viel universeller anwendbar ist als warmes Wasser.

Solarthermie und Photovoltaik schließen einander nicht aus. Für die Warmwasserversorgung Ihres Hauses brauchen Sie nur zwei bis vier Panels. Die Solarthermie lässt also noch genug Platz auf dem Dach für viele weitere PV-Module. Allerdings widerspricht die Kombination beider Techniken dem Dogma »KISS« (*Keep it Simple, Stupid!*): Jede weitere Komponente macht Ihre Heizungstechnik komplizierter. Ich halte Photovoltaik für die universellere Technik und würde darauf setzen.

Grundsätzlich ist Solarthermie eine ebenso simple wie wirkungsvolle Technik. Besonders beliebt war (und ist mit Einschränkungen noch immer) die Kombination aus einer fossilen Heizung oder einer Pelletheizung mit Solarthermie. Das ermöglicht im Sommer das Ausschalten der Heizung (außer bei mehrtägigen Regenperioden).

Bei richtiger Planung ist der energetische Nutzen, also die durch Solarthermie gewonnene Wärme, hoch – bei vergleichsweise geringen Investitionskosten und extrem günstigen Betriebskosten (etwas Strom für den Solarflüssigkeitskreislauf). Insofern ist Solarthermie eine bessere und billigere Alternative zur Warmwasserwärmepumpe.

Eine Grundvoraussetzung besteht allerdings darin, dass die Solarthermie von Anfang an vorgesehen ist. Solarthermie lässt sich bei einem Neubau einfach realisieren, während die nachträgliche Implementierung im Rahmen einer Sanierung schwierig und teuer ist. (Das größte Hindernis ist die Verlegung der Rohre für den Solarflüssigkeitskreislauf.)

Nachteile

Die Tücke der Solarthermie liegt im Detail:

- Damit das Wasser im Panel im Winter nicht friert, muss es mit einem Frostschutzmittel versetzt werden.
- Im Sommer liefert die Solarthermie mitunter zu viel Wärme. Das Wasser im Puffer ist bereits 80 °C heiß und kann keine weitere Wärme mehr aufnehmen. Dann lässt sich nicht verhindern, dass die Wassertemperatur im Panel auf über 100 °C steigt. Das hat gleich zwei negative Konsequenzen: Zum einen kann das Frostschutzmittel chemisch zersetzt werden und verliert damit seine Funktion. Zum anderen können mit dem Wasserdampf Luftblasen in den Leitungen entstehen. Der Kreislauf der Solarflüssigkeit kommt damit zum Erliegen oder funktioniert nur noch eingeschränkt. Abhilfe schafft eine Neubefüllung des Solarthermiekreislaufs im Herbst.
- Solarthermie erfordert einen Pufferspeicher. Ich habe schon in Abschnitt 3.5, »Pufferspeicher«, zum Ausdruck gebracht, dass ich Pufferspeicher in Kombination mit Wärmepumpen nach Möglichkeit vermeiden würde.

Stör- und wartungsanfällig

Einer der Autoren dieses Buchs hat schlechte Erfahrungen mit Solarthermie gemacht. Wegen Überhitzung musste die Anlage jedes Jahr gewartet werden. Die Wartungskosten waren höher als der Energieertrag. Das Interesse der Installationsfirma, eine nachhaltige Verbesserung zu erreichen, war überschaubar (um es höflich auszudrücken). Nach einigen Jahren wurde die Solarthermie außer Betrieb genommen und später durch eine PV-Anlage ersetzt.

Einzelschicksal, könnte man sagen. Tatsächlich kenne ich Freunde und Bekannte, bei denen die Solarthermie seit vielen Jahren störungsfrei funktioniert. Andererseits hatten viele meiner Nachbarn und Gesprächspartner die gleichen Probleme wie ich. Meine (nicht repräsentative!) Statistik lautet: 50 % der Solarthermieanwender sind total zufrieden, die anderen 50 % haben resigniert. Eine Grauzone dazwischen scheint es nicht zu geben.

Kapitel 6

Beispiele aus der Praxis

6

In den folgenden Beispielen möchte ich Ihnen verschiedene Anlagenkonzepte vorstellen. Die Gebäude in den Beispielen unterscheiden sich darin, wie hoch der Wärmebedarf ist und in welcher baulichen Situation die Heizungsanlage konzipiert oder verändert werden soll. So beschreibt das erste Beispiel den Einbau einer Wärmepumpe in einem Neubau. In Beispiel 2 ersetzt eine Hybrid-Wärmepumpe eine Gasheizung. Beispiele 3 und 4 zeigen den Einbau von Wärmepumpen im Rahmen einer größeren Sanierung und Beispiel 5 enthält einen klassischen Heizungstausch in einem unsanierten Gebäude.

Neben der Beschreibung der technischen Lösung finden Sie in jedem Abschnitt auch eine wirtschaftliche Analyse. Zur Darstellung der Wirtschaftlichkeit greife ich auf die Methode der Lebenszykluskosten zurück. Dabei beschränke ich mich, soweit nicht anders gekennzeichnet, auf die beiden wesentlichen Kostenfaktoren: die einmalige Investition für die neue Heizungsanlage und die Energiekosten während des Betriebs der Anlage (siehe Abbildung 6.1). Die Berücksichtigung diverser weiterer Einflussparameter, wie Wartungskosten oder Kosten für den Kaminkehrer, würde die Genauigkeit der Rechnung nicht signifikant erhöhen, aber die Nachvollziehbarkeit erschweren.

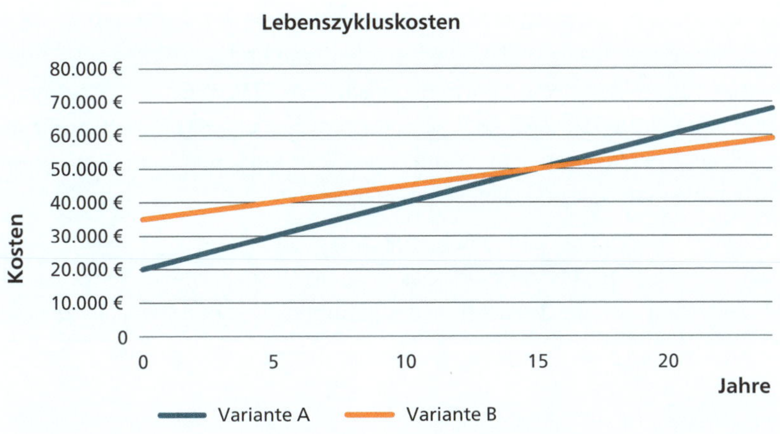

Abbildung 6.1 Beispielhafter Vergleich zweier Varianten mit Lebenszykluskosten

Betrachten wir beispielhaft diese beiden Varianten mit unterschiedlich hohen Investitions- und Betriebskosten. Die Anschaffungskosten von Variante A sind deutlich geringer als die von Variante B. Gleichzeitig sind die Energiekosten von Variante A aber höher. Nach 15 Jahren sind für beide Anlagen 50.000 € Gesamtkosten entstanden (siehe Abbildung 6.1). Vorher war Variante A günstiger, danach ist es Variante B. Je länger die Anlage nun noch in Betrieb bleibt, desto größer ist die Ersparnis von Variante B.

Häufig beinhalten die Beispiele Photovoltaikanlagen, denn PV-Anlagen und Wärmepumpen sind eine empfehlenswerte Kombination. Weil der Strombedarf für Wärmepumpen meistens zusammen mit dem Haushaltsstrom gemessen wird, enthalten die Lebenszykluskosten alle Energiekosten, die durch Strom abgedeckt werden.

Ist also in einem Beispiel eine Photovoltaikanlage vorhanden, so enthalten die Lebenszykluskosten sowohl den Stromverbrauch für den Haushalt als auch die Erlöse durch die Einspeisung des Photovoltaikstroms. Auch in einem Vergleichszenario mit einer Gasheizung wird dann so getan, als wäre eine Photovoltaikanlage vorhanden, und auch der Haushaltsstrom wird in die Kosten eingerechnet. Nur so lassen sich die Kosten bei sektorgekoppelten Energiesystemen vergleichbar darstellen.

Sektorkopplung

Der Begriff »Sektorkopplung« meint im Kontext der Energiewende die Verknüpfung von verschiedenen Energiesektoren. Als typische Energiesektoren kennen wir die Bereiche Wärme, Mobilität, Industrie oder Strom. Die Wärmepumpe überführt Energie aus dem Sektor Strom in den Sektor Wärme. Die Photovoltaikanlage versorgt wiederum die beiden Sektoren.

Was sich heute logisch und gewohnt anhört, war vor fünf oder zehn Jahren noch eher ungewohnt: Wärme wurde durch einen Energieträger erzeugt (meist Öl oder Gas), der Strom wurde aus dem Stromnetz entnommen und das Auto an der Tankstelle getankt. Alle Sektoren waren also mehr oder weniger voneinander getrennt. Die isolierte Betrachtung der Sektoren hat einen Vergleich unterschiedlicher Heizungen in der Regel einfacher gemacht. Wurde eine Ölheizung durch eine Gasheizung getauscht, konnte man Gas- und Ölpreis miteinander vergleichen.

Wird heute eine Wärmepumpe mit Photovoltaikanlage installiert, wirkt sich dies aber auch direkt auf den Haushaltsstrom und das Laden eines möglicherweise vorhandenen Elektroautos aus, was die Betrachtung des gesamten Energiesystems notwendig macht.

6.1 Energiepreise

In allen Beispielen in diesem Kapitel habe ich für den Energieeinkauf mit einem **Gas- bzw. Ölpreis von 9 ct/kWh** und einem **Strompreis von 30 ct/kWh** gerechnet (9 ct/kWh Ölpreis entspricht in etwa 90 € pro 100 l). Diese Zahlen entstammen Vergleichsportalen aus dem Internet und gelten für Neukunden in Deutschland. Die Preise inkludieren die Umsatzsteuer. Da die Diskussion um Wärmepumpen unter anderem wegen deutlich gestiegener Gaspreise geführt wird, stelle ich in jedem Beispiel außerdem die Lebenszykluskosten bei einem Gaspreis von 12 ct/kWh dar.

Leider sind die Abrechnungen der meisten Energieanbieter extrem unübersichtlich. Sie zahlen nicht nur für die eigentliche Energie, sondern auch Leitungskosten, Zählerkosten, monatliche und jährliche Pauschalen usw. Umgekehrt werden diverse Boni gegengerechnet. Dieses Verwirrspiel ist natürlich beabsichtigt: Es macht es unmöglich, zwei Energieangebote rasch zu vergleichen.

In den folgenden Beispielen nehme ich daher vereinfachend an, dass es sich um »effektive Energiepreise« handelt. Diese ergeben sich, wenn Sie die Gesamtenergiekosten laut Jahresabrechnung durch die verbrauchte Energiemenge dividieren. Wenn Sie also im vergangenen Jahr 4200 kWh Strom verbraucht haben und dafür 1260 € bezahlt haben, beträgt der effektive Strompreis 1260 € / 4200 kWh = 0,30 ct/kWh.

Diese effektiven Kosten sind *immer* wesentlich höher als der reine Energiepreis, mit dem Ihr Energieanbieter wirbt! Auch in den Medien werden oft irreführend nur die reinen Energiepreise genannt, ohne alle unvermeidlichen Nebenkosten zu berücksichtigen. Alle Energiepreise beinhalten die Umsatzsteuer.

Durch die Ukrainekrise und den damit einhergehenden Stopp von Erdgaslieferungen aus Russland war der Gaspreis in den letzten Monaten starken Schwankungen unterworfen. Da aus Erdgas auch Strom erzeugt wird, hat sich dies auch auf den Strompreis ausgewirkt. Die enorm hohen Energiepreise aus dem Jahr 2022 waren im Herbst 2023 zwar größtenteils überwunden, es bestehen aber immer noch große Unterschiede zwischen den Energieversorgen.

Der Blick in die Zukunft

Naturgemäß lässt sich nicht vorhersagen, wie sich Strom- und Gaspreis in der Zukunft entwickeln werden. Selbst relativ kleine Abweichungen in meinen Musterrechnungen, z. B. die Annahme, dass der Strompreis auf 28 ct/kWh sinkt und dass der Gaspreis auf 12 ct/kWh steigt, haben erheblichen Einfluss auf die Lebenszykluskosten. Kurz zusammengefasst gilt: Je mehr der Gaspreis im Vergleich zum Strompreis steigt, desto eher lohnt sich eine Wärmepumpe aus wirtschaftlicher Sicht.

Das Problem ist, dass Sie sich mit der Anschaffung oder Sanierung Ihrer Heizung auf viele Jahre binden. Ein Auto können Sie relativ unkompliziert verkaufen und durch ein anderes ersetzen, wenn sich der Betrieb als unwirtschaftlich erweist. Für die Heizung gilt das leider nicht.

Überspitzt und ohne Berücksichtigung ökologischer Aspekte kann man es so zusammenfassen: Wenn eine Wärmepumpe aus einer Kilowattstunde Strom drei Kilowattstunden Wärme produziert, dann lohnt sich die Umstellung einer Gasheizung auf eine Wärmepumpe nur, wenn der Strompreis langfristig günstiger ist als der dreifache Gaspreis.

Durch die Stromproduktion in Gaskraftwerken gibt es eine direkte Auswirkung des Gaspreises auf den Strompreis. Man könnte nun annehmen, dass es egal ist, mit welcher Energie geheizt wird, da sowieso alle Energieformen einer gewissen Abhängigkeit unterliegen und in Zukunft jede Energieart teurer wird. Betrachtet man die Preisentwicklung in Abbildung 6.2, so ergibt sich ungefähr eine Verdopplung aller dargestellten Energiepreise im Zeitraum von 1991 bis 2019, was einer jährlichen Preissteigerung von 2,7 % entspricht.

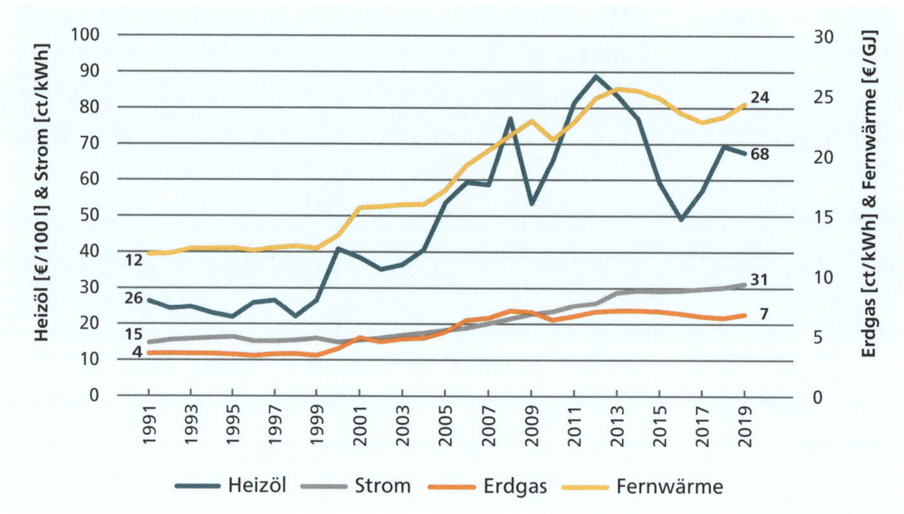

Abbildung 6.2 Entwicklung der Energiepreise in den letzten 40 Jahren

Vergleicht man jedoch die Entwicklung der Strom- und Gaspreise in den Jahren 2021 bis 2023, so ist ersichtlich, dass der Strompreis prozentual in diesem Zeitraum bei Weitem nicht so stark angestiegen ist wie der Preis von Erdgas. Dies liegt daran, dass der deutsche Strommix nur zu einem geringen Anteil durch Gaskraftwerke gedeckt wird. 50 % und mehr stammen mittlerweile aus erneuerbaren Energiequellen, die unabhängig von Energieimporten Strom erzeugen können. (Häufig wird bei der Abhängigkeit von Energie der Fokus auf Öl und Gas gelegt, aber auch Uran für den Betrieb von Kernkraftwerken musste Deutschland lange importieren. Die weltweit wichtigsten Förderländer für Uran sind Kanada, Australien, Kasachasten, Niger und Russland.)

Im September 2021, also vor den Auswirkungen der Ukrainekrise, lag der Gaspreis bei ca. 6 ct/kWh, der Strompreis bei 28 ct/kWh. Ein Jahr später hatten die Energiepreise vorerst mit 40 ct/kWh für Gas und 70 ct/kWh für Strom ihren Höchststand erreicht. Ein weiteres Jahr später lagen die Preise wieder deutlich niedriger bei 9 ct/kWh für Gas und 30 ct/kWh für Strom (siehe Abbildung 6.3).

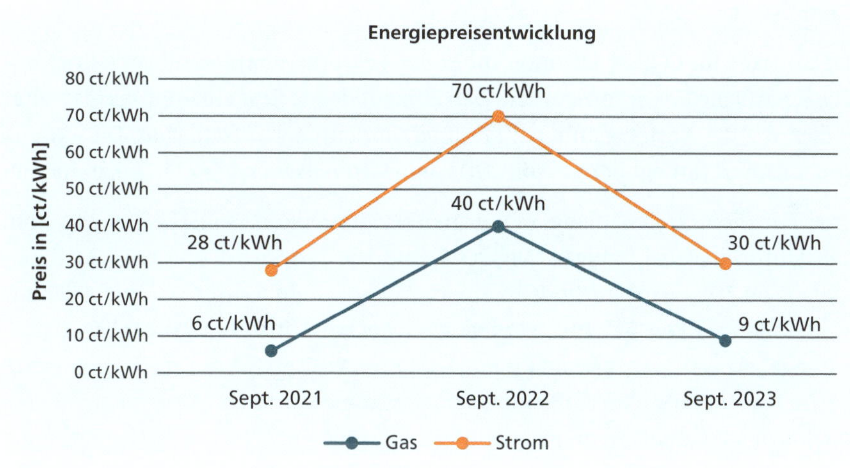

Abbildung 6.3 Entwicklung der Strom- und Gaspreise zwischen 2021 und 2023

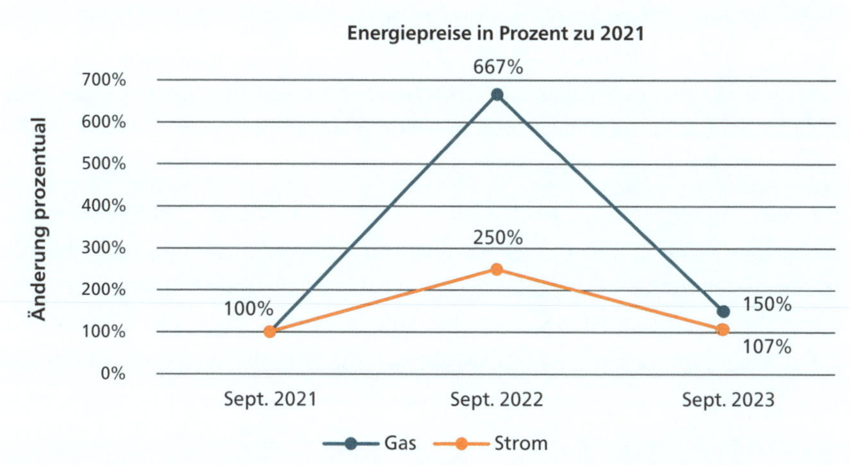

Abbildung 6.4 Prozentuelle Veränderung der Strom- und Gaspreise zwischen 2021 und 2023

Setzt man nun die Preise aus 2021 als Referenz an, so ist der Gaspreis auf mehr als 600 % gestiegen und hat sich im Herbst 2023 auf einem Niveau von 150 % eingependelt (siehe Abbildung 6.4). Beim Strompreis lag das Maximum bei 250 % im Vergleich zu 2021 und liegt inzwischen mit 107 % wieder sehr nahe bei seinem Ausgangswert (dies gilt ebenfalls für Herbst 2023). Dabei müssen Sie jedoch beachten, dass in der Zwischenzeit die EEG-Umlage, die für jede Kilowattstunde Strom bezahlt werden musste, ausgesetzt wurde. Mit ihr wäre Strom heute mit 38 ct/kWh ca. 8 ct/kWh teurer und würde auf einem Niveau von 135 % im Vergleich zu 2021 liegen.

CO_2-Bepreisung

Seit 2021 müssen für CO_2-Emissionen, die in den Sektoren Wärme und Verkehr entstehen, CO_2-Zertifikate erworben werden. Den Einkauf der Zertifikate übernehmen Energiehändler, die die Kosten dafür auf den Endkundenpreis aufschlagen. Die Produktion von Strom unterliegt bereits seit 2005 dem europäischen CO_2-Zertifikatehandel.

Der Preis für die CO_2-Zertifikate war bisher recht moderat, soll aber in den kommenden Jahren deutlich steigen. Bis 2025 sind die Kosten für die CO_2-Zertifikate vorgegeben, ab 2026 wird ihr Preis in einem freien Handel ermittelt. Da die EU ihre CO_2-Emissionen senken möchte, werden logischerweise immer weniger CO_2-Zertifikate ausgegeben, was je nach Nachfrage zu höheren Preisen führen wird. Theoretisch könnte der Preis auch sinken, falls wenig CO_2 emittiert wird und es ausreichend viele CO_2-Zertifikate gibt, aber davon ist eher nicht auszugehen.

Der höhere CO_2-Preis wird sich auf alle Energieformen auswirken, die bei ihrer Nutzung CO_2 verursachen. Strom hat hier den Vorteil, dass in Deutschland bereits ca. 50 % der Erzeugung aus erneuerbaren Energiequellen stammt und damit kein CO_2 verursacht. Der erneuerbare Anteil bei Gas und Öl wird jedoch noch sehr lange auf einem sehr niedrigen Niveau bleiben, da grüner Wasserstoff oder daraus abgeleitete grüne Gase oder E-Fuels nur in sehr begrenzter Menge zur Verfügung stehen werden. CO_2-Zertifikate haben 2023 am Erdgaspreis einen Anteil von ungefähr 0,6 ct/kWh, der bis 2025 auf ca. 1 ct/kWh steigen wird.

Bei Ihrer Planung kann ich Ihnen den Blick in die Zukunft leider nicht abnehmen. Wie viel Strom und Gas in 2, 5, 10 oder 30 Jahren kosten werden, lässt sich nicht seriös vorhersagen. Berechnen Sie daher die Kosten für Ihre zukünftige Heizung mit unterschiedlichen Werten und spielen Sie verschiedene Szenarien durch, genauso wie es in diesem Kapitel geschieht. So erhalten Sie ein gutes Gefühl dafür, wann sich der Heizungstausch lohnt.

In Abschnitt 6.8, »Auswirkung von Energiepreisschwankungen«, finden sie weitere Beispiele, wie sich die Lebenszykluskosten einer Wärmepumpe im Vergleich zu einer Gasheizung bei unterschiedlichen Energiepreisen darstellen.

6.2 Beispiel 1: Luft-Wasser-Wärmepumpe im Neubau

Wärmepumpen sind bei Neubauten seit 2020 die am häufigsten gewählte Heizungsart in Deutschland (siehe Abbildung 6.5). Dies hat mehrere Gründe: Im Neubau können von Anfang an gute Voraussetzungen für den Betrieb einer Wärmepumpe geschaffen werden. Der Wärmebedarf ist schon alleine durch die gesetzlichen Vorgaben sehr niedrig, und in der Regel werden Fußbodenheizungen für die Wärmeverteilung gewählt. Außerdem kann in der Regel der gesetzliche Anspruch an den sogenannten Primärenergiebedarf nicht mit einer mit Erdgas betriebenen Gasheizung eingehalten werden (der Primärenergiebedarf ist eine Vergleichsgröße für den Bedarf an fossiler Energie).

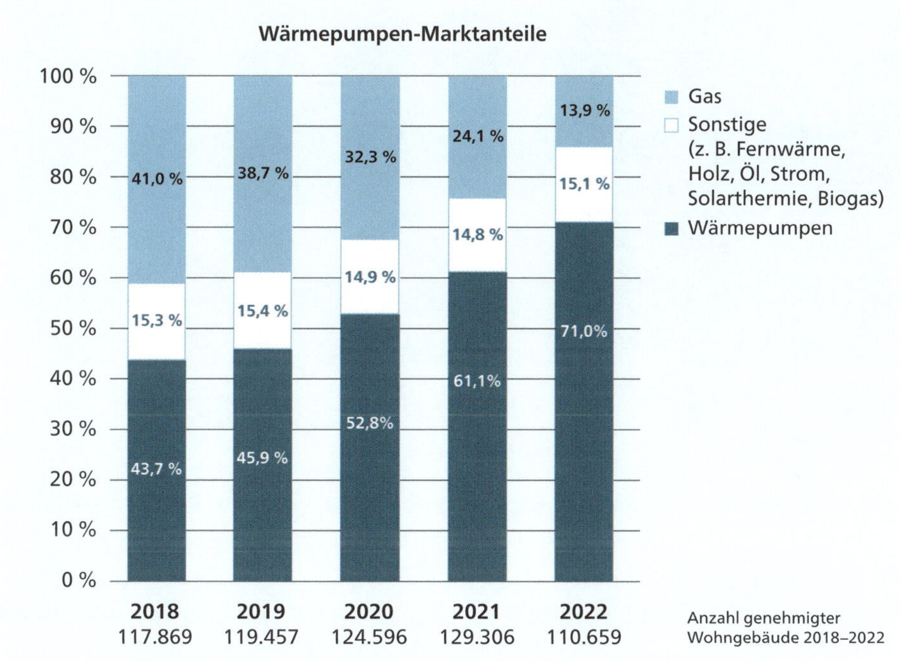

Abbildung 6.5 Marktanteil von Wärmepumpen in Neubauten. Quelle: Statistisches Bundesamt, Bautätigkeit, Baugenehmigungen für Wohngebäude nach primär verwendeter Energie zur Heizung

Falls bei Neubauten eine Gasheizung zum Einsatz kommt, wird üblicherweise eine Solarthermieanlage ergänzt, um die gesetzlichen Anforderungen zu erfüllen. Dadurch erhöhen sich die Kosten für die Gasheizung, wodurch die Mehrkosten für eine Wärmepumpe zum Teil relativiert werden. Ein weiterer Aspekt ist die Verfügbarkeit von Gasanschlüssen in Neubaugebieten. Durch die geringe Wärmeabnahme von Neubauten ist es dort für Netzbetreiber häufig nicht mehr lukrativ, eine Gasleitung zu verlegen.

Eckdaten

Auf der Suche nach einem Eigenheim hat die junge Familie in diesem Beispiel ein Baugrundstück im östlichen Umland von Nürnberg gefunden, das durch einen Bauträger mit einer Doppelhaushälfte bebaut werden soll (siehe Abbildung 6.6). Haus und Grundstück entsprechen mit 140 m^2 Wohnfläche und 280 m^2 Grundstücksfläche den üblichen Größen, die in Stadtnähe mit S-Bahn Anschluss mit einem durchschnittlichen Einkommen finanzierbar sind.

Abbildung 6.6 Neubau Doppelhaushälfte

Mit ausgebautem Spitzboden und einem Keller bietet das Haus ausreichend Platz für die vierköpfige Familie. Insbesondere in Gegenden mit teurem Baugrund wird heutzutage der Raum eines Gebäudes besser ausgenutzt. Entweder wird im Neubau der Spitzboden von Anfang an ausgebaut oder dies zu einem späteren Zeitpunkt nachgeholt, was zumindest in Teilen den erhöhten Wohnflächenbedarf pro Person, der sich im Lauf der Zeit entwickelt hat, kompensiert.

In der Grundausstattung ist das Gebäude durch den Bauträger an den gesetzlichen Anforderungen ausgerichtet. Als Heizung ist eine Gastherme vorgesehen, eine Solarthermieanlage soll das Trinkwasser erwärmen. Die Familie will aber trotz der dadurch höheren Baukosten einen höheren Energiestandard erreichen, damit die zukünftigen Energiekosten möglichst gering ausfallen und die Beheizung des Gebäudes einen möglichst geringen CO_2-Ausstoß verursacht. Dafür wird eine Wärmepumpe als Heizungsanlage eingesetzt. Zusammen mit einer leicht verbesserten Dämmung wird damit ein Effizienzhaus KfW55 erreicht.

Die ursprünglich geplante Solarthermieanlage bietet zwar ebenfalls die Möglichkeit, CO_2-neutral Wärme zu erzeugen, kann aufgrund des geringen Sonnenscheins im Winter aber nur einen niedrigen Anteil der benötigten Wärme abdecken. Zugunsten der Wärmepumpe können die Kosten für den Gasanschluss und den Kamin angerechnet werden, die bei der Installation einer Wärmepumpe entfallen. Mehrkosten für den Stromanschluss der Wärmepumpe fallen in der Regel nicht an, da im Neubau der sowieso zu errichtende Stromanschluss für den Haushaltsstrom ausreichend ist.

Wie bei Neubauten üblich erfolgt die Beheizung des Gebäudes durchgängig durch eine Fußbodenheizung. Zwar entstehen hier geringe Mehrkosten im Vergleich zum Einbau von Heizkörpern, was jedoch die Entscheidung, welche Heizungsanlage eingebaut werden soll, nicht beeinflusst. Die Fußbodenheizung soll aus Komfortgründen in jedem Fall eingebaut werden und ist für alle Heizungssysteme gut geeignet.

Das Trinkwarmwasser wird, wie es sich in den letzten Jahrzehnten etabliert hat, in einem separaten, 150 Liter großen Speicher erwärmt und bevorratet. Um das Budget zu schonen, wurde auf die Installation einer Photovoltaikanlage vorerst verzichtet. Angesichts der großen finanziellen Belastung, die ein Hausbau mit sich bringt, ist dies sicher nachvollziehbar, und die Installation soll zu einem späteren Zeitpunkt nachgeholt werden.

Die Wärmepumpe trägt zum Erreichen des KfW55-Standards bei, was einen zinsgünstigen Kredit bei der KfW-Bank in Höhe von 100.000 € ermöglicht. Da bei Effizienzhäusern das Haus als Ganzes bewertet wird, kann die Einsparung durch niedrigere Zinsen nicht alleine den Kosten für die Wärmepumpeninstallation gegengerechnet werden. Auch die bessere Dämmung der Wände, des Dachs und der Einbau besserer Fenster helfen, den KfW55-Standard zu erreichen.

	Eckdaten Doppelhaushälfte
Baujahr	2017 (Neubau)
Wärmeschutzniveau	KfW55
Wohnfläche	ca. 140 m^2
Art der Nutzung	4-köpfige Familie
Anlagenart	Luft-Wasser-Wärmepumpe
Wärmeverteilung	Fußbodenheizung
Systemtemperatur	35 °C Vorlauftemperatur

Tabelle 6.1 Steckbrief

Effizienz und Wirtschaftlichkeit

Zur Bewertung der Effizienz der Heizungsanlage steht der gesamte Stromverbrauch für Haushalt und Wärmepumpe in Höhe von ca. 5.200 kWh sowie die Jahresarbeitszahl von 3,7 (laut Display der Wärmepumpe) zur Verfügung.

Aufgrund des Stromverbrauchs in den Sommermonaten, wenn die Wärmepumpe nur für die Trinkwarmwasserbereitung in Betrieb ist, kann von einem vergleichsweise geringen Strombedarf für den Haushalt von ca. 2.000 kWh pro Jahr ausgegangen werden, die verbleibenden 3.200 kWh werden als Verbrauch für die Wärmepumpe angenommen. Multipliziert man den Stromverbrauch der Wärmepumpe mit der Jahresarbeitszahl von 3,7, ergibt sich ein Wärmebedarf von ca. 11.800 kWh für die Beheizung des Gebäudes und das Bereitstellen des Trinkwarmwassers (siehe Tabelle 6.2).

	Energieverbrauch und -kosten
Anlagenkosten	ca. 15.000 €
Wärmebedarf pro Jahr (Heizung)	ca. 7.200 kWh
Wärmebedarf pro Jahr (Warmwasser)	ca. 4.600 kWh
Wärmebedarf pro Jahr (gesamt)	ca. 11.800 kWh
Jahresarbeitszahl Wärmepumpe	3,7
Stromverbrauch Wärmepumpe	ca. 3.200 kWh/Jahr
Stromverbrauch Haushalt	ca. 2.000 kWh/Jahr
Stromverbrauch Gesamt	ca. 5.200 kWh/Jahr
Stromkosten Heizung	ca. 950 €/Jahr
Stromkosten Haushalt	ca. 600 €/Jahr
Gesamtstromkosten	ca. 1.550 €/Jahr
Gesamtstromkosten	**ca. 130 €/Monat**

Tabelle 6.2 Energieverbrauch und Energiekosten

Die Jahresarbeitszahl von 3,7 erscheint auf den ersten Blick recht schlecht für eine Wärmepumpe im Neubau. Beachtet Sie aber, dass bei gut gedämmten Gebäuden die Trinkwarmwasserbereitung einen hohen Anteil des gesamten Energieverbrauchs ausmacht. In diesem Beispiel sind es nahezu 40 %. Dieser Wert nimmt logischerweise zu, je besser das Gebäude gedämmt ist. Möchte man die Effizienz der Anlage bzw. den Energieverbrauch reduzieren, muss unbedingt auch die Trinkwarmwasserbereitung in Augenschein genommen werden.

Bei dem hier vorliegenden Trinkwarmwasserspeicher ist zwangsläufig das Thema Legionellenbildung zu beachten. Legionellen sind Bakterien, die beim Einatmen, z. B. während des Duschens, zu Erkrankungen führen können. Die Bakterien vermehren sich bevorzugt bei Wassertemperaturen von 25 °C bis 45 °C, bei Temperaturen von 60 °C oder mehr sterben sie ab. Es sollte also vermieden werden, dass Trinkwasser längere Zeit bei 20 °C bis 45 °C Temperaturen gespeichert wird. Hohe Temperaturen von 60 °C bieten hingegen einen Schutz gegen den Befall mit Legionellen. Andererseits führen genau diese hohen Temperaturen zu einer geringen Effizienz der Wärmepumpe.

Andere Trinkwarmwassersysteme, bei denen nur wenig Trinkwarmwasser bevorratet wird, sind grundsätzlich besser für die Beheizung durch eine Wärmepumpe geeignet. Dazu zählen zum Beispiel Lösungen mit einer Frischwasserstation oder sogenannte Hygienespeicher. Beide Systeme beruhen darauf, dass das Trinkwarmwasser im sogenannten Durchlaufprinzip erwärmt wird. Die Erwärmung erfolgt dabei nicht durch die Heizung selbst, sondern durch bereits vorher aufgewärmtes Heizungswasser, das sich in einem Pufferspeicher befindet (siehe Abschnitt 3.4, »Warmwasser«). In diesen Systemen befindet sich zwar auch Trinkwarmwasser bei Temperaturen, die Legionellenwachstum zulassen, die Wassermenge ist jedoch so gering, dass bereits bei kurzen täglichen Zapfvorgängen das gesamte Wasservolumen ausgetauscht wird. So wird einer Anreicherung mit Legionellen vorgebeugt. Trinkwassertemperaturen von zum Beispiel 45 °C sind hier also weniger bedenklich.

Bei Trinkwarmwasserspeichern bleibt es den Nutzern dennoch selbst überlassen zu entscheiden, wie hoch die Trinkwassertemperatur sein soll. Bei niedrigeren Temperaturen als 60 °C sollte aber in jedem Fall auf eine regelmäßige »Desinfektion« durch das Aufheizen des Speichers auf 60 °C oder mehr geachtet werden. Die meisten Heizungsanlagen verfügen über entsprechende Zeitprogramme, die zum Beispiel einmal pro Woche die Temperatur im Speicher auf über 60 °C anheben.

Zur Bewertung der Wirtschaftlichkeit wird in diesem Beispiel ein Vergleich zu einer Gasheizung mit solarthermischer Unterstützung gezogen, da dies eine der häufigsten Alternativen zu Wärmepumpen im Neubau ist. Die Kosten für die Gas-Solarthermie-Hybridheizung werden mit 15.000 € gleich hoch zur Wärmepumpe angesetzt, was dem Preisniveau von 2017 entspricht. Darin enthalten sind außerdem die Kosten für den Kamin und den Gasanschluss. Es wird von einem solaren Deckungsgrad von 20 % des gesamten Wärmebedarfs ausgegangen. Das bedeutet, das die verbleibenden 80 % des Wärmebedarfs durch die Gasheizung gedeckt werden.

Da die Investitionskosten für beide Varianten und auch die laufenden Energiekosten mit ca. 130 € pro Monat gleich hoch sind, ergeben sich gleich hohe Lebenszykluskosten (siehe Abbildung 6.7). Die Kosten beinhalten auch den Haushaltsstromverbrauch.

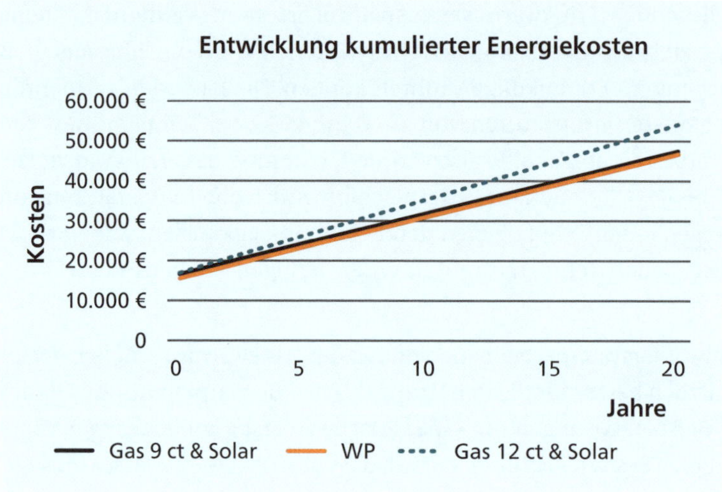

Abbildung 6.7 Lebenszykluskosten Gas versus Wärmepumpe ohne PV-Anlage

Anlagenoptimierung

Die laufenden Energiekosten belaufen sich bereits auf günstige 130 € pro Monat. Dennoch stellt sich der Familie die Frage, ob durch die Installation einer Photovoltaikanlage die Kosten weiter reduziert werden können. Aufgrund der hohen Anschaffungskosten wurde mit der Umsetzung noch nicht begonnen. Übergangsweise wurde eine sogenannte Balkonanlage installiert, bestehend aus zwei Photovoltaikmodulen, die direkt an einer Steckdose angeschlossen werden. Da die Leistung dieser Anlage nur 800 Watt beträgt und somit nur einen geringen Teil des Strombedarfs der Wärmepumpe deckt, wird weiterhin geprüft, ob eine Belegung der gesamten Dachfläche, was einer PV-Leistung von ca. 6.000 Wp entspricht, sinnvoll ist.

Ausgehend von Installationskosten von 2.000 €/kWp ergeben sich Gesamtkosten für eine Photovoltaikanlage in der Größenordnung von 12.000 €. Für die Berechnung der Lebenszykluskosten wurde eine Eigenverbrauchsquote von 25 % angenommen. Im folgenden Diagramm ist gut die positive Wirkung der Photovoltaikanlage zu erkennen. Unter den genannten Bedingungen liegt die Amortisation bei ca. 14 Jahren. Über 20 Jahre ergibt sich eine Einsparung von ca. 10.000 € (siehe Abbildung 6.8). Wenn die Erlöse für die Einspeisung des überschüssigen Stroms einbezogen werden, reduzieren sich die Energiekosten auf den niedrigen Wert von 60 € pro Monat.

Für die Gas-Solarthermie-Variante wurde hier keine zusätzliche Installation einer Photovoltaikanlage untersucht, da in diesem Fall die Dachfläche bereits teilweise durch die Solarthermiemodule belegt ist. Grundsätzlich wäre es auch hier möglich, eine kleinere Photovoltaikanlage zu installieren. Dabei muss jedoch beachtet werden, dass die spezifischen Kosten für die Installation aufgrund der geringeren Anlagengröße höher ausfallen könnten. Dies liegt daran, dass die Kosten für Aspekte wie die Kabelführung durch das Haus oder die Zählerinstallation in etwa gleich hoch sein werden, aber auf eine geringere Anlagenleistung umgelegt werden müssen.

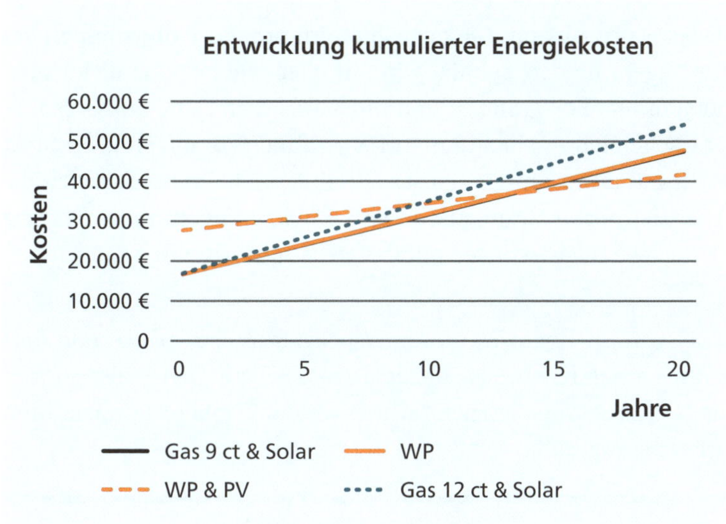

Abbildung 6.8 Lebenszykluskosten unter Berücksichtigung einer PV-Anlage

Zusammenfassung

Nicht ohne Grund sind Wärmepumpen im Neubau mittlerweile die am häufigsten gewählte Heizungsart. Die ohnehin aus Gründen des Komforts oft gewählte Fußbodenheizung und eine gut gedämmte Gebäudehülle ermöglichen niedrige Systemtemperaturen, die für eine hohe Effizienz der Wärmepumpe sorgen. Außerdem entstehen aufgrund gesetzlicher Vorgaben zwangsläufig zusätzliche Kosten für Solarthermie oder andere Formen der Nutzung erneuerbarer Energie, wodurch die höheren Anschaffungskosten der Wärmepumpe im Vergleich zu einer Gasheizung relativiert werden. Der Wegfall eines Kamins und des Gasanschlusses verbessert die Kostenbilanz der Wärmepumpe zusätzlich. Die Installation einer Photovoltaikanlage reduziert dann noch die laufenden Kosten deutlich, was die Wärmepumpe rundum zur richtigen Heizungswahl macht.

6.3 Beispiel 2: Hybrid-Wärmepumpe in unsaniertem Bestandsgebäude

Im Mittelpunkt dieses Beispiels steht ein Gebäude in Unterfranken (siehe Tabelle 6.3). Die Familie mit zwei Kindern hat das 1973 erbaute Einfamilienhaus vor einigen Jahre gekauft und vor allem optische Sanierungen im Innenbereich durchgeführt. Wegen häufiger Störungen an der alten Gasheizung soll nun eine neue Heizungsanlage eingebaut werden. Die vorhandenen Heizkörper sollen beibehalten werden, großflächige Umbauarbeiten für eine Fußbodenheizung kommen zum Zeitpunkt des Heizungstausches nicht infrage.

Eine Besonderheit des Hauses ist ein Gaskachelofen im großen Wohnzimmer, der besonders an kalten Tagen intensiv genutzt wird. Ähnlich wie bei einem Holzofen wird der Gas-Kachelofen manuell gestartet und muss auch von Hand ausgeschaltet werden. Sobald der Kachelofen die Raumluft auf eine höhere Temperatur erwärmt hat als die am Heizungsthermostat der Heizkörper eingestellte, schließen sich die Ventile im Heizkörperthermostat automatisch. Der Kachelofen übernimmt dann die gesamte Raumheizung. Die Auswirkungen auf das Heizungssystem werden wir später analysieren.

Das Trinkwarmwasser wird in einem Warmwasserspeicher (Boiler) erhitzt und dort gespeichert. Dank des vorhandenen Gas-Spitzenlastkessels kann der Boiler so weit wie möglich mit der Wärmepumpe effizient erhitzt werden. Höhere Temperaturen werden vom Gaskessel bereitgestellt.

	Eckdaten Einfamilienhaus
Baujahr	1973
Wärmeschutzniveau	schlecht, alle Bauteile aus dem Baujahr
Wohnfläche	160 m²
Art der Nutzung	4-köpfige Familie
Besonderheiten	Gas-Kachelofen im Wohnzimmer
Jahr des Heizungstausches	2021
Anlagenart	Hybridheizung: Gas-Brennwertkessel und Luft-Wasser-Wärmepumpe
Wärmeverteilung	Heizkörper
Systemtemperaturen	65 °C Vorlauftemperatur
Ergänzende Maßnahmen	Einbau eines Heizkörpers im bisher durch den Kachelofen beheizten Wohnzimmer
Wärmeverbrauch vor Heizungstausch	ca. 24.000 kWh

Tabelle 6.3 Steckbrief

Die Gebäudehülle befindet sich noch im Zustand des Baujahres 1973 und weist einen entsprechend niedrigen Wärmeschutz auf. Die Sanierung des Dachs ist für die nächsten Jahre vorgesehen, neue Fenster und eine Dämmung der Fassade vielleicht zu einem späteren Zeitpunkt. Trotz der nicht optimalen Bedingungen (Heizkörper, schlecht gedämmtes Gebäude) bestand der Wunsch, dass die neue Heizungsanlage umweltschonend Wärme erzeugt und die dafür notwendige Energie mittels einer Photovoltaikanlage teilweise selbst erzeugt werden kann. Zusammen mit dem Heizungsfachbetrieb ist die Wahl auf eine Hybridanlage gefallen, die aus einer Luft-Wasser-Wärmepumpe und einer Gas-Brennwertheizung besteht. Eine Zusammenfassung der wichtigsten Vor- und Nachteile derartiger Heizungssysteme gibt der folgende Abschnitt.

Bei der vorliegenden Anlage kann eine Außentemperatur im Bedienmenü eingestellt werden, ab der die Gasheizung in Betrieb geht, sodass die Anlage immer den günstigeren Wärmeerzeuger nutzt. Dies ist für moderne Anlagen typisch. Bei anderen Herstellern können die jeweiligen Energiepreise eingestellt werden, und die Anlage entscheidet selbst, bei welchen Bedingungen welcher Wärmeerzeuger betrieben wird.

Vor- und Nachteile von Hybridanlagen

Hybridheizungen bieten sich an, wenn wie in diesem Beispiel hohe Systemtemperaturen in den Heizkreisläufen notwendig sind (siehe auch Abschnitt 2.8, »Hybridsysteme«). Insbesondere wenn Bedenken hinsichtlich der zuverlässigen Wärmeversorgung durch eine Wärmepumpe vorliegen, vermittelt eine Hybridanlage ein Gefühl größerer Sicherheit, das Haus auch an kalten Wintertagen warm zu halten.

Bei Hybridanlagen entstehen im Vergleich zu einer monovalenten Wärmepumpe höhere Investitionskosten, da zwei vollwertige Wärmeerzeuger installiert werden müssen. Außerdem entstehen zusätzliche Betriebskosten für den Kaminkehrer und die Grundgebühr für einen Gaszähler. Gleichzeitig kann eine Kostenersparnis bei der Investition für die Wärmepumpe erzielt werden, da diese eine geringere Leistung besitzen kann als für den Fall, dass die Wärmepumpe alleinig das Gebäude beheizen muss.

Lassen Sie uns hier noch mal kurz die Inhalte aus Abschnitt 2.10, »Betriebsweise von Wärmepumpen«, wiederholen: Auch bei einer monovalenten Wärmepumpe wird ein Teil der Heizlast durch einen Heizstab gedeckt. Der Heizstab geht jedoch nur an besonders kalten Tagen (ca. –5 °C oder weniger) in Betrieb. Da es im Jahr nur vergleichsweise wenige dieser kalten Tage gibt (siehe Abbildung 6.9), übersteigen die niedrigeren Investitionskosten durch die geringere Leistung der Wärmepumpe die Mehrkosten, die durch den höheren Verbrauch des Heizstabes erzeugt werden. In Summe ist dies also eine wirtschaftliche Lösung.

In Hybridanlagen übernimmt die Gasheizung (oder ein anderer Heizungstyp) die Funktion des Heizstabes. Da die Wärmeerzeugung mit Gas deutlich kostengünstiger ist als bei einem strombetriebenen Heizstab, kann der Anteil der Wärmebereitstellung durch die Gasheizung erhöht werden. Dies ermöglicht eine kleinere Dimensionierung der Wärmepumpe, was Kosteneinsparungen mit sich bringt. Sie werden vielleicht überrascht sein, wie signifikant dieser Effekt sein kann.

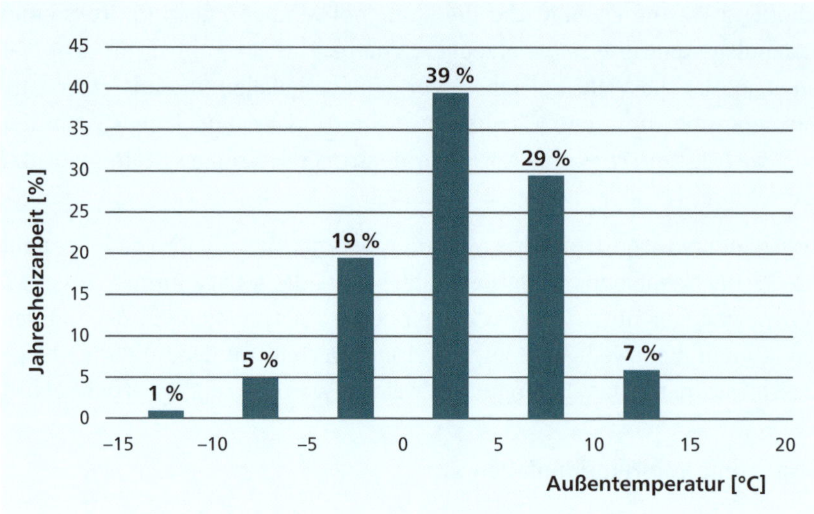

Abbildung 6.9 Beispielhafte Verteilung der Wärmeerzeugung in Abhängigkeit der Außentemperatur. Nur 5 % der Wärme wird bei Temperaturen zwischen –5 °C und –10 °C benötigt. Unterhalb von –10 °C ist nur 1 % der Wärme notwendig. Datenquelle: Frank Rosteck.

Nehmen wir an, die Gasheizung soll 20 % des Wärmebedarfs decken, was bedeutet, dass die Wärmepumpe 80 % der Wärme im Jahr erzeugt. Nach Norm muss die Wärmepumpe dann lediglich 30 % der gesamten Heizlast abdecken können. Wenn die Heizlast beispielsweise bei einem üblichen Bestandsgebäude bei 15 kW liegt, wäre eine Wärmepumpe mit einer Leistung von etwa 5 kW ausreichend, um 80 % der Wärme durch die Wärmepumpe bereitzustellen.

Dieser Sachverhalt macht sich auch in den Anforderungen der Bundesförderung für effiziente Gebäude in Deutschland bemerkbar. Damit Wärmepumpen gefördert werden, muss die Wärmeerzeugung für das zu beheizende Gebäude zu 65 % mit erneuerbarer Energie erfolgen. (Dabei wird Wärme aus einer Wärmepumpe als erneuerbare Energie betrachtet, unabhängig davon, mit welchem Strom sie betrieben wird.) Die Anforderung wird als erfüllt angesehen, wenn die Leistung einer Wärmepumpe 30 % der Heizlast des Gebäudes besitzt. Wie im vorherigen Absatz beschrieben, wird damit laut Norm ein Deckungsanteil von 80 % erreicht, was eine Übererfüllung der 65 % Anteil an erneuerbarer Energie darstellt.

Zusätzlich bieten Hybridanlagen die Flexibilität, zwischen verschiedenen Energieträgern zu wählen, in diesem Fall zwischen Strom und Gas. Abhängig von den Energiepreisen und den Betriebsbedingungen kann die wirtschaftlichere Energiequelle genutzt werden. Je kälter die Außentemperatur ist, desto ineffizienter arbeitet beispielsweise eine Luft-Wärmepumpe, was zu einem höheren Strombedarf und höheren Wärmegestehungskosten führt, also den Kosten, die für die Erzeugung einer

Kilowattstunde Wärme anfallen. Die Wärmegestehungskosten der Gasheizung hingegen sind weitgehend unabhängig von der Außentemperatur. In der Regel wird es also eine Außentemperatur geben, unterhalb derer die Wärmeerzeugung mit der Gasheizung günstiger ist als mit der Wärmepumpe. Steht sehr kostengünstiger Strom zur Verfügung, beispielsweise aus einer Photovoltaikanlage, kann es vorkommen, dass die Wärmeerzeugung mit der Wärmepumpe bei jeder Temperatur kostengünstiger ist als mit der Gasheizung.

Vermeiden Sie überdimensionierte Wärmepumpen!

Bei Hybridanlagen sollte immer geprüft werden, ob die Leistung der Wärmepumpe sinnvoll gewählt wurde. Ein grober Anhaltspunkt für die Auslegung ist eine Leistung der Wärmepumpe, die ca. 40 % der Heizlast des Gebäudes entspricht. Hierbei ist es wichtig, mit der richtigen Datengrundlage zu arbeiten. Zur Dimensionierung der Heizungsanlage ist es empfehlenswert, die Heizlast des Gebäudes zu berechnen (siehe Abschnitt 3.7, »Heizlast und Heizwärmebedarf«). Eine Auslegung, die sich an der Leistung der alten Heizung orientiert, führt in der Regel zu deutlich überdimensionierten Anlagen.

Da bei Gas- und Ölheizungen tendenziell bereits die kleinsten Geräte für die Versorgung eines Einfamilienhauses ausreichen und zusätzlich die Mehrkosten bei höheren Anlagenleistungen nicht so ausgeprägt steigen wie bei Wärmepumpen, werden in Hybridanlage die Spitzenlastkessel meist auf die volle Heizlast des Gebäudes ausgelegt.

Effizienz und Wirtschaftlichkeit

Die Gesamtkosten der Hybridanlage betragen knapp das Doppelte des eigentlichen Gerätepreises (siehe Tabelle 6.4). Häufig wird dieses Verhältnis unterschätzt. Auch Internetangaben über Anlagenkosten gehen meist von einem deutlich zu geringen Wert aus. Die Gesamtkosten von 30.000 € liegen für das Jahr 2021 in einem üblichen Bereich, waren tendenziell sogar eher günstig.

Eine Auswertung der Anlagendaten im zweiten Betriebsjahr nach der Sanierung zeigt, dass der Anteil an Wärmeerzeugung mit Gas bei 41 % liegt, was überdurchschnittlich hoch ist (siehe Tabelle 6.5). Dies ist unter anderem durch den regelmäßigen Betrieb des Gaskachelofens zu erklären. Leider lassen die gemessenen Werte keinen Rückschluss zu, wie sich der Gasverbrauch auf den Kachelofen und die Zentralheizung aufteilt.

Die Jahresarbeitszahl der Wärmepumpe zeigt das Gerätedisplay mit 2,8 an und fällt damit niedriger aus, als es zu erwarten ist. Da bei Hybridanlagen an kalten Tagen der Spitzenlastkessel Wärme bereitstellt, sollte die Wärmepumpe verstärkt bei wärmeren Außentemperaturen in Betrieb sein. Daher sollte die Jahresarbeitszahl eher eine

Größenordnung von 3,5 erreichen. Mögliche Ursachen und Verbesserungsmöglichkeiten werden im folgenden Abschnitt »Anlagenoptimierung« behandelt.

Material und Montage	**Kosten**
Hybridanlage	15.750 €
Abgasanlage	1.000 €
Wasseraufbereitung und -nachfüllung	1.000 €
Rohrleitungen und Armaturen	2.500 €
Summe Material	**20.250 €**
Installation Anlage	6.200 €
Nebenarbeiten und Entsorgung	1.100 €
Hydraulischer Abgleich & Installation zweier Heizkörper	1.650 €
Summe Montage	**8.950 €**
Gesamtkosten	**29.200 €**
Förderung	9.000 €
Eigenanteil	**20.200 €**

Tabelle 6.4 Investitionskosten des Heizungssystems

	Wärmebedarf und Betriebskosten
Wärmebedarf pro Jahr	20.200 kWh
Deckungsanteil Wärmepumpe (59 %)	11.850 kWh
Deckungsanteil Gasheizung (41 %)	8.350 kWh
Jahresarbeitszahl Wärmepumpe	2,8
Stromverbrauch Wärmepumpe	4.300 kWh
Stromverbrauch Haushalt	3.500 kWh
Stromverbrauch gesamt	7.800 kWh
Energiekosten Heizung und Brauchwasser	ca. 2.150 €/Jahr
Stromkosten Haushalt	ca. 1.050 €/Jahr
Gesamtenergiekosten	ca. 3.200 €/Jahr
Gesamtenergiekosten	**ca. 270 €/Monat**

Tabelle 6.5 Betriebsdaten

Dieses Anlagenbeispiel unterstreicht, wie wichtig das Monitoring ist, insbesondere bei komplexen Anlagensystemen wie Hybridanlagen. Ich empfehle daher, bei jeder Wärmepumpeninstallation Wärme- und Stromzähler zu installieren. Obwohl moderne Geräte diese Werte über das integrierte Display anzeigen, kann eine geeichte Messung eine genauere Auswertung ermöglichen. Elektronisch auslesbare Zähler ermöglichen zudem die zeitliche Analyse des Anlagenbetriebs. Für den üblichen Bedarf ist jedoch in der Regel eine manuelle Ablesung der Zählerwerte pro Monat ausreichend.

Effizienzvergleich

Wenn Sie anderen Wärmepumpenbetreibern oder Interessierten helfen möchten, können Sie die Betriebsdaten Ihrer Anlage auf folgender Homepage eintragen. Dort können Sie natürlich auch selbst die Effizienz der bereits hinterlegten Anlagen ansehen und vergleichen, ob Ihre Anlage die geplante Leistung bringt:

https://www.waermepumpen-verbrauchsdatenbank.de

Vergleicht man nun die Lebenszykluskosten der vorliegenden Hybridheizung mit einer klassischen Gasheizung (15.000 € Investition) so weisen beide Varianten in etwa die gleichen Betriebskosten auf, und zwar ca. 3.200 € pro Jahr für Wärme und Strom (inklusive Haushaltsstrom) für die Wärmepumpe und 3.100 € für die Gasheizung. Durch die ca. 5.000 € höheren Anschaffungskosten der Hybridanlage (trotz Förderung), schneidet die Gasheizung in den Lebenszykluskosten insgesamt besser ab (siehe Abbildung 6.10).

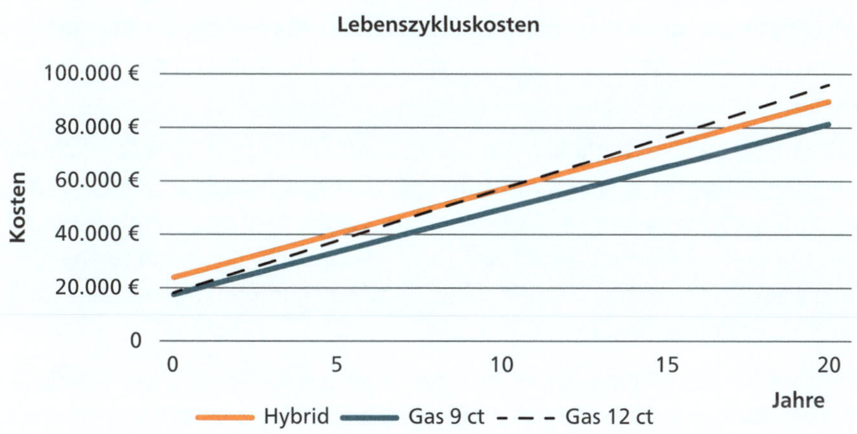

Abbildung 6.10 Lebenszykluskosten der Hybridheizung im Vergleich zu einer neuen Gasheizung

Verglichen mit den Betriebskosten der alten Gasheizung von 3.250 € sind beide Anlagenvarianten günstiger. Wie in allen Beispielen in diesem Kapitel wurden die effektiven Energiepreise inklusive Umsatzsteuer mit 9 bzw 12 ct/kWh für Gas und 30 ct/kWh für Strom angesetzt.

Anlagenoptimierung

Aufgrund der schlechten Jahresarbeitszahl und des hohen Gasverbrauchs ist eine weitergehende Untersuchung der Anlage ratsam. Dafür wurde zuerst die Systemtemperatur während der letzten Winterperiode systematisch reduziert. Ohne Komforteinbußen konnte die Temperatur jedoch nicht unter 65 °C abgesenkt werden. Bei diesem Versuch konnten aber weitere Erkenntnisse gesammelt werden: Insbesondere im Wohnzimmer erreicht die Raumtemperatur trotz der hohen Vorlauftemperatur kein angenehmes Niveau, wenn nur der nachgerüstete Heizkörper genutzt wird. Dies hat zur intensiven Nutzung des Gaskachelofens geführt und somit zu dem hohen Anteil an Wärme (41 %), die aus Gas erzeugt wurde.

Betrachtet man die Größe des nachgerüsteten Heizkörpers im Verhältnis zur Raumgröße des Wohnzimmers, ergibt sich der Eindruck, dass seine Heizfläche deutlich zu klein ist, um den großen Raum ausreichend zu beheizen. Diese Annahme wurde bereits bei der ursprünglichen Installation der Anlage vermutet, weshalb der Heizungsfachbetrieb die Vorbereitungen für den Einbau eines zusätzlichen Heizkörpers am anderen Ende des Raumes getroffen hat. Die Installation des zweiten Heizkörpers soll nun zeitnah nachgeholt werden.

Mit dem zusätzlichen Heizkörper soll es möglich sein, die Systemtemperatur unter 65 °C herabzusetzen. Dies führt zu besseren Betriebsbedingungen der Wärmepumpe. Durch den zusätzlichen Heizkörper wird trotz der niedrigeren Systemtemperatur das Wohnzimmer besser beheizt, sodass der Betrieb des Gas-Kachelofens reduziert werden kann.

Zusätzlich sollte die Hybridanlage in der Zukunft so eingestellt werden, dass die Wärmepumpe nur bei höheren Außentemperaturen in Betrieb ist, was die Jahresarbeitszahl der Wärmepumpe weiter verbessert. Vor der Analyse der Anlage hatte die Wärmepumpe die Beheizung des Gebäudes bis zu Außentemperaturen von –6 °C vollständig alleine übernommen. Dabei muss die Wärmepumpe Temperaturen von bis zu 60 °C bereitstellen.

In den kommenden Jahren soll das Dach des Gebäudes saniert und gleichzeitig eine Photovoltaikanlage installiert werden. Diese Maßnahmen verbessern den Betrieb der Anlage in zweifacher Weise:

- Die bessere Dämmung und die luftdichte Ausführung eines neuen Dachs reduzieren die notwendige Heizleistung des Gebäudes. Dadurch kann die Beheizung bei niedrigeren Systemtemperaturen erfolgen, was die Jahresarbeitszahl der Wärmepumpenanlage verbessert und damit den Stromverbrauch verringert.

- Die Photovoltaikanlage liefert ca. 35 % des Strombedarfs zu geringen Kosten. Die *Stromgestehungkosten* von Photovoltaikstrom liegen bei Einfamilienhäusern bei ca. 15 ct/kWh, meist sogar etwas niedriger. Die Stromgestehungskosten ergeben sich, wenn man die Kosten der PV-Anlage durch den Stromertrag während ihrer Lebenszeit dividiert.

  Bei einer Anlage mit 6 kWp, die 12.000 € gekostet hat und für die nächsten 20 Jahre konstant 6.000 kWh Strom im Jahr erzeugt, ergeben sich folgende Stromgestehungskosten: 12.000 € / (20 Jahre × 6.000 kWh/Jahr) = 10 ct/kWh. Gegenüber dem in diesem Buch angesetzten Strompreis von 30 ct/kWh kostet die Wärmeerzeugung der Wärmepumpe mit Photovoltaikstrom sozusagen nur halb so viel (oder weniger) wie mit Strom aus dem Stromnetz.

Abbildung 6.11 zeigt die erwarteten Lebenszykluskosten nach der für 2024 geplanten Umsetzung der oben genannten Maßnahmen. Es wird von einer Photovoltaikanlage mit 6 kW Leistung zu 2.000 €/kW und einer Eigenverbrauchsquote des Photovoltaikstroms von 35 % ausgegangen. Der Energiebedarf des Gebäudes reduziert sich durch das besser gedämmte Dach um 15 %.

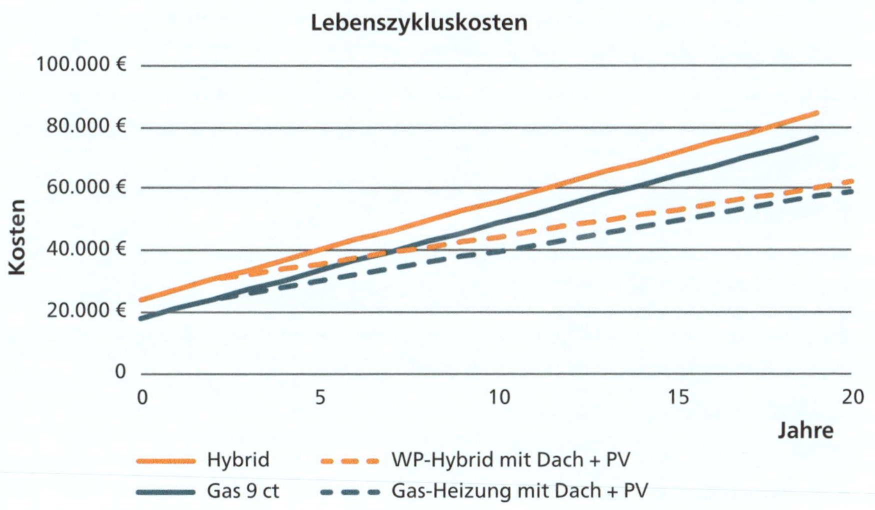

Abbildung 6.11 Prognostizierte Lebenszykluskosten nach dem Einbau einer PV-Anlage

Zusätzlich wird eine Verbesserung der Jahresarbeitszahl für die Beheizung des Gebäudes durch das gedämmte Dach und die kurzfristigen Maßnahmen von 20 % angenommen. Die Jahresarbeitszahl für die Raumheizung wird dann ca. 3,4 betragen. Als Vergleich dient wieder eine neue Gasheizung.

In der Vergleichsvariante wird ebenfalls eine Photovoltaikanlage installiert und der Wärmebedarf durch das neue Dach um 15 % reduziert. Da die Investitionskosten für das Dach und die Photovoltaikanlage in beiden Varianten gleich hoch sind, werden sie hier nicht berücksichtigt. Im Diagramm sind die geringeren Betriebskosten ab dem Jahr 2024 als geringere Steigung der Geraden zu erkennen.

Zusammenfassung

Bei den derzeitigen Energiepreisen lohnt sich die Installation einer Wärmepumpen-Gas-Hybridheizung in diesem Beispiel nicht. Es war bereits beim Einbau der Heizungsanlage klar, dass hohe Systemtemperaturen notwendig sein werden, weshalb eine Hybrid-Lösung gewählt wurde. Es zeigt sich aber, dass auch unter diesen Voraussetzungen auf eine möglichst geringe Systemtemperatur geachtet werden muss. Die Vergrößerung oder die Erweiterung der Heizkörper sollten insbesondere in den stark genutzten Räumen immer in Betracht gezogen werden. Besonders gilt dies bei Gebäuden mit schlechtem Wärmeschutz.

Zusätzlich ist bei Hybrid-Anlagen die richtige Einstellung der Regelung besonders wichtig. Die geringe Jahresarbeitszahl aus diesem Beispiel deutet darauf hin, dass die Wärmepumpe oft bei schlechten Betriebsbedingungen gearbeitet hat.

Nach den vorgeschlagenen Optimierungsmaßnahmen wäre die Installation einer Gasheizung über den Lebenszyklus von 20 Jahren noch geringfügig günstiger als die Hybridheizung. Aufgrund des geringen Unterschiedes sollten folgende Punkte in die Bewertung mit aufgenommen werden. Zusammen mit einer weiteren energetischen Sanierung des Gebäudes kann sich die Wahl einer Hybridanlage am Ende doch als sinnvoll erweisen.

- **Preisentwicklung:** Es sind keine Preissteigerungen angenommen. Voraussichtlich wird der Gaspreis unter anderem durch die CO_2-Besteuerung stärker steigen als der Strompreis, was die Vergleichsvariante mit Gas verschlechtert.
- **Eigenversorgung:** Durch die teilweise Versorgung der Wärmepumpe mit eigenem Photovoltaikstrom wirken sich Preissteigerungen nur auf den zugekauften Anteil des Stroms aus.
- **Versorgungssicherheit:** Hybrid-Systeme bieten Versorgungssicherheit bei Ausfall eines Wärmeerzeugers.
- **Preisschwankungen:** Je nach Preisentwicklung bietet ein Hybrid-System die Möglichkeit, den günstigsten Energieträger zu nutzen.
- **Nachhaltigkeit:** Das Hybrid-System verursacht mit seiner Wärmepumpe deutlich weniger CO_2-Emissionen als die Gasheizung.

6.4 Beispiel 3: Luft-Wasser-Wärmepumpe in saniertem Bestandsgebäude

Ausgangspunkt für dieses Beispiel ist ein Reihenendhaus mit dem Baujahr 1984 (siehe Abbildung 6.12). Das Gebäude, das von den Eltern übernommen wurde, wird immer noch von der ursprünglichen Gasheizung beheizt. Auch die übrige Bausubstanz entspricht weitgehend dem Baujahr. Die anstehenden altersbedingten Sanierungen an der Fassade und dem Dach dienen der Familie als Anlass, eine umfassende energetische Sanierung durchzuführen. Dabei ist geplant, die Fassade zu dämmen, das Dach zu erneuern und zusätzlich zu dämmen.

Abbildung 6.12 Das Haus vor Beginn der Sanierung

Außerdem soll eine dezentrale Lüftungsanlage mit Wärmerückgewinnung eingebaut werden, die an der sanierten Fassade durch die quadratischen Luftaus- und Luftzulässe zu erkennen ist (siehe Abbildung 6.13). Die Heizungsanlage soll gleichzeitig von Gas auf eine Wärmepumpe umgestellt werden. An der Fußbodenheizung im Erdgeschoss und an den Heizkörpern in den restlichen Stockwerken wurde nichts verändert. Insgesamt finden alle Bauarbeiten an der Gebäudefassade und im Keller statt, sodass die Familie während der Umbauarbeiten im Haus wohnen bleiben konnte.

Für die Dämmung der Fassade und des Dachs werden Holzfaserdämmplatten verwendet. Neben einem geringeren CO_2-Fußabdruck im Vergleich zu erdölbasierten Dämmmaterialien (z. B. Styropor) bieten sie insbesondere im Dachgeschoss einen verbesserten Schutz vor Überhitzung im Sommer sowie eine sehr gute Schalldämmung, was die Lärmbelastung durch die angrenzende, stark befahrene Straße erheblich reduziert. Darüber hinaus hat die optische Aufwertung des Gebäudes durch die Hinzufügung von Holzelementen an der Fassade stattgefunden.

Abbildung 6.13 Die quadratischen Luftauslässe und -zulässe ermöglichen eine Wohnraumbelüftung mit Wärmerückgewinnung.

Abbildung 6.14 Das sanierte Dach mit PV-Anlage

Die Überzeugung der vierköpfigen Familie, sich nachhaltig mit Energie versorgen zu wollen, spiegelt sich auch in den Photovoltaikanlagen auf dem Nord- und Süddach des Gebäudes (siehe Abbildung 6.14) und in der Nutzung eines Elektroautos wieder.

Bei allen getroffenen Entscheidungen spielte die Wirtschaftlichkeit natürlich eine wichtige Rolle. Hierbei war jedoch insbesondere die Bereitschaft vorhanden, hohe Investitionskosten für das ganzheitliche Energiekonzept zu akzeptieren. Es ist verständlich, dass diese Investitionsbereitschaft nicht immer gegeben ist, insbesondere wenn Kosten von 100.000 € und mehr im Spiel sind. Andererseits zeigt gerade der Blick auf die Lebenszykluskosten, dass über mehrere Jahre oder sogar Jahrzehnte hinweg eine ähnlich hohe Summe an Energiekosten anfallen kann, insbesondere wenn Gebäude nicht energetisch auf den aktuellen Stand gebracht werden.

	Eckdaten Reihenendhaus
Baujahr	1984
Wärmeschutzniveau	2017 saniert, ganzheitliche Wärmedämmung und Lüftungsanlage
Wohnfläche	145 m²
Art der Nutzung	4-köpfige Familie
Besonderheiten	Elektroauto
Jahr des Heizungstausches	2017
Anlagenart	Luft-Wasser-Wärmepumpe
Wärmeverteilung	Fußbodenheizung und Heizkörper
Systemtemperaturen	50 °C Vorlauftemperatur
Ergänzende Maßnahmen	Dämmung von Fassade und Dach, Einbau Lüftungsanlage, Photovoltaikanlage mit Batteriespeicher
Wärmeverbrauch vor Heizungstausch	27.000 kWh

Tabelle 6.6 Steckbrief

Effizienz und Wirtschaftlichkeit

Die Kosten für die Anlage liegen, bezogen auf das Jahr 2017, eher über dem Durchschnitt einer üblichen Wärmepumpeninstallation (siehe Tabelle 6.7). Dies ist teilweise mit dem hohen Aufwand für die Erneuerung des Stromzählerkastens zu erklären. Dieser Eingriff war notwendig, da neben der Wärmepumpe auch eine Wallbox für das E-Auto, eine Photovoltaikanlage, ein Batteriespeicher und die Lüftungsanlage an den Verteilerkasten angeschlossen werden mussten und der alte Verteilerkasten nicht genügend Anschlussmöglichkeiten hergab.

Material und Montage	Kosten
Zählerkasten und Elektroinstallation	4.500 €
Wärmepumpe	17.350 €
Montage	17.000 €
Gesamtkosten	**38.850 €**
Förderung (Stand 2023)	–13.600 €
Eigenanteil	**25.250 €**

Tabelle 6.7 Investitionskosten des Heizungssystems

Zur Bewertung der Anlageneffizienz stehen der Gesamtstrombedarf des Gebäudes in Höhe von etwa 12.000 kWh und eine Jahresarbeitszahl von 3,3 zur Verfügung, die aus der Steuerung der Wärmepumpe abgelesen werden kann. Es wird angenommen, dass etwa 3.500 kWh Strom für den Haushalt und weitere 3.000 kWh für das Laden des Elektroautos benötigt werden. Die verbleibenden 5.500 kWh entfallen auf die Nutzung der Wärmepumpe. In Kombination mit der Jahresarbeitszahl von 3,3 ergibt sich somit ein geschätzter Gesamtwärmebedarf für die Beheizung des Gebäudes und die Bereitstellung von Trinkwarmwasser von etwa 18.200 kWh.

Abbildung 6.15 Die Luftwärmepumpe wurde straßenseitig platziert.

Mit einer Jahresarbeitszahl von 3,3 weist die Wärmepumpe angesichts der eingestellten Systemtemperatur von 50 °C für die Heizkörper einen guten Wert auf. Dem Stromverbrauch von ca. 12.000 kWh für Heizung, Haushalt und E-Auto steht ein Stromertrag von ca. 5.300 kWh durch die PV-Anlage gegenüber. Mehr als 70 % davon kann direkt verbraucht werden, der Rest wird gegen eine kleine Vergütung in das öffentliche Netz eingespeist. Insgesamt ergeben sich damit erstaunlich niedrige Energiekosten von ca. 195 € pro Monat (siehe Tabelle 6.8). Ohne E-Auto würden diese sogar auf 120 € pro Monat sinken.

	Wärmebedarf und Betriebskosten
Wärmebedarf pro Jahr	ca. 18.200 kWh
Jahresarbeitszahl Wärmepumpe	3,3
Stromverbrauch Heizung und Brauchwasser	ca. 5.500 kWh
Stromverbrauch Haushalt	ca. 3.500 kWh
Stromverbrauch E-Auto	ca. 3.000 kWh
PV-Ertrag Eigennutzung (72 %)	ca. 3.700 kWh
PV-Ertrag Einspeisung (28 %)	ca. 1.600 kWh
Gesamtenergiekosten	ca. 2.300 €/Jahr
Gesamtenergiekosten	ca. 195 €/Monat
Gesamtenergiekosten ohne E-Auto	**ca. 120 €/Monat**

Tabelle 6.8 Betriebsdaten

Lebenszykluskosten

Auch in diesem Beispiel erfolgt wieder ein Vergleich zu einer konventionellen Gasheizung. Es werden dabei alle Energiekosten des Haushalts kumuliert betrachtet, also der Haushaltsstrom, das Laden des E-Autos und der Betrieb der Wärmepumpe. Sowohl in der Variante Gasheizung als auch bei der Wärmepumpe werden die Kosten einer 6 kWp PV-Anlage inkl. 5 kWh Batteriespeicher in Höhe von 20.000 € angenommen.

Für die Wärmepumpe wird eine Förderung in Höhe von 35 % angenommen, was dem aktuell gültigen Förderprogramm des BAFA für eine Wärmepumpe mit Austauschbonus einer mehr als 20 Jahre alten Gasheizung entspricht. Die Mehrkosten der Wärmepumpe im Vergleich zur Gasheizung belaufen sich damit auf ca. 10.000 €. Bei den aktuellen Energiepreisen von 9 ct/kWh für Erdgas und 30 ct/kWh für Strom schneidet die Wärmepumpe ab dem 19. Betriebsjahr besser ab. Sollte der Gaspreis auf 12 ct/kWh steigen, wären die Mehrkosten bereits nach ca. 9 Jahren amortisiert (siehe Abbildung 6.16).

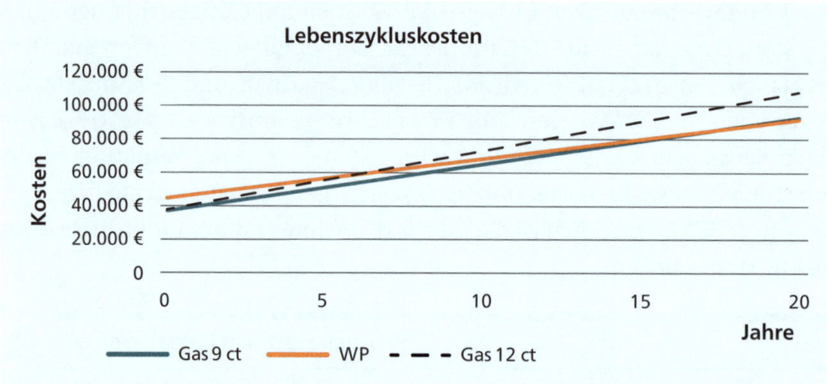

Abbildung 6.16 Lebenszykluskosten Wärmepumpe versus Gasheizung

Auch die laufenden Energiekosten der Wärmepumpe betragen mit 195 € pro Monat deutlich weniger als bei der Gasheizung mit 235 €. Gerade bei steigenden Energiekosten ist dies ein großer Vorteil, da eine prozentuale Preiserhöhung bei insgesamt niedrigen Kosten deutlich geringer spürbar ist als bei hohen Energiekosten.

PV-Eigenverbrauch versus Autarkie

Dank des vorhandenen Batteriespeichers und des Ladens des Elektroautos weist die PV-Anlage in diesem Beispiel eine überdurchschnittlich hohe Eigenverbrauchsquote von 72 % auf. Ohne Batteriespeicher und Elektroauto liegt dieser Wert normalerweise im Bereich von 20 bis 25 %. Es ist jedoch wichtig zu beachten, dass Eigenverbrauch nicht mit Autarkie gleichzusetzen ist. Obwohl 72 % des erzeugten Stroms selbst genutzt werden, reicht dies lediglich aus, um 33 % des Stromverbrauchs zu decken. Die Autarkie liegt also bei 33 %, was bedeutet, dass weiterhin zwei Drittel des benötigten Stroms aus dem öffentlichen Stromnetz bezogen werden müssen.

Ein höherer Autarkiegrad ist bei einer typischen Kombination aus Wärmepumpenheizung und PV-Anlage leider kaum zu erzielen. Die Wärmepumpe benötigt offensichtlich gerade im Winter besonders viel Strom, die Photovoltaikanlage erzeugt aber dann wenig Strom. Besonders gut ist dies in den Monaten Januar, Februar und November und Dezember zu erkennen (siehe Abbildung 6.17).

Im Sommer erzeugt die PV-Anlage hingegen mehr Strom, als notwendig ist. (Wegen des Elektroautos ist der Überschuss etwas kleiner als in anderen Häusern.) Es gibt aktuell leider keine wirtschaftlich sinnvolle Möglichkeit, den Überschussstrom des Sommers bis zum Winter zu speichern. Batteriespeicher besitzen in der Regel Speicherkapazitäten, die den Stromverbrauch nur für einen oder wenige Tage decken können. Ist eine Wärmepumpe in Betrieb oder wird ein Elektroauto geladen, so reicht die Kapazität nur für wenige Stunden aus.

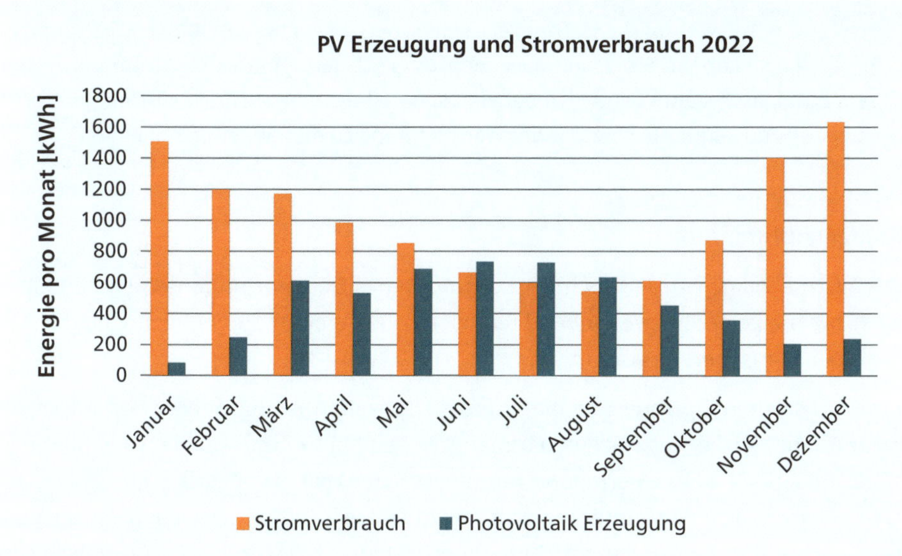

Abbildung 6.17 Stromverbrauch und PV-Ertrag nach Monaten

PV-Selbstversorgung

Wird ein Einfamilienhaus durch eine Wärmepumpe beheizt, können die Stromkosten durch die Installation einer Photovoltaikanlage reduziert werden. In der Regel wird die Anlage sogar erst dann zu anderen Heizungssystemen konkurrenzfähig, wenn der Strom aus einer Photovoltaikanlage genutzt werden kann. Durch die saisonale Schwankung bei der Erzeugung von Photovoltaikanlagen ist eine Abdeckung des Strombedarfs im Winter grundsätzlich begrenzt. Da Wärmepumpen (bzw. Heizungsanlagen im Allgemeinen) besonders in der kalten Jahreszeit betrieben werden, erschwert dies die Versorgung durch Photovoltaikstrom zusätzlich.

Als Richtgröße kann man davon ausgehen, dass in etwa 20 % des Strombedarfs für eine Wärmepumpe durch eine Photovoltaikanlage gedeckt werden kann. Dementsprechend müssen weiterhin 80 % des Stroms aus dem öffentlichen Stromnetz entnommen werden.

Batteriespeicher können hier nur bedingt Abhilfe schaffen. Sie können den Strombedarf einer Wärmepumpe nur für wenige Stunden abdecken. Hinzu kommt, dass im Winter häufig gar nicht genug PV-Strom erzeugt wird, um die Batterie aufzuladen. Sinnvoller ist es, wenn Sie die Wärmepumpe so einstellen, dass sie dann arbeitet, wenn die Photovoltaikanlage Strom erzeugt. Auf einfache Art und Weise kann dies durch feste Zeitsteuerungen geschehen. Für die meisten Wärmepumpen kann die Trinkwarmwassererwärmung abhängig von der Uhrzeit eingestellt werden.

Erfolgt die Aufwärmung des Trinkwasserspeichers bevorzugt zwischen 09:00 und 15:00 Uhr, so können Sie davon ausgehen, dass Sie den Photovoltaikstrom gut nutzen. Zusätzlich positiv wirkt sich dabei aus, dass tagsüber auch die Lufttemperatur höher ist und damit die Effizienz der Wärmepumpe zu diesen Zeiten höher ist.

Anlagenoptimierung

Der Wärmebedarf wurde durch die Dämmung des Gebäudes und den Einbau einer Lüftungsanlage bereits weitgehend reduziert. Auch eine Photovoltaikanlage mit Batteriespeicher ist bereits vorhanden.

Einen Ansatz zur Optimierung bietet möglicherweise die eingestellte Vorlauftemperatur für die Heizkörper. Nach den umfangreichen Maßnahmen an der Gebäudehülle wäre eine noch etwas geringere Temperatur denkbar. Hier sollte ein systematisches Absenken der Systemtemperatur Erkenntnisse bringen, in welchen Räumen die gewünschte Temperatur dann nicht mehr erreicht wird. Dort kann der Austausch von Heizkörpern oder der Einsatz von Infrarotheizungen für eine Verbesserung des Komforts sorgen.

In jedem Fall sollte auch geprüft werden, ob der hydraulische Abgleich korrekt durchgeführt wurde. Insbesondere in dem am schlechtesten beheizten Raum sollte die Temperatur des Heizkörpers mit denen der anderen Räumen verglichen werden, um eine Unterversorgung auszuschließen.

Zusammenfassung

Auch in diesem Beispiel zeigt sich, dass eine Wärmepumpe über ihren Lebenszyklus hinweg ähnliche Kosten verursacht wie die weitverbreitete Gasheizung. Dabei ist jedoch zu beachten, dass die möglichen Gaspreissteigerungen aufgrund der CO_2-Besteuerung nicht berücksichtigt wurden. Zudem verringert sich die Abhängigkeit von Energiezukäufen und damit von Preissteigerungen durch die teilweise Eigenversorgung der Wärmepumpe aus der Photovoltaikanlage.

6.5 Beispiel 4: Luft-Wasser-Wärmepumpe in saniertem Bestandsgebäude

In diesem Beispiel wird das Wohnhaus eines der beiden Autoren vorgestellt. Ähnlich wie im vorherigen Fall befand sich das Gebäude zum Zeitpunkt des Kaufs im Jahr 2017 noch weitgehend im Originalzustand aus dem Baujahr 1987. Im Erdgeschoss wurde, wie zur Bauzeit üblich, eine Fußbodenheizung installiert, während in den übrigen Räumen Heizkörper zur Beheizung verwendet werden. Die ursprüngliche Gasheizung wurde bereits mehrmals repariert, daher fiel die Entscheidung zum Austausch der Heizung nach 30 Jahren Betrieb nicht schwer. Die Außenwände sind bereits mit einer 6 cm dicken Wärmedämmung versehen, und die 2-fach verglasten Kunststofffenster sind für ihr Alter noch in gutem Zustand. Allerdings soll die Haustür aufgrund erheblicher Undichtigkeiten ausgetauscht werden.

Abbildung 6.18 Die rechte Doppelhaushälfte steht im Mittelpunkt dieses Beispiels.

	Eckdaten Doppelhaushälfte
Baujahr	1987
Wärmeschutzniveau	Alle Bauteile aus dem Baujahr, 6 cm Dämmung
Wohnfläche	ca. 150 m^2
Art der Nutzung	4-köpfige Familie
Besonderheiten	Wandheizung in Keller und Dachgeschoss, Trinkwassererwärmung über Frischwasserstation
Jahr des Heizungstausches	2017
Anlagenart	Luft-Wasser-Wärmepumpe
Wärmeverteilung	Fußboden- und Wandheizung
Systemtemperaturen	40 °C Vorlauftemperatur
Anlagenkosten Heizung/Wärmepumpe	ca. 28.000 €
Ergänzende Maßnahmen	Umstellung auf Flächenheizung, Errichtung einer PV-Anlage (6 kWp, kein Speicher)

Tabelle 6.9 Steckbrief

Vor dem Einzug in das neue Eigenheim werden die üblichen optischen Sanierungen durchgeführt, wie etwa das Streichen der Wände und Decken und die Erneuerung der Fußböden. Obwohl die Energiepreise in 2017 nicht unbedingt für den Betrieb einer Wärmepumpe sprachen, wurde dennoch auf eine nachhaltige Wärmelösung aus Wärmepumpe und Photovoltaikanlage gesetzt (siehe Tabelle 6.9). Dafür wurden alle Heizkörper im Haus demontiert und teilweise durch Wand- und Fußbodenheizungen ersetzt. Eine detaillierte Beschreibung der Umsetzung finden Sie auf den folgenden Seiten.

Durchführung der Vorbereitungs- und Sanierungsarbeiten

Im ersten Obergeschoss wurden die Kanäle für die Fußbodenheizung in den bestehenden Estrich eingefräst (siehe Abbildung 6.19). Eine darauf spezialisierte Firma hat die Fläche mit ca. 60 m² an einem Vormittag fertiggestellt. Dabei wurde das Heizungsrohr in die gefrästen Kanäle eingelegt und an einen Heizkreisverteiler angeschlossen. Lediglich musste der Estrich nach dem Einlegen der Rohre verspachtelt werden, was durch den Bauherrn in Eigenleistung erfolgte und deutlich mehr Zeitaufwand als die vorhergehenden Arbeitsschritte in Anspruch nahm.

Abbildung 6.19 Nachträglich eingefräste Kanäle für das Einbringen einer Fußbodenheizung

Im Dachgeschoss war ein Einfräsen der Fußbodenheizung wegen der vorhandenen Holzdecke nicht möglich. Im Hobbyraum im Keller wurde auf ein Einfräsen ebenfalls verzichtet, da dort die Wärmeverluste in Richtung des Erdreichs sehr groß ausgefallen wären. In beiden Fällen kam stattdessen eine Wandheizung zum Einsatz (siehe

Abbildung 6.20 sowie Abbildung 6.21). Um Kosten zu sparen, wurde die Ausführung als Nasssystem installiert. Die Rohrleitungen werden dabei an der Wand befestigt und dann mit einer dicken Putzschicht versehen. Trockensysteme als Alternative sind in der Beschaffung teurer, können jedoch den Verarbeitungsaufwand deutlich reduzieren.

Abbildung 6.20 Verlegung der Wandheizung im Keller

Abbildung 6.21 Beginn der Verputzarbeiten bei der Wandheizung im Dachgeschoss

In der Küche und dem Gäste-WC wurde keine Fußbodenheizung installiert. Hier kommen sogenannten Infrarotheizungen, die mit Präsenzmelder ausgestattet sind, zum Einsatz (siehe Abbildung 6.22).

Im Vergleich zu Wärmepumpen sind Direktstromheizungen natürlich deutlich weniger effizient, da sie aus einer kWh Strom nur eine kWh Wärme erzeugen. Wärmepumpen hingegen erzeugen in der Regel zwischen drei und vier kWh Wärme aus einer kWh Strom, abhängig von den Einsatzbedingungen. Aufgrund der begrenzten Nutzungsdauer sind Direktstromheizungen jedoch akzeptabel und können je nach Nutzung des Raums sogar zu einem geringeren Energieverbrauch führen. Dies liegt daran, dass Fußbodenheizungen aufgrund ihrer Trägheit in der Regel den ganzen Tag über kontinuierlich betrieben werden, während Infrarotheizungen nur aktiv sind, wenn sich Personen im Raum befinden, aufgrund eines angeschlossenen Präsenzmelders. Daher gibt es nur wenige Betriebsstunden pro Tag.

Abbildung 6.22 Infrarot-Deckenheizung

Strahlung und Konvektion

Bei den hier beschriebenen Infrarotheizungen handelt es sich eigentlich um *Direktstromheizungen*. Sie arbeiten ähnlich wie eine Glühbirne oder Wärmelampe: Die Wärme wird mittels eines Heizdrahts erzeugt, durch den Strom fließt. Typischerweise geben diese Heizungen einen großen Anteil der Wärme über (Infrarot-)Strahlung ab. Die Wärme fühlt sich also ähnlich wie die Wärmestrahlung der Sonne an. Auch Fußboden- und Wandheizungen besitzen hohe Strahlungsanteile, werden in der Regel jedoch nicht als Infrarotheizungen bezeichnet.

Eine andere wichtige Form der Wärmeabgabe ist die sogenannte **Konvektion**. Sie findet zum Beispiel bei Heizkörpern statt. Die Luft erwärmt sich dabei an den Heizungsflächen und steigt nach oben. Je höher die Temperatur des Heizkörpers ist, je mehr und schneller steigt die Luft auf. Diese Luftbewegung kann störend empfunden werden und zur Verwirbelung von Staub führen, kann aber dann nützlich sein, wenn ein Raum schnell aufgeheizt werden soll.

Neben der gerade beschriebenen natürlichen Konvektion existiert auch die **erzwungene Konvektion** (oder Zwangskonvektion). Sie findet beispielsweise bei Heizlüftern, Klimaanlagen oder einem Föhn statt. Ein Gebläse sorgt hier für eine Luftbewegung und transportiert damit die Energie deutlich schneller.

Um die Leistung von Heizkörpern zu vergrößern, sind Lüfter erhältlich, die genau dieses Wirkprinzip anwenden (siehe Abschnitt 3.3, »Heizkörper versus Fußbodenheizung«). Heizkörperlüfter werden häufig mit Magneten an der Unterseite von Heizkörpern befestigt und führen zu einem deutlich höheren Luftstrom durch den Heizkörper, als es bei natürlicher Konvektion der Fall wäre. Dadurch kann die Wärmeabgabe der Heizkörper gesteigert werden. Im Kontext von Wärmepumpen bedeutet dies, dass der gleiche Heizkörper einen Raum bei niedrigerer Systemtemperatur beheizen kann.

Bodenaufbau

Fußbodenheizungen bieten ausgezeichnete Voraussetzungen, um eine Wärmepumpe mit niedrigen Systemtemperaturen betreiben zu können. Sie ermöglichen damit einen effizienteren Betrieb der Wärmepumpe, als es mit Heizkörpern der Fall ist.

Es gibt aber auch bei Fußbodenaufbauten Unterschiede in der Betriebsweise einer Fußbodenheizung. Die Wahl des Fußbodenbelags entscheidet, wie gut die Wärme aus der Fußbodenheizung bis auf die Oberfläche des Bodenbelags geleitet wird. Steinbeläge leiten die Wärme ca. um den Faktor 5 besser als Holz- und Kunststoffoberflächen. Bei Kunststoffbelägen wird die schlechte Wärmeleitfähigkeit jedoch durch ihre deutlich geringere Materialstärke kompensiert. Je höher die Wärmeleitfähigkeit und je niedriger die Materialstärke ist, desto schneller kann die Wärme durch das Material geleitet werden. Der sogenannten *Wärmedurchgangskoeffizient* (auch bekannt als U-Wert) bildet diese Eigenschaften ab. Ein hoher U-Wert steht für einen guten Wärmedurchgang, ein niedriger Wert für einen schlechten Wärmedurchgang.

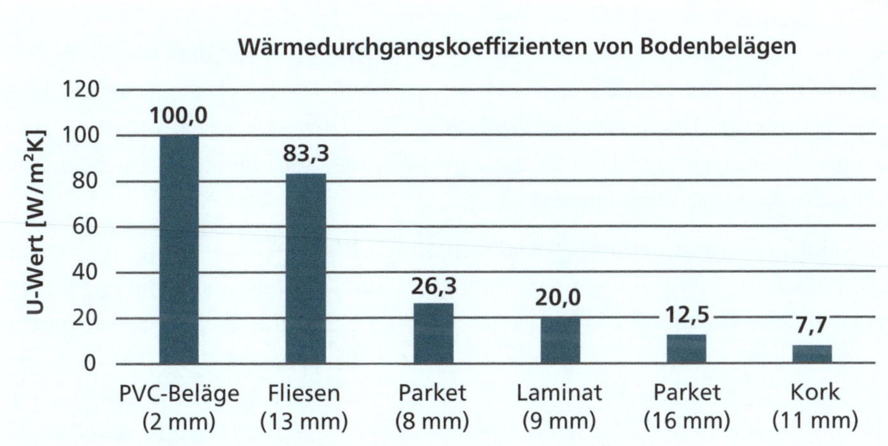

Abbildung 6.23 Wärmeleitfähigkeit unterschiedlicher Bodenbeläge (Quelle: www.naturstein-datenbank.de)

Der U-Wert variiert stark je nach Fußboden (siehe Abbildung 6.23). Sie sehen, dass PVC-Beläge auf einen in etwa gleich hohen U-Wert wie Fliesen kommen (100 W/m²K und 83,3 W/m²K), obwohl Kunststoffe Wärme schlecht leiten. Das liegt an der geringen Materialstärke.

Bei der Wahl des Fußbodenaufbaus sollten Sie also die Eignung für eine Fußbodenheizung im Hinterkopf behalten. Neben der Wahl des Materials selbst spielen noch die Stärke des Bodens und weitere notwendige Schichten wie eine Trittschalldämmung eine Rolle. Und auch die Verlegeart, also insbesondere ob der Boden schwimmend verlegt oder verklebt wird, wirkt sich auf die notwendige Systemtemperatur der Fußbodenheizung und damit auf die Effizienz einer Wärmepumpe aus.

Die Anlage des Beispiels besitzt mit einer Vorlauftemperatur von 40 °C eine eher hohe Systemtemperatur für eine Fußbodenheizung. Dies liegt einerseits an dem weitgehend unsanierten Zustand des Gebäudes, andererseits aber auch an dem gewählten Kork-Bodenbelag, der in den oberen Stockwerken des Gebäudes verlegt wurde. Kork besitzt eine sehr geringe Wärmeleitfähigkeit, was dazu führt, dass Wärme aus der Fußbodenheizung nur vergleichsweise langsam in den Räumen ankommt. Um die Beheizung der Räume zu verbessern, muss die Systemtemperatur entsprechend erhöht werden.

Sie werden sich nun fragen, warum ich mich trotzdem dafür entschieden habe. Nun, die Beheizung eines Gebäudes ist natürlich ein wichtiger Faktor, aber bei der Wahl des Fußbodens sicher nicht das einzige Kriterium. In diesem Fall war mir das angenehme Laufgefühl insbesondere in den Kinderzimmern wichtiger. Daher habe ich dennoch Kork als Bodenbelag gewählt und damit eine geringere Effizienz der Heizung in Kauf genommen.

Einbau der Wärmepumpe

Die neue Luft-Wasser-Wärmepumpe (siehe Abbildung 6.24 und Abbildung 6.25) wurde erst nach dem Einzug in das Haus installiert. Da die Arbeiten vor allem im Heizungsraum stattfanden, war der Wohnkomfort kaum eingeschränkt. Lediglich der Austausch der Heizungsverteilleitung vom Heizungsraum bis in das Dachgeschoss hat die Wohnräume beeinträchtigt.

Beim Einbau von Wärmepumpen und insbesondere bei der Umstellung von Heizkörpern hin zu Flächenheizungen sind häufig größere Leitungen notwendig, da durch das veränderte Temperaturniveau, genauer gesagt durch die geringere Spreizung zwischen Vor- und Rücklauf, eine größere Wassermenge umgewälzt werden muss, um die gleiche Heizleistung transportieren zu können. Bei zu kleinen Leitungen kann dies zu störenden Strömungsgeräuschen und zu einem hohen Energieverbrauch der Umwälzpumpe führen.

Abbildung 6.24 Aufstellung der Außeneinheit der Split-Luft-Wärmepumpe

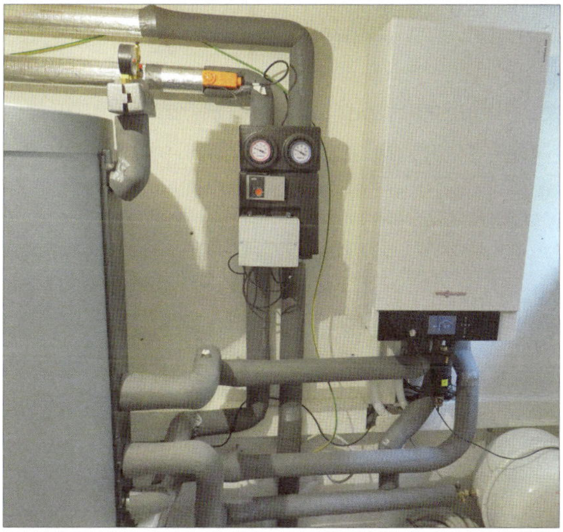

Abbildung 6.25 Pufferspeicher, Heizkreispumpe und Inneneinheit der Wärmepumpe

Die Installationskosten der Wärmepumpe mit ca. 25.000 € zum Zeitpunkt der Sanierung (2017, siehe Tabelle 6.10) sind nicht mit den Kosten nach der Ukrainekrise zu vergleichen. Die hohe Nachfrage, Lieferengpässe und voll ausgelastete Handwerker haben hier zu deutlichen Preisanstiegen geführt, sodass zum Zeitpunkt der Erstellung dieses Buchs im Herbst 2023 Preise von 35.000 € bis 50.000 € üblich sind. Dafür wurde die Förderung von Wärmepumpen deutlich erhöht, sodass der zu zahlende Eigenanteil in etwa gleich hoch bleibt.

Material und Montage	Kosten
Wärmepumpe mit Speicher und Frischwasserstation	14.700 €
Heizkreis	2.350 €
Rohrleitung, Armaturen	1.800 €
Fußboden- und Wandheizung	3.000 €
Summe Material	**21.580 €**
Montage	**5.550 €**
Gesamtkosten	**27.400 €**
Förderung (Stand 2023)	–9.600 €
Eigenanteil	**17.800 €**

Tabelle 6.10 Investitionskosten für das Heizungssystem

Effizienz und Wirtschaftlichkeit

Der Wärmebedarf liegt mit ca. 16.500 kWh in der üblichen Größenordnung für eine unsanierte Doppelhaushälfte. Die durch die Wärmepumpe angezeigte Jahresarbeitszahl übersteigt mit 3,3 den typischen Mindestwert für effiziente Wärmepumpen, der häufig mit 3,0 beziffert wird. Die Energiekosten für Wärme und Strom belaufen sich, auch durch die vorhandene Photovoltaikanlage, auf einem überschaubaren Niveau von ca. 135 € pro Monat (siehe Tabelle 6.11).

	Wärmebedarf und Betriebskosten
Wärmebedarf pro Jahr	ca. 16.500 kWh
Jahresarbeitszahl Wärmepumpe	3,3
Stromverbrauch Wärmepumpe	ca. 5.000 kWh
Stromverbrauch Haushalt	ca. 3.500 kWh
Stromverbrauch gesamt	**ca. 8.500 kWh**
PV-Eigenverbrauch (25 %)	ca. 1.550 kWh
PV-Netzeinspeisung (75 %)	ca. 4.600 kWh
Summe Strombezug aus dem Netz	**ca. 6.950 kWh**
Gesamtenergiekosten	ca. 1.600 €/Jahr
Gesamtenergiekosten	**135 €/Monat**

Tabelle 6.11 Betriebsdaten

Vergleicht man die Lebenszykluskosten für den Betrieb der Heizungsanlage und die Versorgung des Haushaltsstroms mit einer neuen Gasheizung und einer gleichgroßen Photovoltaikanlage, so liegen diese nahezu gleich auf (siehe Abbildung 6.26). Die höheren Investitionen bei der Wärmepumpe mit ca. 27.400 € werden durch die derzeitige Förderung nahezu auf die Kosten für die Gasheizung von ca. 15.000 € reduziert. Die Betriebskosten bei der Variante mit Wärmepumpe liegen mit 135 € etwas unterhalb der Betriebskosten einer Gasheizung, die mit ca. 150 € zu Buche schlägt.

Bei einem Anstieg des Gaspreises auf 12 ct/kWh wäre auch hier die Wärmepumpenlösung, bezogen auf die Lebenszykluskosten, deutlich kostengünstiger.

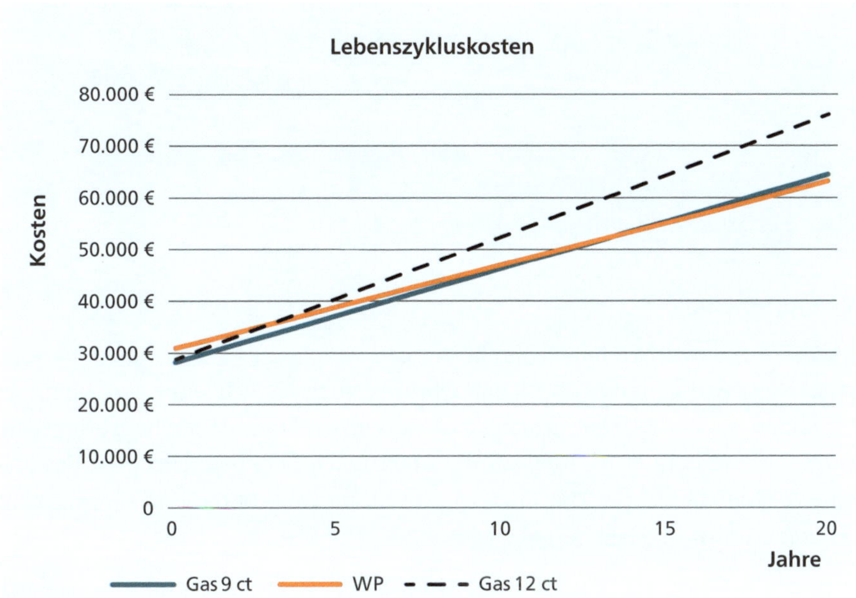

Abbildung 6.26 Lebenszykluskosten Wärmepumpe versus neue Gasheizung

PV-Eigenverbrauch und Autarkie

Im vorangegangenen Beispiel wurde durch das Laden eines Elektroautos und durch einen Batteriespeicher eine untypisch hohe PV-Eigenverbrauchsquote von 72 % erreicht. In diesem Beispiel entspricht die Eigenverbrauchsquote mit 25 % dem Durchschnitt von Anlagen ohne Batteriespeicher. Die gut ausgerichtete 6 kWp-Anlage erzeugt durchschnittlich ca. 6.150 kWh Strom pro Jahr, wovon 1.550 kWh selbst verbraucht und 4.600 kWh in das Stromnetz zurückgespeist werden.

In Abbildung 6.27 sind der Stromverbrauch und die Photovoltaikerzeugung pro Monat dargestellt. Es ist wieder gut zu erkennen, dass im Sommer deutlich mehr Energie erzeugt wird, als notwendig ist. Im Winter muss jedoch nahezu der gesamte Strombedarf aus dem Stromnetz gedeckt werden.

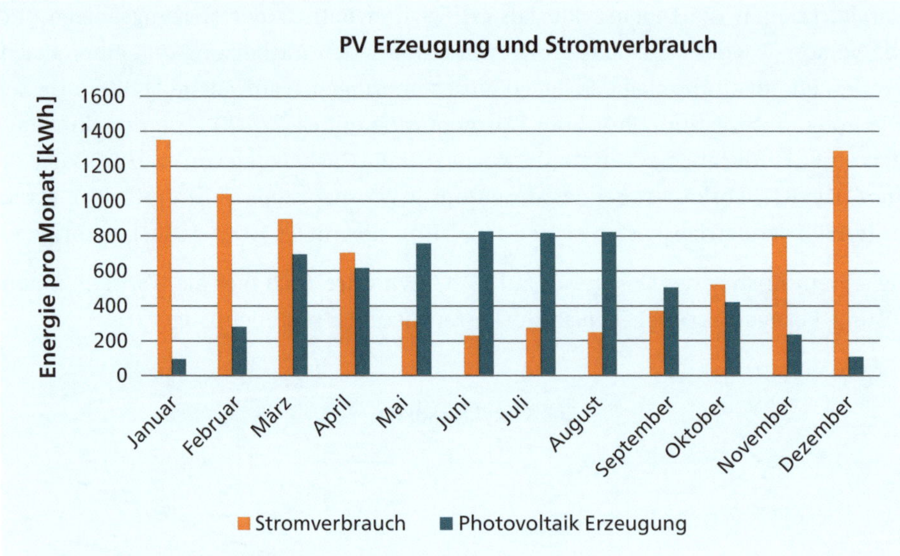

Abbildung 6.27 Stromverbrauch und PV-Ertrag nach Monaten

Anlagenoptimierung

Da in diesem Beispiel bereits Flächenheizungen verbaut sind und auch eine Photovoltaikanlage vorhanden ist, bestehen Optimierungsmöglichkeiten vor allem bei der Verringerung der Wärmeverluste. Die Außenwände sind bereits geringfügig gedämmt. Eine weitere Dämmung wäre grundsätzlich denkbar, jedoch ist das Einsparpotenzial bei den ersten Zentimetern Dämmung am größten und nimmt dann bei weiterer Dämmstärke ab.

Somit sind vor allem die Fenster und das Dach für weitere Sanierungen prädestiniert. Beides soll mittelfristig erfolgen und hätte wieder einen zweifachen Effekt auf die Energiekosten: Erstens verringert sich der Energiebedarf durch die Sanierungen. Zweitens kann die Systemtemperatur reduziert werden, da die notwendige Heizleistung für die Räume reduziert wird.

Grundsätzlich ist die Verringerung des Wärmebedarfs von Gebäuden die langfristig wichtigste Maßnahme (wenn auch teuer). Es sollte also immer geprüft werden, ob bei anstehenden Sanierungsmaßnahmen der Wärmeschutz des Gebäudes verbessert werden kann.

Zusammenfassung

Aus wirtschaftlicher Sicht liegen in diesem Beispiel die Wärmepumpe und eine vergleichbare Gasheizung gleichauf, zumindest wenn staatliche Fördergelder in Anspruch genommen werden. Angesichts der besseren CO_2-Bilanz der Wärmepumpe ist es auch hier wieder möglich, zur umweltfreundlicheren Lösung bei gleichen Lebenszykluskosten zu greifen. Steigt der Gaspreis in Zukunft stärker als der Strompreis, ist die Wärmepumpe langfristig sogar die günstigere Wahl.

6.6 Beispiel 5: Luft-Wasser-Wärmepumpe in unsaniertem Bestandsgebäude

In den bisherigen Beispielen wurden neben dem Einbau einer Wärmepumpe auch zusätzliche Maßnahmen ergriffen. Dies umfasste die Dämmung der Gebäude oder die Umstellung der Wärmeverteilung auf Flächenheizungssysteme. Insbesondere im Neubau waren die idealen Bedingungen für den Betrieb einer Wärmepumpe gegeben.

Aufgrund der kürzeren Lebensdauer einer Heizungsanlage im Vergleich zu anderen Gebäudesanierungen steht jedoch oft der Austausch der Heizungsanlage *ohne* weitere Anpassungen am Gebäude an. Mittlerweile gibt es eine Vielzahl von Wärmepumpentypen, die auch die hohen Vorlauftemperaturen bereitstellen können, die in unsanierten Gebäuden oft erforderlich sind. Einige dieser Geräte können Temperaturen von bis zu 75 °C erreichen.

In diesem Beispiel handelt es sich um ein freistehendes Einfamilienhaus, das in den 1960er-Jahren erbaut wurde und bisher keine energetischen Sanierungsmaßnahmen erfahren hat (siehe Tabelle 6.12).

	Eckdaten unsaniertes Einfamilienhaus
Baujahr	1963
Wärmeschutzniveau	Außenwände aus dem Baujahr, Dach und Fenster 1993
Wohnfläche	ca. 180 m^2
Art der Nutzung	2 Personen
Jahr des Heizungstausches	2022
Anlagenart	Luft-Wasser-Wärmepumpe
Wärmeverteilung	Heizkörper
Systemtemperaturen	75 °C Vorlauftemperatur
Anlagenkosten Heizung/Wärmepumpe	ca. 37.000 €
Ergänzende Maßnahmen	Keine
Energieverbrauch vor Heizungstausch	3.400 l Öl pro Jahr

Tabelle 6.12 Steckbrief

Obwohl das Dach und die Fenster in den 1990er Jahren erneuert wurden, erfolgte nur eine geringfügige Verbesserung des Wärmeschutzes. Insbesondere die ungedämmten Wände führen zu einem hohen Energieverbrauch von etwa 3.400 Litern Öl pro Jahr. Die Ölheizung stammt ebenfalls aus den 1990er-Jahren, als die letzten Renovierungsarbeiten am Gebäude durchgeführt wurden, und ist somit bereits seit über 30 Jahren in Betrieb, wodurch notwendige Reparaturen häufig auftreten. Um zu verhindern, dass die Heizung in einem der kommenden Winter komplett ausfällt, soll sie nun ersetzt werden.

Wie bei diesem Baujahr nicht anders zu erwarten, erfolgt die Beheizung des Gebäudes über Heizkörper. Die Heizkreistemperaturen erreichen an kalten Tagen 70 °C und mehr. Das Trinkwarmwasser wird seit der letzten Sanierung bereits zentral über einen Trinkwasserspeicher bereitgestellt.

Bei der Auswahl des Heizungssystems wird das Ehepaar vor allem durch das bevorstehende Verbot von reinen Gas- und Ölheizungen beeinflusst. Um nicht Gefahr zu laufen, die neue Heizung bereits nach kurzer Zeit ausbauen oder anpassen zu müssen, entscheidet es sich für eine monovalente Wärmepumpe. Der Einbau einer Hybridlösung aus neuem Ölkessel und Wärmepumpe wird in Betracht gezogen, aber letztlich verworfen, weil der bestehende Kaminzug später für einen Holzofen genutzt werden soll. Auch der bisher vorhandene Ölgeruch im Keller spielt bei der Entscheidung eine Rolle.

Bei der hier ausgewählten Wärmepumpe handelt es sich um ein Modell in Monoblock-Bauweise. Das bedeutet, dass der Kältekreis komplett im Außengerät verbaut ist und durch die Leitungen zwischen Außen- und Innengerät Heizungswasser fließt (zur Erinnerung: Bei Geräten in Split-Bauweise fließt an dieser Stelle Kältemittel).

Die Trinkwasserbereitung erfolgt durch einen sogenannten Hygienespeicher, also einen Pufferspeicher, in dem das Heizungswasser bevorratet wird. Im Inneren des Puffers ist ein Edelstahlwellrohr verbaut, durch das das Trinkwasser fließt und beim Durchfluss auf die Temperatur des umliegenden Heizungswassers aufgewärmt wird. Der Vorteil bei diesem System liegt darin, dass ähnlich wie bei Frischwasserstationen nur eine geringe Menge warmes Wasser im Speicher bevorratet wird. Es befindet sich ja nur in dem innen liegenden Edelstahlwellrohr Trinkwasser. Somit ist die Gefahr von Legionellenbildung selbst bei niedrigen Trinkwarmwassertemperaturen deutlich reduziert.

Effizienz und Wirtschaftlichkeit

Die Kosten für die Wärmepumpenanlage liegen mit 37.000 € im dafür üblichen Bereich (siehe Tabelle 6.13). Die Demontage der alten Heizung fällt durch den Abbau des Öllagers etwas höher aus, als es bei einer Gasheizung der Fall wäre. Die Förderung beträgt durch den Ausbau der bestehenden Ölheizung 35 %.

Material und Montage	Kosten
Wärmepumpe inkl. Zubehör	15.500 €
Pufferspeicher mit Trinkwarmwasser	6.150 €
Rohrleitungen & Armaturen	3.200 €
Summe Material	**24.850 €**
Montage & Demontage	8.650 €
Elektroinstallation	3.450 €
Summe Montage	**12.100 €**
Gesamtkosten	**36.950 €**
Förderung (35 %)	–12.950 €
Eigenanteil	**24.000 €**

Tabelle 6.13 Investistionskosten und Förderung

Die alte Ölheizung hat erhebliche Verluste verursacht: 3.400 Litern Heizöl entsprechen einer Wärmeenergie von 34.000 kWh. Ohne die Verluste der alten Heizungsanlage reduziert sich der Energiebedarf des Gebäudes auf ca. 27.000 kWh (siehe Tabelle 6.14). Dennoch ist dieser Wärmebedarf immer noch sehr hoch, was mit dem schlechten Wärmeschutz und der Größe des Gebäudes zusammenhängt. Zusammen mit der schlechten Jahresarbeitszahl von 2,6 ergeben sich hohe Energiekosten von 3.885 € pro Jahr bzw. ca. 325 € pro Monat.

	Wärmebedarf und Betriebskosten
Wärmebedarf pro Jahr	ca. 27.200 kWh
Jahresarbeitszahl Wärmepumpe	2,6
Strombedarf Wärmepumpe	ca. 10.450 kWh
Strombedarf Haushalt	ca. 2.500 kWh
Summe Strombezug aus dem Netz	**ca. 12.950 kWh**
Gesamtenergiekosten	ca. 3.890 €/Jahr
Gesamtenergiekosten	**ca. 325 €/Monat**

Tabelle 6.14 Betriebsdaten

Vergleicht man die Lebenszykluskosten der Wärmepumpe mit einer neuen Ölheizung (15.000 € Invest und 9 ct/kWh Ölpreis), so führt die Wärmepumpe nach 20

Jahren zu in etwa 20.000 € höheren Kosten (siehe Abbildung 6.28). Bei einem Ölpreis von 12 ct/kWh stellen sich ungefähr gleich hohe Lebenszykluskosten ein.

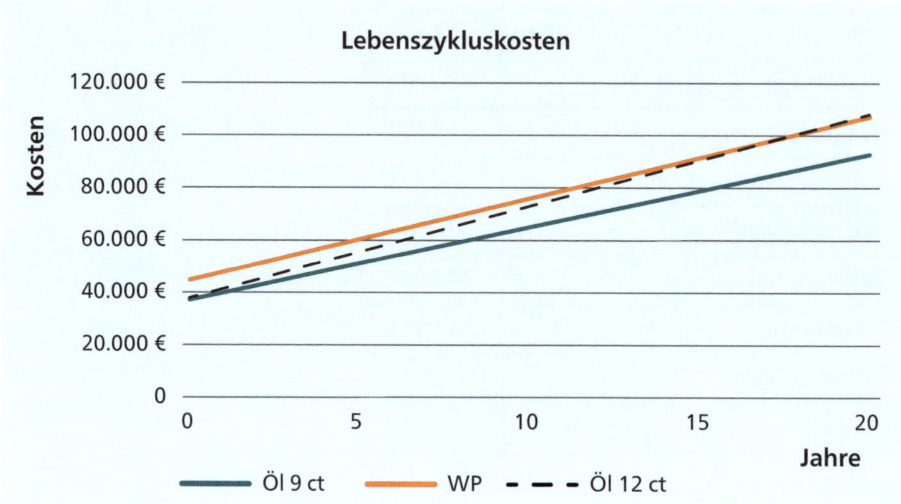

Abbildung 6.28 Lebenszykluskosten Ölheizung versus Wärmepumpe

Anlagenoptimierung

Grundlage dieses Beispiels war, dass außer dem Einbau der Heizungsanlage keine weiteren Maßnahmen durchgeführt werden. Dennoch möchte ich hier auf zwei Maßnahmen eingehen, die mit überschaubaren Kosten umgesetzt werden könnten:

- Zum einen ist dies die Vergrößerung von Heizkörpern bzw. der Einbau von zusätzlichen Heizkörpern. Gerade wenn Häuser nur durch zwei Personen bewohnt werden, werden oft nur der Wohnbereich im Erdgeschoss und vielleicht noch das Büro auf über 20 °C beheizt. Schlafzimmer und leer stehende Kinder-, Hobby- oder Gästezimmer werden nicht oder in nur geringem Maße beheizt.

  Es ist hier also möglich, die notwendige Systemtemperatur der Heizung zu reduzieren, indem ausschließlich in diesem Räumen die Heizkörper vergrößert werden. Dort kann dann auch bei geringeren Systemtemperaturen ein angenehmes Wohnklima erreicht werden.

  In den weniger stark beheizten Räumen sollte die niedrigere Systemtemperatur immer noch ausreichen, um Temperaturen knapp unter 20 °C erreichen zu können. Ist in den Räumen hin und wieder doch eine höhere Temperatur notwendig, z. B. weil Gäste übernachten oder mal wieder im Hobbyraum gearbeitet wird, können elektrische Infrarotheizungen Abhilfe schaffen. Diese können auch im Badezimmer, das in der Regel selten länger als insgesamt eine Stunde am Tag genutzt wird, eingesetzt werden.

- Zum anderen möchte ich auf den hier vorgesehenen Kaminofen eingehen. Sofern ein Holzofen vorhanden oder wegen der angenehmen Wärme sowieso gewünscht ist, kann dieser bei regelmäßigem Betrieb eine gute Ergänzung zu einer Wärmepumpe sein. Auch hier ist das Ziel eine Absenkung der Vorlauftemperaturen, wodurch die Raumtemperatur vielleicht nur noch 20 °C erreicht. Höhere Temperaturen können dann, insbesondere an sehr kalten Tagen, durch den Holzofen bereitgestellt werden. So wird der Betrieb der Wärmepumpe gerade dann reduziert, wenn die Effizienz besonders schlecht ist. Im weitesten Sinne wäre dies wieder eine Hybridheizung, bei der an kalten Tagen verstärkt der Holzofen die Beheizung des Gebäudes übernimmt.

Natürlich darf die Installation einer Wärmepumpe nicht dazu führen, dass die Bewohner frieren und ständig den Holzofen schüren müssen. Wenn die Räume aber bisher sowieso nicht geheizt wurden oder der Ofen sowieso genutzt wird, können diese Maßnahmen zu einer deutlichen Effizienzsteigerung der Wärmepumpe führen.

Zusammenfassung

Insbesondere bei den günstigen Ölpreisen aus den letzten Jahrzehnten und den im Vergleich dazu hohen Strompreisen ist der Betrieb einer Wärmepumpe in einem unsanierten Gebäude mit Heizkörpern (bzw. allgemein mit hohen Systemtemperaturen) nicht zu empfehlen. Es sollte immer überprüft werden, ob durch günstige Maßnahmen und einfache Investitionen die Bedingungen verbessert werden können. Das können zum Beispiel zusätzliche oder größere Heizkörper sein.

Falls der Ölpreis in der Zukunft deutlich stärker steigt als der Strompreis, könnte eine Wärmepumpe selbst in einem unsanierten Gebäude wettbewerbsfähig werden. Es gibt zumindest mittlerweile Geräte, die die erforderlichen Temperaturen erzeugen können. Im folgenden Abschnitt finden Sie weitere Erläuterungen dazu, wie stark die Wirtschaftlichkeit von Wärmepumpen vom Strompreis sowie von den in diesem Buch verwendeten Vergleichswerten für Gas- und Ölpreise abhängig ist.

6.7 Laufende Energiekosten der Beispiele im Überblick

Als Energieberater werde ich sehr häufig mit der Frage konfrontiert, ob die Kosten für den Betrieb einer Wärmepumpe viel höher sind als bei einer Gas- oder Ölheizung. Daher möchte ich Ihnen noch einmal explizit die laufenden Betriebskosten unserer Beispiele darlegen. Angeheizt wird die Angst vor hohen Kosten bei einer Wärmepumpe von Negativbeispielen in den Nachrichten und von dem tief verwurzelten Vorurteil, dass Wärmepumpen im Winter nicht effizienter sind als ein Heizstab (selbst wenn das für sehr kalte Tage stimmen würde, wissen Sie nach der Lektüre dieses Buchs, dass es im Winter nur sehr wenige besonders kalte Tage gibt).

Sicherlich gibt es tatsächlich Wärmepumpen, die zu hohe Energiekosten verursachen. Dafür gibt es aber Gründe, die in der Regel behoben werden können – auch (oder gerade) Wärmepumpen sind nicht vor Defekten oder Fehlern bei der Installation gefeit. So wie der eine oder andere Neuwagen seinen Besitzer zu regelmäßigen Werkstattbesuchen zwingt, gibt es auch Gas- und Ölheizungen, die durch einen überhöhten Verbrauch auffallen. Nur landen diese Beispiele beim Heizungsfachmann und nicht in der Zeitung.

Unsere Beispiele 2 und 5 in Abbildung 6.29 zeigen, dass beim Betrieb einer Wärmepumpe ohne eine Photovoltaikanlage ähnlich hohe Energiekosten entstehen wie bei einer Gas- oder Ölheizung. Und das, obwohl in diesen Beispielen die Wärmepumpen eher schlechte Jahresarbeitszahlen erreichen. Durch die vorhandenen Photovoltaikanlagen sind die Betriebskosten in den Beispielen 3 und 4 nach dem Heizungstausch deutlich niedriger als vorher. Insbesondere die Wärmepumpe profitiert vom »kostenfreien« Strom vom eigenen Dach.

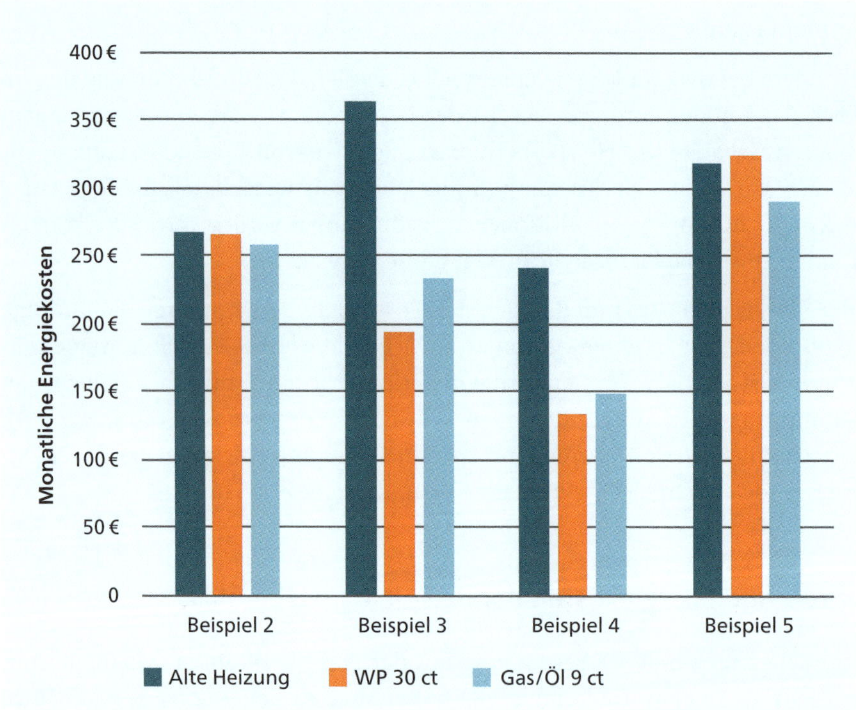

Abbildung 6.29 Vergleich der Energiepreiskosten bei den vier präsentierten Sanierungsbeispielen

Explodierende Energiekosten sind mit einer Wärmepumpe nicht zu erwarten, zumindest bei den hier angenommenen Energiepreisen. Im nächsten Abschnitt zeige ich Ihnen, wodurch tatsächlich beängstigende Energiekosten entstehen können.

6.8 Auswirkung von Energiepreisschwankungen

In den Beispielen in diesem Kapitel sind wir immer davon ausgegangen, dass der Gas- bzw. Ölpreis 9 ct/kWh bzw. 12 ct/kWh beträgt und der Strompreis 30 ct/kWh. Wie ändert sich die Kalkulation bei steigenden oder sinkenden Energiepreisen?

Der Ausgangspunkt für die folgenden Kalkulationen ist ein Einfamilienhaus, dessen Heizungssystem geändert werden soll. Zur Wahl stehen eine Gasheizung (15.000 €) oder eine Wärmepumpe (Jahresarbeitszahl 3,5, Kosten 35.000 € minus 35 % Förderung, ergibt Investitionskosten von 22.750 €). In jedem Fall soll die Heizung mit einer PV-Anlage kombiniert werden (Leistung 6 kWp, Kosten 12.000 €). Die Eigenverbrauchsquote liegt bei den Varianten mit Gasheizung bei 20 %, bei Wärmepumpen bei 25 %.

Energiepreise vor der Ukrainekrise

Würde der Gaspreis wieder auf das Niveau von vor 2022 fallen, also 6 ct/kWh betragen, entspräche das einem Preisrückgang um 33 %. Das würde sich spürbar in den niedrigeren Lebenszykluskosten bemerkbar machen (siehe Abbildung 6.30). Die Lebenszykluskosten für die Wärmepumpe reduzieren sich hingegen kaum, da der Strompreis mit 30 ct/kWh heute wieder nahezu dem Stand von vor drei Jahren mit 28 ct/kWh entspricht.

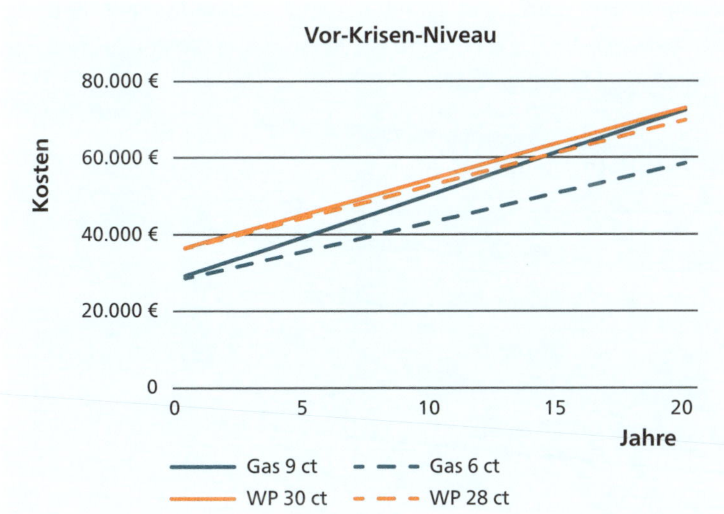

Abbildung 6.30 Vergleich der Lebenszykluskosten einer neuen Gasheizung versus einer Wärmepumpe bei Energiepreisen auf dem Niveau von 2021

Abbildung 6.30 zeigt auch, weshalb Wärmepumpen bisher nur einen sehr geringen Marktanteil bei der Sanierung von Bestandsgebäuden hatten: Mit dem günstigen

Gaspreis und dem hohen Strompreis ging ein wirtschaftlicher Vergleich der beiden Anlagen so gut wie nie für die Wärmepumpe aus. (Im Neubau haben gesetzliche Anforderungen und gute Förderbedingungen dazu geführt, dass die Wärmepumpe fast alternativlos ist.) Erst mit dem starken Anstieg des Gaspreises und der zeitgleichen Abschaffung der EEG-Umlage ist die Wärmepumpe wirklich wettbewerbsfähig zur Gasheizung geworden.

Höchststände aus dem Jahr 2022

Abbildung 6.31 betrachtet dasselbe Objekt, aber nun mit den Höchstständen für den Gaspreis von 40 ct/kWh und 70 ct/kWh für Strom aus dem Jahr 2022. Da die prozentuale Steigerung beim Gaspreis höher ist als beim Strompreis, steigen die Energiekosten hier viel stärker. Zusätzlich wirkt sich der Preisanstieg bei der Wärmepumpe geringer aus, da ein Teil des notwendigen Stroms durch die eigene Photovoltaikanlage produziert wird und somit unabhängig vom Strompreis ist.

Die Lebenszykluskosten der Variante mit Gasheizung liegen mit ca. 230.000 € um ca. 100.000 € höher als die Variante mit einer Wärmepumpe und sogar 170.000 € bzw. mehr als dreimal höher als mit den aktuellen Gaspreisen.

Gut zu erkennen ist auch, dass bei hohen Energiepreisen der Anteil für die Beschaffung der Heizungsanlage immer weniger zu den Lebenszykluskosten beiträgt und der Großteil der Kosten durch die jährlichen Energiekosten verursacht wird. Pauschal lässt sich daraus ableiten, dass teurere Anlagen (oder auch andere Maßnahmen, wie die Dämmung des Gebäudes), die zur Verringerung der laufenden Kosten führen, sich eher lohnen als bei niedrigen Energiepreisen.

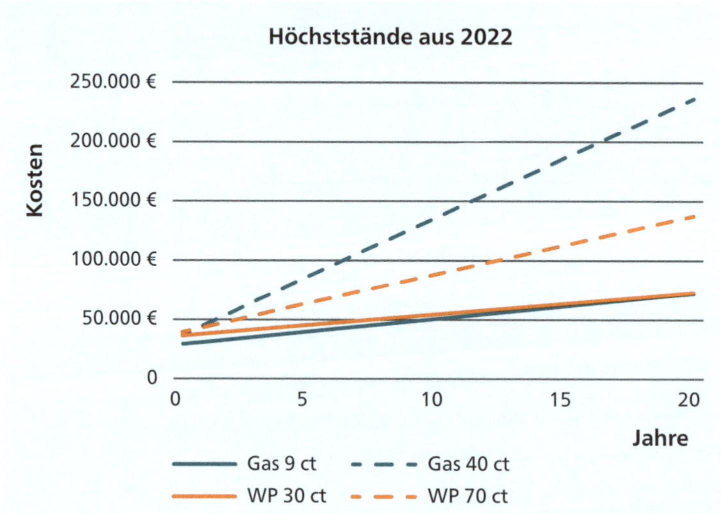

Abbildung 6.31 Vergleich der Lebenszykluskosten einer neuen Gasheizung versus einer Wärmepumpe bei Energiehöchstpreisen aus dem Jahr 2022

Kapitel 7
Förderungen, Gesetze, Betrieb

Die Umstellung fossiler Heizungen auf Wärmepumpen wird in Deutschland durch das neue Gebäudeenergiegesetz stark gefördert. In diesem Kapitel beschreiben wir die komplexen und mitunter verwirrenden Regeln, die dabei gelten. Auch die Nachbarländer Österreich und Schweiz versuchen, ihren Bürgern und Bürgerinnen den Umstieg auf Heizungen aus nachhaltiger Energie mit Förderungen schmackhaft zu machen.

Bei der Aufstellung einer Wärmepumpe sowie bei der gegebenenfalls notwendigen Tiefenbohrung für Erdwärmepumpen müssen die örtlichen Gesetze eingehalten werden. In diesem Kapitel geben wir einen Überblick, worauf Sie achten müssen.

Generell gilt für das gesamte Kapitel: Förderungsmodelle und gesetzliche Regeln ändern sich häufig, und sie variieren beträchtlich je nach Land bzw. Bundesland. Dieses Kapitel kann nur einen Abriss dessen geben, was im September 2023 gültig war. Bis Sie dieses Buch lesen, haben sich sicherlich schon wieder Details verändert. Die folgenden Seiten enthalten deswegen viele Links, die Ihnen als Startpunkt dienen, um aktuelle Informationen selbst zu recherchieren.

Ist die Anlage einmal in Betrieb, sollten Sie durch regelmäßige Wartung und durch Monitoring überwachen, dass die Effizienz tatsächlich so gut wie ursprünglich versprochen ist. Sollten Sie nennenswerte Abweichungen feststellen, sind oft nur kleine Korrekturen oder Nachbesserungen erforderlich. Damit vermeiden Sie nicht nur unnötig hohe Stromkosten, sondern auch einen vorzeitigen Ausfall Ihrer Wärmepumpe.

7.1 Gebäudeenergiegesetz

Das Gebäudeenergiegesetz (GEG) gibt seit 2020 in Deutschland den Rahmen für die Energieeffizienz von Neubauten und für bestehende Gebäude vor. Es hat die vorher gültige Energieeinsparverordnung (EnEV) abgelöst, die wiederum 2002 die Wärmeschutzverordnung (WSchV) ersetzte, die 1977 das erste Mal veröffentlicht wurde.

Neubau

Wenn ein neues Wohngebäude errichtet wird, muss es die folgenden zwei Kriterien erfüllen, um dem Gebäudeenergiegesetz zu entsprechen:

- **Mindestdämmung der gesamten Gebäudehülle:** Als Bewertungsgröße wird der mittlere U-Wert, auch als Wärmedurchgangskoeffizient bekannt, über die gesamte Gebäudehülle herangezogen. Der U-Wert gibt an, wie viel Wärme pro Quadratmeter Fläche und Kelvin Temperaturunterschied durch ein Bauteil verloren geht, und wird daher in der Einheit W/(m^{2}K) angegeben (*Transmissionswärmeverlust*).

  Außenwände von älteren Gebäuden besitzen einen U-Wert von ca. 1,0 W/(m^{2}K). Auf der Fläche eines Quadratmeters entsteht bei einem Temperaturunterschied von einem Kelvin zwischen der Innen- und Außenseite der Wand ein Wärmeverlust von 1,0 Watt. Nach einer Stunde wäre dies eine Energieverlust von 1 Wh oder 0,001 kWh.

  Ein gut gedämmtes Bauteil besitzt dementsprechend einen niedrigen U-Wert. Würde die Wand des alten Gebäudes mit heute üblichen 16 cm gedämmt werden, reduziert sich der U-Wert von 1,0 W/(m^{2}K) auf ca. 0,20 W/(m^{2}K). Der Wärmeverlust reduziert sich also um 80 %.

  Für die Bewertung im Rahmen des Gebäudeenergiegesetzes wird, vereinfacht gesagt, aus den einzelnen U-Werten der verschiedenen Bauteile wie Dach, Fenster, Bodenplatte, Wände etc. ein Mittelwert gebildet. Dadurch ist bei der Umsetzung ein gewisser Spielraum gegeben. Es können Bauteile schlechter gedämmt werden, solange dies durch andere, besser gedämmte Bauteile kompensiert wird. Durch die Begrenzung des mittleren U-Wertes ist sichergestellt, dass ein neu gebautes Gebäude nicht beliebig viel Energie verbrauchen darf.

- **Primärenergieverbrauch:** Der Primärenergieverbrauch bestimmt (ein wenig vereinfacht), wie viel fossile Energie für die Beheizung des Gebäudes genutzt wird.

  Um ein Gebäude ohne fossile Energie zu beheizen, kann zum Beispiel Holz oder Wärme aus Solarthermie genutzt werden. Holz verursacht jedoch genau genommen einen geringen Primärenergieverbrauch durch das Fällen der Bäume und den Transport bis zur Heizungsanlage.

  Elektrische Wärmepumpen nutzen zum größten Teil Wärme aus dem Erdboden oder der Luft. Ein geringerer Teil des Energieverbrauchs ist in Form von Strom notwendig. Strom wird in Deutschland zu ca. 50 % aus fossiler Energie produziert und sorgt somit dafür, dass auch die Beheizung mit einer Wärmepumpe nicht ohne die Nutzung von fossiler Energie möglich ist. Mit dem weiteren Ausbau der erneuerbaren Stromerzeugung verbraucht der Betrieb von Wärmepumpen jedoch stetig weniger fossile Energieträger und reduziert damit den Primärenergieverbrauch.

Weder für den mittleren U-Wert noch für den Primärenergieverbrauch gibt es einheitliche Grenzwerte. Die Bewertung erfolgt durch einen Vergleich mit einem sogenannten Referenzgebäude. Das Referenzgebäude besitzt die gleichen Abmessungen wie das zu bewertende Gebäude. Alle Bauteile erhalten dann vorgegebene U-Werte, zum Beispiel 0,28 W/(m²K) für Außenwände oder 0,20 W/(m²K) für Dächer. Anhand der Flächenanteile der Bauteile wird dann ein individueller Grenzwert für den mittleren U-Wert ermittelt. Daraus wird auch der Wärmebedarf des Gebäudes ermittelt, der im Referenzgebäude durch eine Gasheizung mit Solarunterstützung gedeckt wird, was dann wiederum einen Vergleichswert für den Primärenergiebedarf ergibt.

Um es noch etwas komplizierter zu machen, wurde im Lauf der Zeit eine Verschärfung des Gebäudeenergiegesetzes so umgesetzt, dass es mittlerweile nicht mehr nur ausreicht, den errechneten Grenzwerte den Primärenergiebedarf einzuhalten. Ein Gebäude darf mittlerweile nur noch das 0,55-Fache des Referenzwertes besitzen.

Celsius versus Kelvin

Sie wissen vermutlich, dass **absolute Temperaturen** wahlweise in Celsius oder in Kelvin angegeben werden können. Celsius ist die »menschliche« Einheit. Die Zahlen haben einen Zusammenhang mit dem täglichen Leben und sind daher leicht vorstellbar. Bei 0 °C friert Wasser zu Eis, bei 100 °C kocht Wasser.

Kelvin ist die Temperatureinheit der Wissenschaft. Die kältestmögliche Temperatur beim (nur theoretisch möglichen) absoluten Nullpunkt beträgt 0 K. Alle Teilchen kommen bei dieser Temperatur zum Stillstand.

0 K entspricht –273,15 °C.
Analog entspricht 0 °C einer Temperatur von 237,15 K.

Temperaturdifferenzen können wahlweise in Celsius oder Kelvin angegeben werden. Die Differenz zwischen 30 °C Vorlauftemperatur und –10 °C Außentemperatur beträgt also gleichermaßen 40 °C oder 40 K.

Wissenschaftlich exakter ist auch bei Differenzen die Verwendung von Kelvin. Daher beträgt die Einheit des U-Werts W/(m²K). Laut DIN 1345 darf die Differenz zweier Celsius-Temperaturen aber auch in Grad Celsius angegeben werden:

https://de.wikipedia.org/wiki/Grad_Celsius#Temperaturdifferenz

Bestandsgebäude

Für bestehende Gebäude schreibt das Gebäudeenergiegesetz maximale U-Werte vor, die relevant sind, wenn Gebäudebauteile saniert werden. Wird zum Beispiel das Dach neu eingedeckt, so muss auch die Wärmedämmung an den gesetzlichen Mindeststandard angepasst werden. Gleiches gilt für den Austausch von Fenstern und Haustüren.

Hier gibt es jedoch Details und Ausnahmen: So führt das Streichen der Fassade nicht dazu, dass diese gedämmt werden muss. Wird allerdings der Putz erneuert, so muss auch die Dämmung verbessert werden. Eine weitere Ausnahme gilt, wenn nur 10 % des jeweiligen Bauteils saniert werden. Muss also der Putz einer Wand nur an einer kleinen Fläche ausgebessert werden, führt dies nicht zur verpflichtenden Dämmung der gesamten Fassade.

Für den Einbau bzw. den Betrieb von Heizungsanlagen gibt es bisher vergleichsweise wenige Vorgaben. So ist lediglich der Betrieb von Heizungsanlagen verboten, die mit flüssigen oder festen Brennstoffen betrieben werden, falls die Anlagen älter als 30 Jahre sind. Da es Ausnahmen für Niedertemperatur- und Brennwertheizungen von dieser Regelung gibt, sind davon aber nur wenige Anlagen betroffen.

Neuerungen ab 2024

Das Gebäudeenergiegesetz soll zum Jahr 2024 novelliert werden. Im Herbst 2023 war der Gesetzesentwurf aber noch nicht final beschlossen. Es werden im Folgenden also nur die voraussichtlich zu erwartenden Änderungen vorgestellt.

Die wohl größte Änderung betrifft die Pflicht, dass bei neuen Heizungsanlagen mindestens 65 % erneuerbare Energie eingesetzt werden müssen. Als *erneuerbare Energie* gilt der Einsatz von Solarthermie, Wärmepumpen, Holzheizungen, der Anschluss an ein Wärmenetz und auch die Nutzung von Wasserstoff oder Biogas in einer Gasheizung. Da die Verfügbarkeit von Wasserstoff und Biogas sehr beschränkt und kostenintensiv ist (und vorerst auch bleiben wird), entspricht die Vorgabe in weiten Bereichen einem Verbot von Gas- und Ölheizungen.

Sämtliche Vorgaben treten jedoch erst in Kraft, sobald in der Stadt oder Kommune eine kommunale Wärmeplanung durchgeführt wurde. Damit soll den Bürgern die Möglichkeit gegeben werden, den Heizungstausch auf entstehende Wärme- und Wasserstoffnetze abzustimmen. Lediglich für Neubauten in ausgewiesenen Neubaugebieten gilt die neue Regelung bereits ab 2024.

Vorsicht

Bereits jetzt gelten abgeschwächte Bedingungen für Heizungen, die ab 2024 außerhalb von Neubaugebieten installiert werden – selbst dann, wenn noch kein kommunaler Wärmeplan vorliegt! Sie müssen nämlich ab 2029 einen steigenden Anteil an erneuerbaren Energien nutzen, beginnend mit 15 % ab 2029, ab 2035 mindestens 30 % und ab 2040 mindestens 60 %.

Wärmepumpen, Solarthermie, Holzheizungen etc. erfüllen diese Anforderung per se. Es kommt aber natürlich darauf an, wie viel Wärme durch die erneuerbare Heizung erzeugt werden kann. Eine Gasheizung mit Solarunterstützung hat vermutlich bereits ab 2035 Probleme, da nur in seltenen Fällen 30 % des jährlichen Wärmebedarfs durch eine Solarthermieanlage gedeckt werden können. Das trifft nur auf Gebäude mit niedrigem Wärmebedarf und/oder besonders großer Solarthermieanlage zu.

Besonders kritisch ist es aber bei reinen Gas- oder Ölheizungen: Diese können den geforderten erneuerbaren Anteil nur in Form von CO_2-neutralem Brennstoff abdecken. Als Brennstoff kommen zum Beispiel grüner oder blauer Wasserstoff oder Biogas infrage. Es ist offensichtlich, dass die Preise für diese Energieträger deutlich ansteigen werden, wenn eine hohe Anzahl an Gas- und Ölheizungsbesitzern die Nachfrage nach oben treiben werden.

Kommunale Wärmeplanung

Die Strategie zur Wärmewende der deutschen Bundesregierung besteht vorwiegend darin, dass Wärmepumpen installiert und Wärmenetze aus- bzw. aufgebaut werden. Wasserstoff spielt eine untergeordnete Rolle, ist jedoch zu einem gewissen Grad auch Teil der Lösung, ähnlich wie der Einsatz von Holz als Energieträger.

Zwar soll die Wärmewende möglichst technologieoffen gestaltet werden, andererseits müssen die Kosten für den Aufbau neuer (und für den Erhalt von alter) Infrastruktur so gering wie möglich gehalten werden. Dies bedeutet zum Beispiel, dass es volkswirtschaftlich nicht sinnvoll ist, alle Gebäude mit einem Wärme- und Gasnetz zu versorgen. Würde dann noch verstärkt auf das Stromnetz zugegriffen werden, weil mit einer hohen Menge an Wärmepumpen gerechnet wird, würden Kosten für den Ausbau von drei Infrastrukturen entstehen. Entscheiden sich dann viele Kunden für den Anschluss an das Wärmenetz, wären die Investitionen in das Gas- und Stromnetz weitgehend überflüssig. Hinzu kommen Wartungskosten, um den Betrieb dieser Netze aufrechterhalten zu können.

Um dies zu verhindern, wurde eine gesetzliche Verpflichtung zur sogenannten »kommunalen Wärmeplanung« geschaffen. Mit ihr soll den Bürgern und den Betreibern von Gas-, Strom- und Wärmenetzen Planungssicherheit gegeben werden. Das Ziel der kommunalen Wärmeplanung ist es im Wesentlichen, dass festgelegt werden soll, in welchen Gebieten ein Wärme- oder Wasserstoffnetz entstehen soll. Mit dieser Information können Betroffene entscheiden, ob sie ihre bestehende Heizung bis dahin behalten oder ob sie zum Beispiel eine Gasheizung installieren wollen, die später aus einem geplanten Wasserstoffnetz betrieben werden soll. Die kommunale Wärmeplanung ist in Kommunen oder Städten mit weniger als 100.000 Einwohnern bis spätestens Mitte 2028 abzuschließen, für größere Städte bereits bis Mitte 2026.

Voraussichtlich werden sich in dicht besiedelten Gebieten (meist Dorf- bzw. Stadtzentren) Wärmenetze und in den weniger dicht besiedelten Bereichen Wärmepumpen durchsetzen. Da ein Wärmenetz nicht per se CO_2-arme Wärme bereitstellt, gibt es gleichzeitig die gesetzliche Verpflichtung, dass Wärmenetze dekarbonisiert, also mit nachhaltigen Energiequellen versorgt werden müssen.

Ab 2030 müssen Wärmenetze demnach zu 50 % erneuerbare Energien oder Abwärme enthalten, ab 2045 sind Wärmenetze zu 100 % aus erneuerbaren Energien zu versorgen. Auch in Wärmenetzen werden Wärmepumpen eine wichtige Rolle spielen müssen, da es bei Weitem nicht genug Abwärme, grünes Gas oder Holz geben wird, um die Netze nachhaltig zu versorgen. Da Wärmenetze von Haus aus recht hohe Systemtemperaturen besitzen (teilweise sogar Dampf mit mehr als 100 °C), stellt sich hier die gleiche Frage wie bei kleinen Wärmepumpen: Wie kann die Systemtemperatur verringert werden, damit Wärmepumpen eine hohe Effizienz erreichen?

7.2 Förderungen in Deutschland

Zusammen mit der Novellierung des Gebäudeenergiegesetzes wird auch die Förderung von nachhaltigen Heizungen für Bestandsgebäude angepasst. Im Folgenden werden daher der aktuelle, bis Ende 2023 gültige und der voraussichtliche Stand ab 2024 vorgestellt. Die Förderung von Effizienzhäusern, sowohl im Neubau als auch im Bestand, ändert sich voraussichtlich nicht.

Grundsätzlich gilt es, zwei unterschiedliche Förderansätze zu unterscheiden:

- **Effizienzhaus:** Die Förderung von ganzheitlichen Sanierungs- bzw. Neubaukonzepten, sogenannte Effizienzhäuser, werden oft mit der KfW-Bank verbunden, da von ihr die entsprechenden Kredite und Tilgungszuschüsse ausgegeben werden. Für die Bewertung eines Effizienzhauses werden für das Gebäude die unter Abschnitt »Neubau« erklärten Werte »mittlerer U-Wert« und »Primärenergiebedarf« berechnet. Beide Werte müssen die entsprechenden Werte des Referenzgebäudes um ein gewisses Niveau unterschreiten.

  Es wird also immer das Haus als Ganzes bewertet. Daher ist die Förderung eines Effizienzhauses im Bestand auch meistens mit umfangreichen Sanierungsmaßnahmen verbunden. Je niedriger die Effizienzhaus-Stufe, desto weniger Energie verbraucht das Gebäude und desto höher sind die Tilgungszuschüsse (siehe Abbildung 7.1). Die Königsklasse ist das Effizienzhaus 40, auch bekannt als KfW40-Gebäude. Das bedeutet, dass ein derartiges Gebäude zum Heizen einen Primärenergiebedarf von nur 40 Prozent und einen mittleren U-Wert von 55 % im Vergleich zu einem Referenzgebäude hat. Noch energieeffizienter sind Passivhäuser.

Standard			Klassen (nicht untereinander kumulierbar)		Boni (zusammen Deckelung auf 20 %, kumulierbar mit Klassen)	
	Tilgungszuschuss	**Zuschuss** (nur Kommunen)	**EE**	**NH**	**WPB**	**SerSan**
EH Denkmal	5 %	20 %	5 %	5 %		
EH 85	5 %	20 %	5 %	5 %		
EH 70	10 %	25 %	5 %	5 %	10 % (nur EE-Klasse)	
EH 55	15 %	30 %	5 %	5 %	10 %	15 %
EH 40	20 %	35 %	5 %	5 %	10 %	15 %

Abbildung 7.1 Fördermöglichkeiten und Tilgungszuschüsse für verschiedene Effizienzhausstufen (Bestandsgebäude) Quelle: BEG WG 2022

- **Einzelmaßnahmen:** Dazu zählen z. B. der Austausch der Fenster oder der Heizung bzw. die Dämmung des Dachs. Einzelmaßnahmen werden als reiner Zuschuss durch das Bundesamt für Wirtschaft und Ausfuhrkontrolle (BAFA) ausgezahlt. Ab 2024 soll die KfW für die Förderung von Heizungen zuständig sein.

  Wie der Name schon sagt, können damit einzelne Maßnahmen gefördert werden, was sogar den Austausch von einzelnen Fenstern oder die Dämmung von nur einer Gebäudeseite ermöglicht.

Förderung von Effizienzhäusern im Neubau 2023

Die Förderung von Neubauten ist seit 2023 nur noch als Effizienzhaus 40 möglich. Zusätzlich muss das Gebäude eine nachhaltige Bauweise über den gesamten Lebenszyklus besitzen. Der Fokus auf eine nachhaltige Bauweise ist insofern nachvollziehbar, weil alte Gebäude während eines Lebenszyklus den allergrößten Anteil am Energieverbrauch und damit die größten CO_2-Emissionen bei der Beheizung verursachen.

Neue Gebäude sind jedoch so energiesparend, dass ein erheblicher Anteil der CO_2-Emissionen bereits bei der Errichtung entsteht. Insbesondere Beton, aber auch Mauersteine bzw. Ziegel, die bei hohen Temperaturen gefertigt werden, verursachen bei ihrer Herstellung nämlich erhebliche Mengen an CO_2.

Informationen zur Förderung von Effizienzhäusern finden Sie unter:

https://www.kfw.de/inlandsfoerderung/Privatpersonen

Förderung von Effizienzhäusern im Bestand 2023

Wird ein Bestandsgebäude umfangreich saniert, kann auch hier ein Effizienzhaus erreicht werden. Dafür ist in der Regel aber eine Sanierung der gesamten Gebäudehülle, also insbesondere die Dämmung der Fassade und des Dachs sowie ein

Austausch der Fenster, notwendig. Der hohe Aufwand wird durch zinsgünstigen Kredit bis zu 150.000 € und Tilgungszuschüsse bis zu 35 % bei einem Effizienzhaus 40 belohnt, wenn es sich um ein sogenanntes *Worst Performing Building* handelt. In der schlechtsten Effizienzhausstufe EH 85 beträgt der Zuschuss bis zu 10 %. Bei einer sogenannten seriellen Sanierung sind noch höhere Tilgungszuschüsse möglich.

Der Zusatz EE steht für »Erneuerbare-Energien-Klasse«, die NH-Klasse steht für die Verwendung von besonders nachhaltigen Baustoffen. Die EE-Klasse wird erreicht, wenn das Gebäude zu mindestens 65 % durch erneuerbare Energie versorgt wird, was meistens durch eine Wärmepumpe in Kombination mit einer Photovoltaikanlage möglich ist. Beide Klassen erhöhen den Tilgungszuschuss um 5 Prozentpunkte und erweitern den Kreditrahmen, sind jedoch nicht kumulierbar.

Den Tilgungszuschuss weiter erhöhen kann der sogenannte Worst-Performing-Building(WPB)-Bonus, welcher für 25 % der schlechtesten Gebäude angesetzt werden kann. Als WPB-Gebäude gelten pauschal alle Gebäude, die vor 1957 erbaut worden sind, wenn 75 % ihrer Außenwandfläche nicht nachträglich gedämmt wurden. Außerdem gelten alle Gebäude mit einem Energieausweis der Klasse H ebenfalls als WPB-Gebäude.

Weiter lässt sich der Tilgungszuschuss durch den *SerSan-Bonus* (serielle Sanierung) erhöhen. Unter serieller Sanierung ist die Verwendung von industriell vorgefertigten Bauteilen zu verstehen, die zum Beispiel als fertige Fassade auf die bestehende Fassade montiert werden (siehe Abbildung 7.2).

Abbildung 7.2 Montage eines industriell gefertigten Fassadenteils. Bildquelle Energiesprong International (via Wikimedia)

Informationen zur Förderung von Effizienzhäusern finden Sie unter:

https://www.kfw.de/inlandsfoerderung/Privatpersonen

Förderung von Einzelmaßnahmen 2023

Die Dämmung eines einzelnen Bauteils oder der Einbau von Heizungsanlagen in Bestandsgebäuden kann im Rahmen sogenannter Einzelmaßnahmen gefördert werden (siehe Abbildung 7.3). Hier muss lediglich die energetische Qualität des betroffenen Bauteils bzw. der Anlage verbessert, nicht jedoch das Gebäude im Ganzen bewertet werden.

	Standard	**Boni** (kumulierbar)		
Einzelmaßnahmen Zuschuss	**Zuschuss**	**ISFP**	**Heizungstausch**	**Wärmepumpe**
Gebäudehülle	15 %	5 %		
Anlagentechnik	15 %	5 %		
Solarkollektoranlagen	25 %		10 %	
Biomasseheizungen	10 %		10 %	
Wärmepumpen	25 %		10 %	5 %
Brennstoffzellenheizung	25 %		10 %	
Innovative Heizungstechnik	25 %		10 %	
Errichtung, Umbau, Erweiterung Gebäudenetz (ohne Biomasse)	30 %			
Errichtung, Umbau, Erweiterung Gebäudenetz (mit maximal 25 % Biomasse für Spitzenlast)	25 %			
Errichtung, Umbau, Erweiterung Gebäudenetz (mit maximal 75 % Biomasse)	20 %			
Gebäudenetzanschluss	25 %		10 %	
Wärmenetzanschluss	30 %		10 %	
Heizungsoptimierung	15 %	5 %		

Abbildung 7.3 Förderung von Einzelmaßnahmen. Quelle: BEG EM 2022

Folgende Einzelmaßnahmen werden durch das Bundesamt für Wirtschaft und Ausfuhrkontrolle, kurz BAFA, gefördert:

- **Gebäudehülle:** Die Verbesserung der Gebäudehülle (Fenster, Wände, Dach, Keller etc.) wird mit 15 % gefördert. Wurde vorher eine ausführliche Energieberatung durchgeführt, die mit einem individuellen Sanierungsfahrplan abgeschlossen wurde, so steigt die Förderung auf 20 %.
- **Heizung:** Für Heizungsanlagen gelten je nach Technologie unterschiedliche Fördersätze. Wärmepumpen werden grundsätzlich mit 25 % gefördert.

  Ein zusätzlicher Bonus von 10 Prozentpunkten wird gewährt, wenn die Wärmepumpe eine bestehende Gasheizung, die älter als 20 Jahre ist, oder eine Öl-, Kohle oder Nachtspeicherheizung ersetzt. Das Gebäude darf danach nicht mit fossilen Brennstoffen beheizt werden. Somit kann der Bonus nicht für Gas- oder Öl-Hybridanlagen in Anspruch genommen werden.

Ein weiterer Bonus von 5 Prozentpunkten wird für Wärmepumpen gewährt, wenn als Wärmequelle Wasser, Erdreich oder Abwasser erschlossen wird oder ein natürliches Kältemittel eingesetzt wird. Als natürliches Kältemittel gilt zum Beispiel Propan, das bei Monoblock-Geräten recht verbreitet ist. In Summe können Wärmepumpen somit zu 40 % gefördert werden.

Zu beachten ist bei der Förderung von Einzelmaßnahmen, dass nur Sanierungen bis zu 60.000 € pro Jahr und Wohneinheit gefördert werden. Maßgeblich ist hier das Kalenderjahr. Bei größeren Sanierungsprojekten ist es also sinnvoll, mehrere Anträge über mehrere Jahre verteilt zu stellen.

Informationen zur Förderung von Einzelmaßnahmen finden Sie hier:

https://www.bafa.de/DE/Energie/Effiziente_Gebaeude/effiziente_gebaeude_node.html

Förderung von Einzelmaßnahmen ab 2024

Die genauen Förderbedingungen für das Jahr 2024 waren bei Fertigstellung dieses Buches noch nicht bekannt. Folgende Eckpunkte wurden aber bisher von der Bundesregierung veröffentlicht. Die Änderungen betreffen nur die Förderung von Einzelmaßnahmen an Bestandsgebäuden:

- Der Fördersatz für klimafreundliche Heizungen, also auch Wärmepumpen, liegt einheitlich bei 30 %.
- Es gibt einen Einkommensbonus in Höhe von 30 % für Eigentümer mit einem zu versteuernden Einkommen von maximal 40.000 €.
- Es wird wie bisher einen Bonus geben, wenn eine Öl-, Kohle-, Gasetagen- oder Nachtspeicherheizung ausgetauscht wird. Der Bonus gilt auch für Gasheizungen, wenn diese 20 Jahre oder älter sind. Dieser Bonus wird von 10 % auf 20 % erhöht. Ab 2029 fällt der Bonus jährlich um 3 %.
- Der bestehende Bonus in Höhe von 5 % für Erd-, Wasser- oder Abwasserwärmepumpen und die Nutzung von natürlichen Kältemitteln in Wärmepumpen bleibt ebenso erhalten.

Da die verschiedenen Boni kombiniert werden können, wird die Förderung auf 70 % der förderfähigen Kosten begrenzt. Dabei ist jedoch zu beachten, dass die förderfähigen Kosten für Heizungen von 60.000 € auf 30.000 € reduziert werden (dies gilt für Einfamilienhäuser, für Mehrfamilienhäuser gelten andere Grenzen).

Bisher konnte eine Wärmepumpe also bis zu Kosten von 60.000 € (»förderfähige Kosten«) mit 40 % gefördert werden, was einer Förderung von 24.000 € entspricht. Ab

2024 können nur noch 30.000 € förderfähige Kosten mit maximal 70 % angesetzt werden, was 21.000 € Förderung entspricht. Für günstige Heizungsanlagen wird die Förderung ab 2024 je nach möglichem Bonus besser, teure Heizungsanlagen erhalten tendenziell weniger Förderung.

Verbessert hat sich die Situation für alle, die neben der Heizung auch noch die Gebäudehülle sanieren wollen. Bisher galten die förderfähigen Kosten in Höhe von 60.000 € für alle Maßnahmen. Ab 2024 sind 30.000 € förderfähige Kosten für die Heizungsanlage und bis zu 60.000 € für die Gebäudehülle möglich (30.000 €, wenn kein sogenannter »individueller Sanierungsfahrplan« vorliegt). Es können also in Summe 90.000 € an Kosten gefördert werden.

Außerdem kann weiterhin für jedes Jahr eine Förderung in Höhe der förderfähigen Kosten beantragt werden. Sie können also beispielhaft im November eine Förderung für den Austausch von Fenstern beantragen und im Januar bereits die Förderung für eine Dachsanierung, und zwar beides mit förderfähigen Kosten bis zu 60.000 €. Es ist nicht notwendig, dass der erste Fördervorgang bereits abgeschlossen ist, um eine Förderung für eine weitere Maßnahme beantragen zu können. Generell haben Sie zwei Jahre Zeit, die zu fördernde Maßnahme umzusetzen.

Energieberater

Der Blick auf die Förderwelt zeigt, dass es hier schnell unübersichtlich werden kann. Es ist daher empfehlenswert, einen Energieberater einzuschalten. Dieser kann für Durchblick im Förderdschungel sorgen und mit der Erstellung eines sogenannten individuellen Sanierungsfahrplans (iSFP) auch Empfehlungen für Sanierungsmaßnahmen und deren Umsetzungsreihenfolge geben. Belohnt wird die ausführliche Beratung zusätzlich mit einem fünfprozentigen Bonus bei der Förderung von Maßnahmen an der Gebäudehülle, der Anlagentechnik und der Heizungsoptimierung. Die Energieberatung selbst wird für Einfamilienhäuser mit bis zu 80 % gefördert.

Zu beachten ist jedoch, dass Energieberater kein geschütztes Berufsbild ist. Es darf also jede Person, unabhängig von ihrer Qualifikation, als Energieberaterin bzw. Energieberater tätig werden. Dies führt immer wieder zu negativen Erfahrungen bei den Beratungssuchenden. Um jedoch Förderungen beantragen zu dürfen, ist eine Grundqualifikation notwendig (Architekt, Ingenieurin etc.), und es müssen Fortbildungen für die verschiedenen Fachbereiche (Wohngebäude, Nichtwohngebäude oder Denkmal) absolviert werden, bei denen das Wissen in schriftlichen Prüfungen nachgewiesen wird. Dies wird durch die Deutsche Energieagentur (DENA) geprüft. Zugelassene Energieberater werden auf einer Liste veröffentlicht:

https://www.energie-effizienz-experten.de

Auf dieser Webseite können Sie unter Angabe der Postleitzahl qualifizierte Energieberater in der Nähe finden.

7.3 Förderungen in Österreich

Das Gegenstück zum deutschen Gebäudeenergiegesetz soll in Österreich das Erneuerbare-Wärme-Gesetz (EWG) werden. Es wird das Ende der Gasheizung in Neubauten fixieren und Regeln und neue Förderungen für den Ausstieg aus fossilen Heizungssystemen festlegen. Das Gesetz soll im Herbst 2023 beschlossen werden und ab 2024 gelten. Die Details waren zur Drucklegung dieses Buchs aber noch unklar.

Davon losgelöst gibt es bereits jetzt diverse Förderungsprogramme für die Erneuerung alter Heizungsanlagen und für die Errichtung von Wärmepumpen. Das wichtigste bundesweite Förderprogramm »raus aus Öl und Gas« unterstützt den Anschluss an ein vorhandenes Fernwärmesystem bzw. den Einbau einer Wärmepumpe mit bis zu 50 % (limitiert auf 7500 €). Dazu können Zuschläge kommen: 2000 € beim Ersatz einer Gasheizung, weitere 1500 € für die Integration von Solarthermie.

https://www.umweltfoerderung.at/privatpersonen/kesseltausch-ein-zweifamilienhaus-2023/2024/

Zusätzlich können bundeslandspezifische Förderungen angesucht werden. Einen guten Überblick über die vielzähligen, sich zum Teil ergänzenden Förderprogramme finden Sie hier:

https://www.waermepumpe-austria.at/foerderungen

Darüber hinaus gibt es Förderungen für die thermische Sanierung bzw. Dämmung von Gebäuden, die älter als 20 Jahre sind:

https://www.oesterreich.gv.at/themen/bauen_wohnen_und_umwelt/energie_sparen/1/sanierungsoffensive.html

Schließlich gibt es für PV-Anlagen eigene Förderprogramme:

https://pvaustria.at/eag-investzuschuss

7.4 Förderungen in der Schweiz

Für die Errichtung von Wärmepumpen bzw. den Austausch des Heizungssystems gibt es aktuell ausschließlich kantonspezifische Förderprogramme. Die Maßnahmen M-05 für Luftwärmepumpen und M-06 für Erdwärme- bzw. Wasserwärmepumpen legen dabei Mindestbeträge fest. Die folgenden Seiten helfen, die an Ihrem Wohnort gültigen Förderungsmöglichkeiten zu finden:

https://www.energiefranken.ch/de
https://www.energieheld.ch/heizung/waermepumpe/foerderung#luft-wasser-waermepumpe

Mit der Klimaprämie gibt es eine Förderung für den Ersatz einer Öl- oder Gasheizung durch bestimmte Holzheizungen (z. B. durch eine Pelletheizung, aber nicht durch eine Wohnraumfeuerung). Die Höhe der Förderung bemisst sich nach dem Heizbedarf. Durch die Klimaprämie wurden in der Vergangenheit auch Wärmepumpen gefördert, seit April 2023 gilt dies aber nur noch für Großanlagen mit mehr als 50 kW Leistung. Wärmepumpen in Neubauten werden durch die Klimaprämie grundsätzlich nicht gefördert. Die Klimaprämie kann nicht mit anderen Förderungsprogrammen kombiniert werden.

https://energiezukunftschweiz.ch/de/foerderprogramme/angebot/klimapraemie-heizungsersatz

In der gesamten Schweiz wird die energetische Sanierung (sprich Dämmung) von Gebäuden durch »das Gebäudeprogramm« unterstützt:

https://www.dasgebaeudeprogramm.ch/de

Die Errichtung von PV-Anlagen wird durch Einmalvergütungen (EIV) gefördert:

https://pronovo.ch/de/services/tarifrechner

7.5 Gesetzliche Regeln für die Errichtung von Wärmepumpen

Bevor Sie eine Wärmepumpe errichten, müssen Sie sicherstellen, dass Sie alle behördlichen Auflagen einhalten. In diesem Abschnitt fassen wir für Luft-, Erd- und Wasserwärmepumpen die wichtigsten Regeln zusammen.

Zum Betrieb der Wärmepumpe brauchen Sie außerdem zumeist einen dreiphasigen Drehstromanschluss mit 400 V (umgangssprachlich auch einen »Starkstromanschluss«). Dieser steht normalerweise in jedem Haus zur Verfügung. Auch Ihr Herd ist so mit dem Stromnetz verbunden. Je nach Netzbetreiber muss die Wärmepumpe über einen eigenen Zähler verfügen. Diese Fragen klären Sie am besten mit Ihrem Energieversorgungsunternehmen.

Luftwärmepumpen: Lärmschutz und Abstandsflächen

Bei der Aufstellung der Außeneinheit einer Luftwärmepumpe sind hingegen »nur« der Lärmschutz und Abstandsgrenzen zu Nachbargrundstücken zu beachten. Der Lärmschutz wird durch das Bundes-Immissionsschutz-Gesetz in Verbindung mit der »Technischen Anleitung zum Schutz gegen Lärm« (TA Lärm) geregelt. Je nach Art des Gebietes, in dem die Wärmepumpe aufgestellt werden soll (Wohngebiet, Gewerbegebiet, Industriegebiet), gelten unterschiedliche Anforderungen. Auch nachts sind niedrigere Werte als tagsüber erlaubt.

Die »Lautstärke« einer Wärmepumpe kann dem Datenblatt des Geräts entnommen werden. Grundsätzlich gilt, dass eine leise Wärmepumpe Nachbarschaftsstreit und auch Lärmbelästigungen im eigenen Haus vermeiden kann. Es sollte also von vornherein auf die Auswahl eines entsprechend leisen Geräts geachtet werden. Die Lautstärke einer Wärmepumpe hängt unter anderem von der Größe der Außeneinheit, der Wärmetauscherfläche und des Lüfters ab. Werden diese Komponenten größer dimensioniert, so werden die Geräte tendenziell leiser, aber das ist mit höheren Kosten verbunden. Auch andere schallreduzierende Maßnahmen sind mit höheren Kosten verbunden. Es kann also die Schlussfolgerung getroffen werden, dass leise Geräte teurer sind als laute.

Zusätzlich sollte die Lärmbelästigung bei der Wahl des Aufstellortes mit berücksichtigt werden. Gerade die Nähe zu sensiblen Räumen wie Schlafzimmern sollte vermieden werden. Außerdem breitet sich der Schall verstärkt in die Lufteinsaug- und -ausblasrichtung aus. Falls es doch zu Beeinträchtigungen kommt oder man diese im Vorhinein ausschließen möchte, bieten spezielle Schallschutzhauben oder der Aufbau kleiner Schallschutzmauern wie eines Gabionenzauns die Möglichkeit, die Schallausbreitung zu reduzieren. Eine Hecke führt hingegen kaum zu einer Reduktion der Schallausbreitung.

Der Schallrechner des bwp gibt eine erste Auskunft, ob die Vorgaben der TA Lärm eingehalten werden:

https://www.waermepumpe.de/schallrechner

Unabhängig von der Lautstärke der Wärmepumpe gelten für Wärmepumpen Abstandsvorgaben zu Nachbargrundstücken aus der Bauordnung. Diese unterscheiden sich je nach Bundesland, es galten aber bisher Abstände von 2,5 bis 3 Meter von der Wärmepumpe zur nächsten Grundstücksgrenze. Um den Einbau von Wärmepumpen zu vereinfachen, weichen einige Bundesländer von dieser Vorgabe ab. So hat Nordrhein-Westfalen bereits den Abstand auf 0,5 Meter reduziert. Kurz vor Fertigstellung dieses Buchs wurde außerdem bekannt, dass in Bayern keine Anforderungen mehr an den Abständen zu den Nachbargrundstücken gelten. Unabhängig davon ist natürlich weiterhin der Lärmschutz nach TA Lärm zu beachten. Auf folgender Seite können Sie für das Bundesland, in dem Sie wohnen, die Regelungen zum Mindestabstand nachlesen:

https://www.energie-experten.org/news/luftwaermepumpe-naechstes-bundesland-kippt-abstand-zum-nachbarn

Erd- und Wasserwärmepumpen: geologisches Gutachten und Genehmigung

Wenn Sie eine Erdwärmepumpe mit Tiefensonde oder eine Grundwasserwärmepumpe errichten wollen, müssen Sie oder das Bohrunternehmen ein geologisches Gutachten beauftragen.

Für Erd- und Grundwasserwärmepumpen existieren verschiedenen Anzeige- und Genehmigungspflichten. Die genauen Bestimmungen unterscheiden sich je nach Bundesland. Ansprechpartner sind die unteren Wasserbehörden, Landratsämter oder Wasserwirtschaftsämter. In Österreich ist eine Tiefenbohrung an sich nur anzeigepflichtig, wenngleich es diverse Ausnahmen gibt. Die Errichtung einer Grundwasserpumpe erfordert aber auf jeden Fall ein relativ aufwendiges Genehmigungsverfahren.

Mehr Details zu Tiefenbohrungen, geologischen Gutachten sowie den gesetzlichen Vorschriften bzw. Einschränkungen finden Sie in Abschnitt 2.5, »Sole-Wasser-Wärmepumpe (Erdwärmepumpe)«, sowie in Abschnitt 2.6, »Wasser-Wasser-Wärmepumpe (Grundwasserwärmepumpe)«.

7.6 Wartung

Ich beschreibe Ihnen in den folgenden Absätzen die wichtigsten Eckpunkte zur Wartung einer Wärmepumpe bzw. Heizungsanlage. Auch wenn viele der Arbeiten bei entsprechender Erfahrung selbst durchgeführt werden können, sollte im Zweifel immer ein Heizungsfachbetrieb zurate gezogen werden.

Wärmepumpen sind im Vergleich zu Gas-, Öl- oder Holzheizungen wartungsarm. Einerseits entfällt die jährliche Reinigung und Inspektion des Kamins, andererseits beinhaltet eine Wärmepumpe keinen Verbrennungsprozess, bei dem Rückstände entstehen, die sich in den Heizgeräten ablagern können.

Bei Holzheizungen ist dies vermehrt der Fall. Auch wenn der größte Teil der Asche über eine entsprechende Öffnung entnommen werden kann, verteilt sich ein gewisser Rest innerhalb des Geräts und im Kamin. Gerade bei zu feuchtem Holz oder bei hohen Rinden- oder Laubanteilen können hartnäckige Verschmutzungen entstehen. Ölheizungen sind hier bereits pflegeleichter, Gasheizungen erzeugen noch mal deutlich weniger Verbrennungsrückstände. Ein weiterer Verschleißfaktor bei Verbrennungsgeräten ist die hohe Temperatur. Sie führt dazu, dass Materialien sich bei der Erwämung ausdehnen und bei Abkühlung wieder zusammenziehen, was eine Belastung für die Bauteile sein kann.

Da der Kältekreis einer Wärmepumpe ein abgeschlossenes System ist, gibt es hier auch keinen Schmutzeintrag von außen; es darf auch kein Kältemittel verloren gehen. Der Kältekreis besitzt keine Verschleißteile, die regelmäßig getauscht werden müssen. Es entstehen bei Weitem nicht so hohe Temperaturen, wie dies bei Verbrennungsgeräten der Fall ist.

Allerdings kann die Außeneinheit von Luftwärmepumpen verschmutzen. Durch die hohen Mengen an Luft, die durch das Gerät gesaugt werden, kann sich hier Schmutz im Wärmetauscher und am Lüfter ansetzen. Daher ist eine regelmäßige Reinigung angebracht. Die Wärmetauscher bestehen meist aus sehr filigranen Metall-Lamellen. Es sollte daher bei der Reinigung mit großer Sorgfalt vorgegangen werden, und es sollten keinesfalls harte Stahlbürsten oder Druckluft eingesetzt werden.

Denken Sie bereits bei der Aufstellung daran, ob es einen Ort gibt, an dem wenige Schmutzpartikel angesaugt werden. Eine Hecke oder ein Baum direkt an der Einsaugseite der Außeneinheit können später für Ärger sorgen. Auch sollte in der Richtung des Gebläses keine sensible Bepflanzung stehen, da die Wärmepumpe kalte Luft ausbläst und dies die Pflanzen beschädigen kann.

Von der Wärmepumpe einmal abgesehen sind die restlichen Komponenten einer Heizungsanlage weitestgehend identisch, unabhängig davon, welches Heizungssystem Sie nutzen. Es fallen also die gleichen Wartungsarbeiten an. Dazu gehört die regelmäßige Kontrolle des Drucks im Heizungssystem (siehe Abbildung 7.4).

Abbildung 7.4 Druckmesser, automatisches Entlüftungsventil und Überdruckventil. Der Wasserdruck im Heizungssystem (schwarzer Zeiger) ist zu klein. Er ist niedriger als der Referenzdruck (roter Zeiger). Es muss Wasser nachgefüllt werden.

Es sollte immer ein ausreichender Überdruck im Heizungssystem herrschen, da bei Unterdruck Luft in die Rohrleitungen gesaugt werden kann, die dann wiederum zu Korrosion an Leitungen oder Speichern führen kann. Falls doch Luft in das System gelangt ist, sollte diese an speziell dazu installierten Entlüftern entlassen werden. Die Entlüfter kennt man meist von Heizkörpern. Dort sind sie in der Regel auf der dem Thermostat gegenüberliegenden Seite angebracht und können mit einem speziellen Vierkantschlüssel bedient werden.

Falls nach einer Entlüftung oder aus anderen Gründen Wasser nachgefüllt werden muss, ist auf eine geeignete Qualität zu achten. Insbesondere zu kalkhaltiges Wasser sollte nicht in den Heizungskreis gelangen. Aber auch zu weiches Wasser kann ungeeignet sein.

Da sich innerhalb des Heizungskreises immer wieder kleine Schmutz- oder Metallpartikel befinden können, sind moderne Anlagen mit Schlammabscheidern ausgestattet (siehe Abbildung 7.5). In diesen Geräten kann sich Schmutz absetzen und wird dort gesammelt. Ein zusätzlicher Magnet hält metallische Rückstände aus dem Wasser zurück.

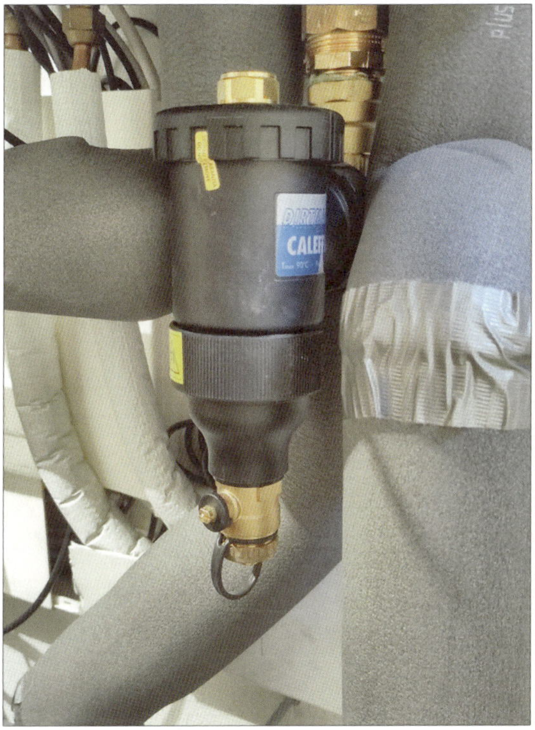

Abbildung 7.5 Schlammabscheider mit Schmutzfänger

7.7 Monitoring

Grundsätzlich ist ein Monitoring bei jeder Heizungsanlage sinnvoll. Darunter versteht man die regelmäßige Protokollierung wichtiger Eckdaten (Stromverbrauch, Jahresarbeitszahl etc.) sowie den Vergleich mit den Vorjahreszahlen.

Häufig beschränkt sich das Monitoring jedoch auf den Abgleich der jährlichen Energiekosten. Diese zeigen, wie hoch der Verbrauch der Heizungsanlage war. Sie können damit auch Verbrauchsänderungen feststellen, z. B. die längere Anwesenheit im Homeoffice während der Coronapandemie.

Die Energiekosten lassen aber keinen direkten Rückschluss zu, wie effizient die Heizungsanlage tatsächlich betrieben wird. Um die Effizienz zu ermitteln, muss außer der zugeführten Energiemenge auch die Menge an Wärme bekannt sein, die von der

Heizung erzeugt wurde. Deswegen ist es bei jeder Heizungsanlage sinnvoll, einen Wärmemengenzähler zu installieren. Bei wissenschaftlichen Untersuchungen von Heizungsanlagen werden sogar mehrere Wärmemengenzähler verbaut, um zum Beispiel die Verluste eines Wärmespeichers oder das Verhältnis zwischen Warmwasser- und Heizungswärme ermitteln zu können.

Grundsätzlich empfehle ich Ihnen, zumindest einen Wärmemengenzähler zu installieren, der die gesamte Erzeugung der Wärmepumpe misst. Außerdem sollten Sie einen separaten Stromzähler haben, der den Verbrauch der Wärmepumpe misst. Je nach Interesse können diese Zähler einmal im Jahr oder auch monatlich abgelesen werden. Teilt man die erzeugte Wärmemenge durch den aufgenommenen Strom, so ergibt sich die Jahresarbeitszahl (JAZ), die sich als Vergleichswert für die Effizienz von Wärmepumpen eignet. Nur anhand der Jahresarbeitszahl können Sie feststellen, ob Optimierungsmaßnahmen (z. B. die Reduktion von Systemtemperaturen) wirklich greifen oder ob sich die Effizienz mit der Zeit verschlechtert.

Die meisten Wärmepumpen führen auch interne Messungen durch bzw. leiten über den Betriebszustand die Effizienz und/oder die Energieverbräuche ab (siehe Abbildung 7.6).

Abbildung 7.6 Das Display dieser Wärmepumpe zeigt die Jahresarbeitszahl seit Inbetriebnahme an.

Diese Informationen sind allerdings mit Einschränkungen verbunden:

- Sie brauchen viel Vertrauen zum Hersteller. Sie kennen das sicher: Ihr Auto zeigt an, es würde 6,7 l Treibstoff pro 100 km verbrauchen. Aber wenn Sie beim Tanken nachrechnen, stellt sich heraus, dass es 7,2 l je 100 km waren. Die Versuchung der Hersteller ist groß, auch die JAZ-Berechnung möglichst optimistisch durchzuführen.
- Bei vielen Geräten können Sie nur die JAZ seit Inbetriebnahme ablesen. Andere Geräte geben die erzeugte und aufgenommene Energie an, abermals seit Inbetriebnahme. Eine Unterscheidung zwischen Sommer- und Winterbetrieb oder das Ausprobieren von unterschiedlichen Trinkwarmwassertemperaturen können damit nicht nachverfolgt werden.

Kapitel 8
Photovoltaik

Auf den ersten Blick scheint Photovoltaik die ideale Ergänzung zu einer Wärmepumpe zu sein: Sie können den vielen Strom, den die Wärmepumpe braucht, teilweise selbst erzeugen.

Auf den zweiten Blick sieht die Kombination schon weniger ideal aus: Im Winter, wenn Sie am meisten Strom brauchen, scheint die Sonne nur selten. Ihr Stromverbrauch und Ihre Stromproduktion passen zeitlich schlecht zusammen.

In diesem Kapitel zeige ich Ihnen, dass die Wahrheit wie so oft in der Mitte liegt und dass eine PV-Anlage trotz der winterlichen Produktionseinschränkung eine sinnvolle Ergänzung zur Wärmepumpe ist. Außerdem fasse ich Grundlagenwissen rund um die Photovoltaik zusammen und beantworte die folgenden Fragen:

- Wie groß ist die ideale Leistung Ihrer PV-Anlage?
- Wie groß muss Ihr Dach sein?
- Muss die Dachfläche nach Süden zeigen?
- Wozu brauchen Sie einen Wechselrichter?
- Lohnt sich ein Stromspeicher?
- Was kostet eine PV-Anlage?
- Lohnt sich das?

Das Kapitel endet mit einer Rentabilitätsrechnung. Sie können die Berechnung als Muster verwenden und mit den Parametern Ihres eigenen Projekts adaptieren.

Photovoltaik-Buch

Ich will Ihnen hier natürlich nicht verschweigen, dass ich zusammen mit Christian Ofenheusle ein ganzes Buch zum Thema Photovoltaik verfasst habe. Es beschreibt die Grundlagen der Photovoltaik und Speichertechnik detaillierter, behandelt auch Balkonkraftwerke, geht ausführlicher auf die Förderungsmöglichkeiten und die gesetzlichen Rahmenbedingungen ein und enthält weitere Rentabilitätsrechnungen. Das Buch ist ebenfalls im Rheinwerk Verlag erschienen:

Kofler/Ofenheusle: Photovoltaik. Grundlagen, Planung, Betrieb.
ISBN 978-3-8362-9697-7

8.1 Grundlagen

In ihrer einfachsten Form besteht eine Photovoltaikanlage aus mehreren PV-Modulen, die durch Kabel miteinander verbunden sind. Diese Kabel führen zu einem Wechselrichter. Das ist ein Gerät, das den Gleichstrom der Module in den bei uns üblichen Wechselstrom umwandelt (siehe Abbildung 8.1). In den folgenden Abschnitten gehe ich näher auf die einzelnen Bauteile und ihre Funktion ein.

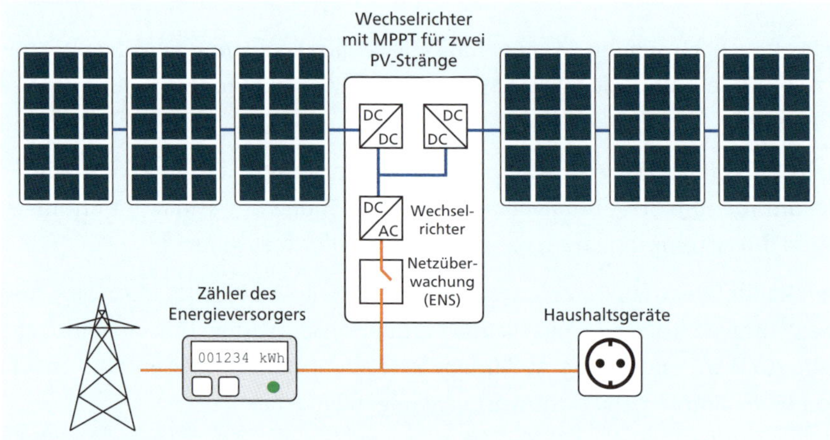

Abbildung 8.1 Schema einer PV-Anlage ohne Speicher

PV-Module

Ein Photovoltaik-Modul (oft auch PV-Solarmodul oder PV-Panel, hier meist kurz PV-Modul) ist eine dunkelblaue oder fast schwarze Glasplatte mit Alurahmen. Hinter der Glasplatte befinden sich eine Menge rechteckiger oder quadratischer Solarzellen. Diese aus Silizium gefertigten Solarzellen wandeln Sonnenlicht in Strom um. Der Wirkmechanismus wurde zuerst von Albert Einstein schlüssig erklärt. Dafür (und nicht, wie oft fälschlich angenommen wird, für seine Relativitätstheorie) erhielt er 1921 den Physik-Nobelpreis.

PV-Module sind in diversen Größen erhältlich. Ein typisches Modul ist $170 \times 105\ cm^2$ groß und wiegt etwa 20 kg. Es liefert bei optimalem Sonnenlicht eine elektrische Leistung von knapp 400 Watt. Es gibt auch größere Module mit mehr Leistung, ebenso wie kleinere mit weniger Leistung. In jedem Fall werden nur ca. 20 % bis 22 % der Sonnenenergie in Strom umgewandelt. Die restliche Strahlung wird reflektiert oder in Wärme umgewandelt.

PV-Module werden im Sonnenlicht ziemlich heiß. Leider sinkt damit die elektrische Leistung. Im Datenblatt wird die Leistung eines Moduls für eine Temperatur von 25 °C angegeben. Steigt die Oberflächentemperatur des Moduls im Sommer auf 75 °C, sinkt die Leistung um ca. 20 %. Aus diesem Grund ist es wichtig, die Module mit etwas

Abstand vom Dach zu montieren, sodass sie hinterlüftet sind und die Wärme besser abführen können.

Oberstes Ziel der PV-Forschung ist es, den Wirkungsgrad von Solarzellen zu verbessern. Laborprototypen erreichen bereits Wirkungsgrade bis zu 50 %. Allerdings lassen Sie sich noch nicht kostengünstig herstellen, außerdem ist ihre Lebensdauer zu kurz. Soweit es sich heute absehen lässt, ist kein unmittelbarer Durchbruch beim Wirkungsgrad handelsüblicher PV-Module zu erwarten.

Montage

In der Vergangenheit galt die Regel, PV-Module sollten möglichst auf 45° steilen Süddächern aufgestellt werden. Tatsächlich erzielen Sie so über das Jahr gerechnet den größten Ertrag. Mittlerweile sind PV-Module wesentlich preisgünstiger als noch vor wenigen Jahren. Insofern lohnt sich jetzt eine Aufstellung auch dann, wenn Ausrichtung und Neigung nicht ganz optimal sind.

Azimut / Neigung	0°	15°	30°	45°	60°	75°	90°
–105°	84 %	80 %	76 %	71 %	63 %	54 %	44 %
–90° (Ost)	84 %	83 %	81 %	77 %	71 %	62 %	51 %
–75°	84 %	86 %	86 %	84 %	78 %	69 %	58 %
–60°	84 %	88 %	**91 %**	89 %	84 %	75 %	63 %
–45° (Südost)	84 %	**91 %**	**94 %**	**94 %**	89 %	80 %	68 %
–30°	84 %	**92 %**	**97 %**	**97 %**	**93 %**	84 %	70 %
–15°	84 %	**93 %**	**99 %**	**99 %**	**95 %**	86 %	72 %
0° (Süd)	84 %	**93 %**	**99 %**	**100 %**	**95 %**	86 %	72 %
15°	84 %	**93 %**	**98 %**	**99 %**	**94 %**	85 %	71 %
30°	84 %	**92 %**	**96 %**	**96 %**	**91 %**	82 %	69 %
45° (Südwest)	84 %	**91 %**	**93 %**	**92 %**	87 %	78 %	66 %
60°	84 %	88 %	89 %	87 %	82 %	73 %	61 %
75°	84 %	86 %	85 %	81 %	76 %	67 %	56 %
90° (West)	84 %	83 %	80 %	76 %	69 %	60 %	50 %
105°	84 %	80 %	75 %	69 %	62 %	53 %	43 %

Tabelle 8.1 Zu erwartender Jahresertrag je nach Ost/Süd/West-Orientierung (Azimut) und je nach Neigung (0° = flach, 90° = senkrecht) relativ zur optimalen Positionierung. Werte ab 90 Prozent sind hervorgehoben.

In Tabelle 8.1 ist *Azimut* ein Winkel, der die Abweichung von der Südausrichtung angibt. Die Neigung gibt an, wie steil die PV-Module aufgestellt werden (0° = liegend am Flachdach, 90° = vertikal auf einer Hauswand montiert). Sie sehen, dass es einen relativ großen Aufstellungsbereich gibt, in dem Sie immerhin 90 % des maximalen Ertrags erzielen können.

Bei Schrägdächern werden unter den Dachziegeln an den Dachsparren Montagewinkel befestigt. Die PV-Module werden dann auf Alu-Schienen montiert, wobei zur Kühlung der Module einige Zentimeter Abstand zum Dach freibleiben.

Abbildung 8.2 Aufdachmontage mit Schienensystem

Bei Flachdächern werden die Module heute häufig abwechselnd ost- und westseitig ausgerichtet und ca. 12 bis 15° geneigt (siehe Abbildung 8.3). Um ein Durchbohren des Dachs zu vermeiden, erfolgt die Befestigung häufig mit einem Ballastsystem. Bei der Dimensionierung sind sowohl die Gewichtbelastung des Dachs als auch Windzone des Wohngebiets zu berücksichtigen!

Abbildung 8.3 Großanlage mit Ost-West-Montage auf einem Flachdach

Im Vergleich zur früher üblichen Aufständerung mit Südausrichtung erreichen Sie pro Modul nur einen Jahresertrag von 83 %. Dafür können Sie aber besonders viele Module auf einem rechteckigen Dach unterbringen. Aufgrund der Ost-West-Ausrichtung verteilt sich der Stromertrag gleichmäßiger über den ganzen Tag. Die relativ flache Aufstellung ist optisch ansprechend und wenig windanfällig. Die leichte Neigung bewirkt, dass die Module bei starkem Regen einigermaßen gut von selbst gereinigt werden. Oft bleibt zwischen den Modulreihen ein schmaler Gang für Wartungsarbeiten frei.

Wechselrichter

PV-Module liefern Gleichstrom (*Direct Current*, kurz DC). Das bedeutet, dass der Strom immer in die gleiche Richtung fließt. Aus den Steckdosen im Haushalt fließt allerdings Wechselstrom (*Alternating Current*, kurz *AC*). Die Elektronen fließen für einige Millisekunden in die eine Richtung. Danach dreht sich die Spannung, und die Elektronen fließen zurück in die andere Richtung. Wechselstrom hat im Vergleich zu Gleichstrom diverse technische Vorteile, weswegen sich diese Art des Stroms im Hochvoltbereich durchgesetzt hat.

Die primäre Aufgabe des Wechselrichters ist es, den Gleichstrom der PV-Module in haushaltstauglichen Wechselstrom umzuwandeln. Damit die PV-Anlage mit dem vom Energieversorgungsunternehmen (EVU) gelieferten Strom kompatibel ist, muss der Wechselrichter den Strom in der gleichen Spannung (230 Volt) und der gleichen Frequenz (50 Hertz) vollkommen synchron zum Strom des EVU liefern.

Der Wechselrichter erfüllt aber noch mehr Aufgaben:

- **Mehrere Stränge:** PV-Module werden in sogenannten Strängen verkabelt (siehe Abbildung 8.1). Dabei werden mehrere Module in einer Reihe miteinander verbunden. Entscheidend ist, dass nie Module mit unterschiedlicher Orientierung in einem Strang verbunden werden – sonst limitieren Module, die aktuell wenig von der Sonne bestrahlt werden, die Gesamtleistung.

  Wenn Sie also beispielsweise PV-Module auf süd- und westseitige Dachflächen montieren, müssen diese Modulgruppen getrennt verkabelt werden. Viele Wechselrichter haben Eingänge für zwei voneinander unabhängige Stränge, manche sogar für drei Stränge.

- **Leistungsoptimierer (MPPT):** Elektrische Leistung ergibt sich aus dem Produkt aus Spannung mal Strom. Bei Solarzellen beschreibt eine Kurve, wie viel Strom bei welcher Spannung fließt. Handelsübliche Wechselrichter enthalten für jeden Strang einen *Maximum Power Point Tracker* (MPPT). Diese elektronische Schaltung stellt den Wirkwiderstand so ein, dass die Leistung der Solarzellen maximiert wird. Der optimale Wirkwiderstand variiert je nach Sonneneinstrahlung und Temperatur, muss also ständig nachgeregelt werden.

- **Netzüberwachung (ENS):** Der Wechselrichter muss mit einer *Einrichtung zur Netzüberwachung mit zugeordneten Schaltorganen* (ENS) ausgestattet sein. Das bedeutet, dass sich der Wechselrichter bei einem Stromausfall sofort mit allen Leitungen vom Netz trennt. Das garantiert, dass der Wechselrichter keinen Strom in das ausgeschaltete bzw. ausgefallene Netz einleitet. Aus Sicherheitsgründen erlauben Netzbetreiber ausschließlich Wechselrichter mit einer nationalen oder EU-weiten Konformitätserklärung.

Verschattungsproblem

Ich habe es schon erwähnt: Normalerweise werden die PV-Module in einer Reihe miteinander verbunden. Für diese Art der Verkabelung sprechen zwei Gründe: Erstens ist die Verkabelung sehr einfach durchzuführen; die Module enthalten bereits kurze Kabel mit Steckverbindungen, sodass ganz unkompliziert immer ein Modul mit dem nächsten verbunden werden kann. Zweitens ergibt sich bei der Reihenschaltung eine hohe Spannung, aber nur eine relativ geringe Stromstärke. Das erlaubt die Verwendung dünner Kabel.

Abbildung 8.4 Moderne Halbzellenmodule mit integrierten Bypass-Dioden begrenzen den Schattenverlust auf einen Teilbereich des Moduls.

Die Reihenschaltung hat aber einen fundamentalen Nachteil: Wenn sich auch nur eine einzige Solarzelle eines Moduls im Schatten befindet, blockiert diese Zelle den gesamten Stromfluss. (Es gibt hierfür den klassischen Vergleich mit einem Gartenschlauch: Ist dieser auch nur an einer Stelle geknickt, fließt gar kein Wasser mehr.) Das reduziert nicht nur den Ertrag, sondern kann sogar das PV-Modul beschädigen: Die verschattete Zelle wirkt wie ein Widerstand. Wenn die anderen Zellen oder benachbarte PV-Module von der Sonne angestrahlt werden und Strom produzieren, wird die verschattete Zelle immer heißer (»Hotspot«) und kann auf Dauer sogar zerstört werden.

Um das zu vermeiden, sind moderne PV-Module mit einer oder sogar mehreren »Bypass-Dioden« ausgestattet (siehe Abbildung 8.4). Diese Dioden bieten dem Strom einen alternativen Weg: Wenn ein ganzes Modul oder ein Teil davon verschattet ist, dann ist zwar dieser Bereich des Moduls inaktiv, aber zumindest blockiert das Modul die restliche Stromproduktion nicht.

Wenn also am Ort, wo Sie Ihre PV-Module montieren möchten, eine fallweise Verschattung nicht auszuschließen ist (z. B. durch einen Baum), dann müssen Sie unbedingt auf sogenannte Hotspot-free-Module bestehen.

Wie viel Leistung ist möglich, wie viel ist sinnvoll?

Die meisten im Herbst 2023 lieferbaren PV-Module hatten eine Leistung zwischen 350 und 400 Watt. Wenn Sie auf Ihrem Dach Platz für 20 solche Module finden, hat Ihre Anlage eine Spitzenleistung zwischen 7 und 8 kWp (Kilowatt Peak). Das »Peak« deutet darauf hin, dass Sie diese Leistung nur erreichen, wenn die Sonne senkrecht auf die Module scheint – also nur recht selten.

Das Rechnen mit der Modulanzahl kann in die Irre führen, weil es sowohl kleinere als auch größere Module gibt. Logischerweise gilt: Je größer die Fläche, desto mehr Leistung kann pro Modul erzielt werden. Insofern ist es besser, mit Quadratmetern zu rechnen. Aktuelle Module liefern pro Quadratmeter eine Leistung von 220 Watt. Wenn es beispielsweise gelingt, 50 m² Dach vollständig mit Modulen zu bedecken, wird die Spitzenleistung der Anlage bei knapp 11 kWp liegen.

Anhand der Formel 220 Wp/m² können Sie sich leicht ausrechnen, welche Maximalleistung auf dem Dach Ihres Hauses möglich ist. Bedenken Sie, dass PV-Module natürlich auch auf einer Hauswand montiert werden können, oder auf Terassendächern, entlang von Zäunen, auf dem Carport, im Garten usw.

PV-Fans werden Ihnen raten, soweit es Ihr Budget erlaubt, möglichst viele Flächen mit PV-Modulen zu bedecken. Allerdings kostet eine sehr große PV-Anlage viel Geld. Wenn Sie mehr Strom produzieren, als Sie gerade brauchen, können Sie diesen in das öffentliche Netz einspeisen. Dafür erhalten Sie aber nur eine relativ kleine Vergütung. Eine zu große Anlage lohnt sich daher nicht.

Eine zweckmäßige Richtgröße zur sinnvollen Dimensionierung ist Ihr Jahresstromverbrauch. Wenn dieser z. B. 10.000 kWh beträgt, beträgt eine sinnvolle Maximalleistung 10 kWp (also ein kWp pro 1000 kWh Jahresverbrauch). Wenn Sie vorhaben, demnächst ein E-Auto anzuschaffen, können Sie vorausschauend die PV-Anlage etwas größer planen. Wenn Ihr Dach keine idealen Voraussetzungen bietet, dann ist auch eine etwas kleinere Anlage in Ordnung. Der Eigennutzungsgrad steigt dann. (Das ist der Anteil des Stroms, den Sie unmittelbar selbst verbrauchen.)

Für jedes kWp Leistung wird Ihre Anlage pro Jahr ungefähr 1000 kWh Strom produzieren. Der exakte Wert hängt davon ab, wo sich Ihr Haus befindet und wie die PV-Module orientiert sind. Bei einer südseitigen Montage in Österreich oder der Schweiz wird es eher in die Richtung 1200 kWh pro kWp gehen, bei einer Ost- oder Westorientierung in Norddeutschland vielleicht nur 800 kWh pro kWp.

Es gibt ausgezeichnete Online-Rechner, die auf der Basis des Wohnorts und der Ausrichtung der Module den voraussichtlichen Jahresertrag abschätzen können. Am besten funktioniert die von der EU initiierte PVGIS-Website (*Photovoltaik Geographical Information System*):

https://re.jrc.ec.europa.eu/pvg_tools/de

Um noch einmal zurück zum Ausgangspunkt dieser Überlegungen zu kommen: Wenn Sie einen Jahresverbrauch von 10.000 kWh haben und eine PV-Anlage mit 10 kWp errichten, können Sie etwa so viel Strom produzieren, wie Sie im Jahr verbrauchen. Leider stimmen die Produktions- und Verbrauchszeiten nicht überein. Typischerweise können Sie etwa ein Drittel Ihres PV-Ertrags unmittelbar nutzen; die restlichen zwei Drittel müssen Sie in das öffentliche Netz einspeisen. (Mit einem Stromspeicher können Sie den Eigennutzungsanteil deutlich erhöhen – siehe Abschnitt 8.2, »Stromspeicher«.)

Photovoltaik und Wärmepumpe – eine zweckmäßige Kombination?

Ich habe es in der Einleitung dieses Kapitels ja schon erwähnt: In der Zeit, wo Sie Ihre Wärmepumpe am intensivsten nutzen, produziert Ihre PV-Anlage am wenigsten Strom. Lohnt sich eine PV-Anlage überhaupt?

Bei der Betrachtung dürfen Sie zum einen die Wärmepumpe nicht als einzigen Verbraucher sehen. Ihr Haus braucht die ganze Zeit für alle möglichen Geräte Strom. Wenn Sie die PV-Anlage vernünftig planen und nicht allzu teuer realisieren, lohnt sich diese – ganz egal, ob Sie mit Wärmepumpe heizen oder nicht. (Unzählige Häuser haben eine PV-Anlage, aber keine Wärmepumpe.)

Zum anderen wird die Stromproduktion von PV-Anlagen im Winter oft unterschätzt. Ja, von Anfang November bis Anfang Februar (also sechs Wochen vor bis sechs Wochen nach Wintersonnenwende am 21.12.) ist der Ertrag mager: Es gibt nur wenige Stunden Helligkeit. Selbst da sind häufig Wolken am Himmel. Zudem ist der Einfallswinkel der Sonnenstrahlen sehr flach.

Aber Sie heizen normalerweise ab Oktober und oft bis Ende April, je nach Wetter womöglich in den Mai hinein. Und während dieser Monate kann die PV-Anlage der Wärmepumpe durchaus nennenswerte Strommengen zur Verfügung stellen. Schließlich verwenden Sie die Wärmepumpe auch im Sommer: auf jeden Fall, um Warmwasser zu erzeugen, womöglich auch zur Kühlung Ihres Hauses. Zu dieser Jahreszeit liefert Ihre PV-Anlage mehr als genug Strom (siehe Abbildung 6.17).

Die Amortisationszeit der PV-Anlage lässt sich zwar abschätzen, aber nicht exakt ausrechnen, weil sie von einem unbekannten Faktor abhängt: der Entwicklung des Strompreises in den nächsten 10 bis 15 Jahren. Die PV-Anlage lohnt sich umso eher, je höher der Strompreis ist. In gewisser Weise ist eine PV-Anlage wie eine Versicherung: Ein hoher Strompreis ist eigentlich schlecht für den Betrieb einer Wärmepumpe. Aber wenn Sie eine PV-Anlage haben, kompensieren Sie diesen Unsicherheitsfaktor teilweise.

PV-Module für den Winterbetrieb ausrichten?

Im Winter ist selbst produzierter PV-Strom zum Heizen besonders wertvoll. Lohnt es sich daher, die Ausrichtung der PV-Module speziell auf den flachen Einfallswinkel der Sonnenstrahlen im Winter zu optimieren?

Um die Antwort kurz zu machen: Es lohnt sich nicht. Der ideale Neigungswinkel für die PV-Module im Winter beträgt rund 70°. Aber selbst bei einer derartigen Aufstellung gewinnen Sie in den Wintermonaten nur wenige Kilowattstunden Ertrag, weil die Sonne ohnedies nur kurz und selten scheint. Dafür verlieren Sie im Sommer rund zehn Mal so viel Ertrag. Soweit Ihr Dach Ihnen die Möglichkeit dazu gibt, sollten Sie die Module so aufstellen, dass Sie ganzjährig den besten Ertrag erzielen.

8.2 Stromspeicher

Bis jetzt bin ich vom Einsatz einer PV-Anlage ohne Stromspeicher ausgegangen. Ein Speicher verbessert den Eigennutzungsgrad Ihrer Anlage erheblich: Sie laden tagsüber bei Sonnenschein den Akkumulator voll und versorgen mit diesem das Haus am Abend, in der Nacht und am Morgen mit Strom.

Im Sommerhalbjahr funktioniert das blendend. Bei einer richtigen Dimensionierung des Speichers sind Sie von Anfang April bis Mitte Oktober weitgehend autark, brauchen also wenig und an vielen Tagen gar keinen Strom von Ihrem Stromversorger (siehe Abbildung 8.5).

Im Winterhalbjahr ist der Nutzen des Speichers deutlich geringer ausgeprägt, weil Ihre PV-Anlage oft nicht einmal genug Strom produziert, um den unmittelbaren Verbrauch abzudecken. Aber es gibt auch im Winter Zeitfenster, wo der Stromverbrauch kleiner ist als die PV-Produktion. In dieser Zeit wird der Akku teilweise aufgeladen und kann Ihren Haushalt in der Folge eine Weile mit Strom versorgen.

Insofern wäre die Verwendung eines Speichers naheliegend, wenn es nicht gewichtige Gegenargumente gäbe:

- Der Stromspeicher ist unverhältnismäßig teuer.
- Seine Lebensdauer ist mit 10 bis 12 Jahren geringer als die anderer PV-Komponenten.
- Die Produktion von Akkumulatoren auf Lithium-Basis ist aus ökologischer Sicht bedenklich.

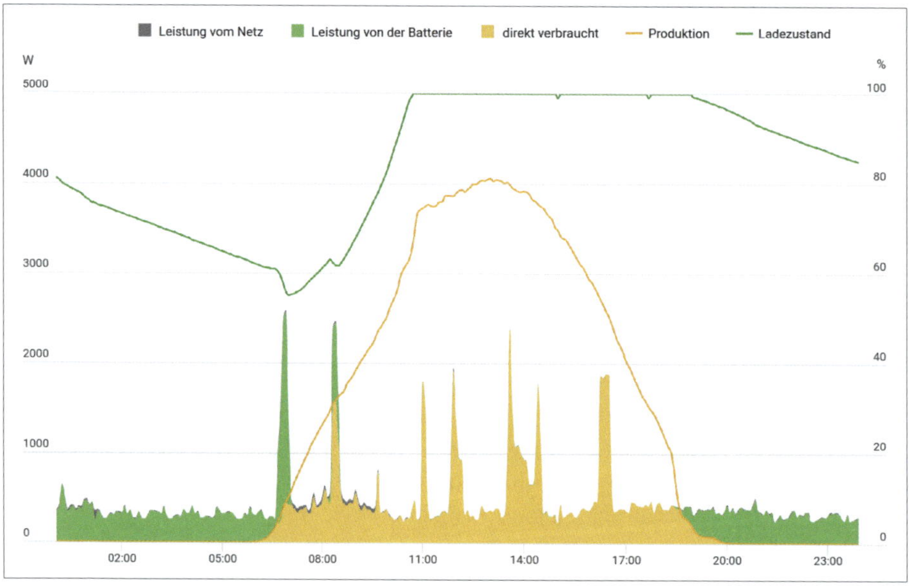

Abbildung 8.5 Mit einem Stromspeicher sind Sie im Sommer vollkommen autark von Ihrem externen Stromversorger.
Grüne Flächen: Versorgung des Haushalts mit Strom aus dem Akku.
Grüne Linie: Akkuinhalt in Prozent.
Gelbe Flächen: Strom, der direkt von der PV-Anlage kommt.
Gelbe Linie: Leistung der PV-Stromerzeugung in Watt.

Akkumulatortechnik

Bei den 2023 handelsüblichen PV-Speichern handelt es sich zumeist um Lithium-Eisenphosphat-Akkus (auch LFP-Akkus oder LiFePO4-Akkus, siehe Abbildung 8.6). Im Vergleich zu den Lithium-Ionen-Akkus, die Sie von Ihrem Smartphone kennen und die auch in vielen E-Autos verwendet werden, weisen LFP-Akkus einige Vorteile auf:

- **Chemisch stabil:** Selbst bei mechanischen Beschädigungen geht von den Akkus keine nennenswerte Brandgefahr aus.

- **Lange Lebensdauer:** LFP-Akkus verlieren ihre Ladekapazität auch nach vielen vollständigen Entladungen (Ladezyklen) nur sehr langsam.
- **Kobalt-frei:** Zur Herstellung der Akkus wird kein Kobalt benötigt.

Natürlich gibt es auch einen Nachteil: Die Energiedichte ist etwas geringer als bei anderen LiIon-Akkus, d. h., die Akkus sind voluminöser und schwerer als LiIon-Akkus mit der gleichen Kapazität. Im Keller oder Technikraum stört das kaum, wohl aber im E-Auto oder Smartphone.

Abbildung 8.6 Hybridwechselrichter mit 11-kWh-LFP-Batteriespeicher

Zukunftshoffnung Natrium-Ionen-Akkus

Die aktuell spannendste Neuentwicklung in der Akku-Branche sind Natrium-Ionen-Akkus (im Englischen *Sodium-ion Batteries*). Es gibt diverse technische Varianten. Akkus mit organischem Elektrolyt haben in ihrer Bauweise und bei der Produktion starke Ähnlichkeiten mit dem etablierten Lithium-Ionen-Speicher, lassen sich also großtechnisch gut herstellen. Natrium-Ionen-Akkus funktionieren auch bei niedrigen Temperaturen gut. Das ermöglicht die Aufstellung der Akkus im Carport oder in einem unbeheizten Abstellraum.

Der große Vorteil von Natrium besteht darin, dass dieser Rohstoff in unbegrenzten Mengen sowohl in der Erdhülle als auch im Meereswasser verfügbar ist. Seine Gewinnung aus Natriumchlorid (Kochsalz) ist einfach, kostengünstig und mit viel geringeren Umweltbelastungen als bei Lithium möglich.

Langfristig sollten Natrium-Ionen-Akkus deutlich billiger als LFP-Akkus sein. Das ist allerdings Zukunftsmusik. Aktuell (im Herbst/Winter 2023) können Sie noch keine PV-Stromspeicher auf Natrium-Ionen-Basis kaufen. Die Produktionskapazitäten sind noch sehr begrenzt und für günstige E-Autos reserviert.

Hybridwechselrichter

Sobald ein Speicher ins Spiel kommt, wird das gesamte Strom-Management wesentlich komplexer (siehe Abbildung 8.7). Der Wechselrichter muss nun entscheiden, wann der Akku geladen bzw. entladen wird, wann Strom vom EVU genutzt bzw. zum EVU eingespeist wird, wann optionale Nutzer bedient werden (z. B. Warmwasser erhitzen oder E-Auto laden).

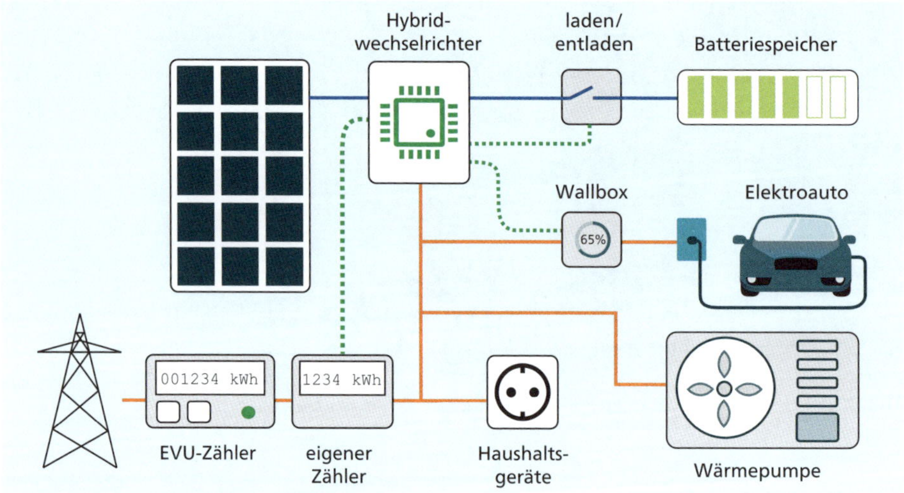

Abbildung 8.7 Der Hybridwechselrichter steuert die Be- und Entladung des Batteriespeichers und des Elektroautos.
Gleichstrom: blau; Wechselstrom: orange; Steuerung: grün gepunktet

Eine Grundvoraussetzung dafür ist, dass der Wechselrichter weiß, wie viel Strom im Haushalt aktuell verbraucht wird. Dazu muss der Wechselrichter mit einem Strommessgerät verbunden werden. Da das Smart Meter Ihres EVUs diese Daten nicht an den Wechselrichter weitergeben kann, muss ein eigenes, zum Wechselrichter passendes Messgerät eingebaut werden. Letztlich wird aus dem Wechselrichter die

Kommandozentrale für das gesamte Strom-Management im Haushalt. Für Wechselrichter mit diesen Zusatzfunktionen hat sich der Begriff »Hybridwechselrichter« etabliert.

Stromspeicher-Inspektion

Nicht jeder Hybridwechselrichter kommt mit jedem Akku zurecht! Im Datenblatt des Hybridwechselrichters finden Sie normalerweise eine Liste von kompatiblen Akkumodellen.

Die Hochschule für Technik und Wirtschaft in Berlin testet einmal jährlich verschiedene Speicher samt Wechselrichtern. Die Lektüre der gerade aktuellen »Stromspeicher-Inspektion« zeigt, welche Kombinationen aus Wechselrichter und Speicher besonders gut funktionieren:

https://solar.htw-berlin.de/themen/stromspeicher-inspektion

Die richtige Größe

Weil Speicher aktuell sehr teuer sind, der Strompreis tendenziell aber eher stagniert, sollten Sie den Speicher knapp dimensionieren. Ein guter Richtwert sind 50 bis 75 % des Tagesenergiebedarfs. Damit können Sie an einem sonnigen Tag tagsüber den Akku aufladen und Ihr Haus abends und in der Nacht vollständig mit eigenem Strom versorgen.

Nehmen wir an, laut Jahresabrechnung haben Sie im vergangenen Jahr 8000 kWh Strom verbraucht. 8000 kWh / 365 Tage ergibt 22 kWh pro Tag. Nach der obigen Formel liegt eine zweckmäßige Speichergröße zwischen 10 und 15 kWh.

Wenn Sie mit einer Wärmepumpe heizen, verteilt sich der Strombedarf allerdings nicht gleichmäßig über das ganze Jahr: Sie brauchen im Winter mehr Strom als im Sommer. Ein großer Stromspeicher hilft Ihnen im Winter aber nicht nennenswert, weil Ihre PV-Anlage in dieser Jahreszeit relativ wenig Strom produziert. Nehmen wir an, der Stromverbrauch beträgt ca. 3000 kWh für das Sommerhalbjahr und 5000 kWh für das Winterhalbjahr: Dann sollten Sie als Bemessungsgrundlage das Sommerhalbjahr verwenden. 3000 kWh / 182 Tage ergibt einen täglichen Strombedarf von ca. 16 kWh im Sommer. Eine Speichergröße von 10 kWh wäre demnach genau richtig.

Eine vollständige Autarkie vom Stromnetz können Sie auch mit einem großen Speicher nicht erreichen. Dazu bräuchten Sie eine PV-Anlage, die über mehrere Tage gerechnet selbst Ende Dezember genug Strom liefert, um Ihr Haus mit Strom zu versorgen. Die Speichergröße müsste ein Mehrfaches des Tagesstrombedarfs im Winter betragen. Diese Bedingungen sind nur zu erfüllen, wenn sowohl Ihre Dachfläche als auch Ihr Budget nahezu grenzenlos sind. Wirtschaftlich lohnt es sich sowieso nicht.

Sowohl aus ökologischer als auch aus ökonomischer Sicht kann man ganz gegen den Einsatz eines Speichers argumentieren. Mit dem für den Speicher eingesparten Geld können Sie die restliche PV-Anlage wesentlich größer dimensionieren. Im Photovoltaikforum, der wohl besten Seite zum Erfahrungsaustausch unter PV-Profis, werden Sie viele Befürworter dieses Denkansatzes finden:

https://www.photovoltaikforum.com

Für das öffentliche Stromnetz, das sich mit der Aufnahme des in der Mittagszeit produzierten PV-Stroms immer schwerer tut, sind Speicher dagegen vorteilhaft. Jeder Speicher glättet den Stromfluss etwas und macht es für die Betreiber einfacher, das Netz an den stark wechselnden Strombedarf bzw. -überschuss anzupassen.

Hinterfragen Sie die Speichergröße!

Aus Sicht der PV-Fachfirma ist ein großer Speicher immer vorteilhaft. Im Gegensatz zur restlichen PV-Anlage ist die Installation des Speichers mit minimalem Arbeitsaufwand verbunden. Ein großer Speicher steigert auf jeden Fall die Auftragsspanne.

Dessen ungeachtet gibt es natürlich auch Argumente für einen etwas größeren Speicher: etwa dessen mit der Zeit sinkende Kapazität, einen in Zukunft vielleicht steigenden Stromverbrauch in Ihrem Haushalt etc.

Notstromfunktion

Eine PV-Anlage mit Speicher kann bei entsprechender Installation auch zur Notstromversorgung dienen. Ich bin diesbezüglich aber sehr skeptisch eingestellt. Die Notstromfunktion setzt einen einigermaßen vollen Akku voraus. Sie wissen aber nicht im Voraus, wann es zu einem Stromausfall oder gar zu einem längeren Blackout kommt. Sollte das im Winter passieren, ist Ihr Akku vermutlich leer, die Notstromfunktion also wirkungslos.

Eine mögliche Gegenmaßnahme bestünde darin, eine Entladegrenze für die Batterie für den normalen Betrieb festzulegen, z. B. bei 30 oder 35 Prozent. Soweit es in der Weboberfläche Ihres Wechselrichters überhaupt eine derartige Einstellmöglichkeit gibt, bringen Sie damit aber das Batteriemanagement durcheinander und reduzieren die Effizienz des Gesamtsystems.

Kurz und gut, betrachten Sie die Versprechungen bezüglich einer unterbrechungsfreien Stromversorgung auch bei einem längeren Stromausfall mit einer ordentlichen Portion Skepsis!

Das E-Auto als PV-Speicher?

Falls Sie schon ein E-Auto besitzen oder an eine Anschaffung in den nächsten Jahren denken, kommt noch eine Variante ins Spiel: Wäre es nicht denkbar, den riesigen Akku des Autos als PV-Speicher zu verwenden? Langfristig ist zu erwarten, dass sich dieses Konzept durchsetzt. Es gibt allerdings noch große Einschränkungen.

- Naturgemäß funktioniert das Laden/Entladen nur, wenn das E-Auto häufig in Ihrer Garage steht. Wenn Sie dagegen in der Früh damit zur Arbeit fahren und erst am Abend zurückkommen, kann die PV-Anlage Ihr E-Auto nicht laden. Bei einem E-Auto, das überwiegend für kurze und nur selten für lange Fahrten genutzt wird, sind die Voraussetzungen besser.
- Aktuell gibt es nur wenige, zumeist sehr teure Automodelle, die ein bidirektionales Laden – also den Stromtransport in beide Richtungen – vorsehen:

  https://www.adac.de/rund-ums-fahrzeug/elektromobilitaet/info/bidirektionales-laden
- Schließlich brauchen Sie eine bidirektionale Wallbox, die mit dem Wechselrichter Ihrer PV-Anlage zusammenspielt.

Auch wenn das bidirektionale Laden mittlerweile standardisiert ist, wird es wohl noch einige Jahre brauchen, bis diese Technik massentauglich ist.

8.3 Rentabilitätsrechnung

Mit dem Beginn des Ukrainekriegs stiegen nicht nur die Strompreise kurzzeitig enorm an, es begann auch ein neuer PV-Boom. Vor allem Wechselrichter waren eine Weile nicht oder nur zu vollkommen überhöhten Preisen erhältlich.

Mittlerweile (Ende Winter 2023) hat sich die Lage beruhigt: Alle Komponenten für PV-Anlagen sind lieferbar, die Preise sinken. Die Gesamtkosten einer PV-Anlage ergeben sich aber nicht einfach aus der Summe der Komponentenpreise: Die Anlage will auch verkabelt und montiert werden. Je nach den Gegebenheiten (Art des Dachs, Leerverrohrung für die Verkabelung etc.) ist der Aufwand durchaus erheblich. Hinzu kommen eventuell Zusatzleistungen wie Blitzschutz oder eine Notstromversorgung.

Insofern ist es schwierig, eine pauschale Kostenprognose abzugeben, wie viel eine PV-Anlage mit gegebener Leistung und Speichergröße ca. kostet. Es gibt aber natürlich Richtwerte für eine erste Abschätzung (siehe Tabelle 8.2). Generell werden PV-Anlagen relativ zur Leistung günstiger, je größer die Leistung ist. Eine PV-Anlage mit 10 kWp ist also pro kWp billiger als eine Anlage mit 5 kWp.

Komponente	Kosten	Menge
PV-Anlage	ca. 1400 bis 2500 €	pro kWp Spitzenleistung
Stromspeicher (optional)	ca. 800 bis 1200 €	pro kWh Speichergröße

Tabelle 8.2 Grobe Richtwerte für die Kosten von privaten PV-Anlagen und Stromspeichern (in Deutschland, mit Montage und Inbetriebnahme, ohne Zusatzleistungen wie Blitzschutz oder Notstromversorgung)

Förderungen

Für private Anlagenerrichter sind die Komponentenkosten in Deutschland generell um fast 20 Prozent billiger als in den Nachbarländern, weil Deutschland die Erhebung der Umsatzsteuer für PV-Produkte eingestellt hat. Außerdem garantiert Deutschland eine Einspeisevergütung von 8,6 ct/kWh für die sogenannte Überschusseinspeisung bei kleinen Anlagen bis 10 kWp.

In Österreich können Errichter privater PV-Anlagen bis einschließlich 2023 eine Förderung beantragen. Die Online-Formulare der OeMAG (Österreichische Abwicklungsstelle für Ökostrom) sind allerdings enorm komplex. Anstelle dieser Förderung soll wie in Deutschland ab 2024 die Umsatzsteuer für private Anlagen bis 35 kW entfallen. Unter dem Strich sollten die Errichtungskosten damit in etwa gleich bleiben. Immerhin ersparen Sie sich das Magengeschwür, das Sie sich bisher beim Kampf mit der Bürokratie leicht zuziehen konnten.

In der Schweiz ist die Förderung für PV-Anlagen in der Energieförderungsverordnung (EnFV) festgeschrieben. Die Förderungen werden über die Pronovo AG abgewickelt. Einen Online-Rechner zur Berechnung der Einmalvergütung (EIV) je nach Anlagengröße finden Sie hier:

https://pronovo.ch/de/services/tarifrechner

Online-Rechner

Im Internet gibt es unzählige Seiten, die Ihnen bei der Dimensionierung Ihrer PV-Anlage mit oder ohne Speicher helfen. Nach der Eingabe einiger Grundparameter erhalten Sie Informationen darüber, wie viel Strom Sie voraussichtlich produzieren, wie viel Sie davon selbst nutzen können, wie viel Sie einspeisen werden, wie viel Geld Sie sich bei der Stromrechnung ersparen und wie schnell oder langsam sich die Anlage amortisiert:

https://solar.htw-berlin.de/rechner
https://www.verbraucherzentrale.nrw/solarrechner
https://pvaustria.at/pv-rechner
https://www.test.de/Photovoltaik-Rechner-1391893-0

Beispielrechnung

Ausgangspunkt für die folgende Rechnung ist ein Einfamilienhaus, das mit Wärmepumpe beheizt wird. Der Gesamtstrombedarf inklusive Wärmepumpe für Heizung und Warmwasser beträgt 9500 kWh/a. Die Stromkosten werden mit 30 ct/kWh angesetzt. Ohne PV-Anlage betragen die jährlichen Stromkosten 2850 €.

Jetzt soll eine PV-Anlage mit einer Leistung von 10 kWp errichtet werden. Die Module werden jeweils zur Hälfte auf die ost- bzw. westseitige Dachseite montiert. Laut Angebot betragen die Kosten für die PV-Anlage 14.500 €.

PVGIS errechnet für den Wohnort und die Dachneigung einen Jahresertrag von 9300 kWh, also im Wesentlichen gleich viel, wie Strom verbraucht wird. Per Online-Rechner (*https://pvaustria.at/pv-rechner*) wird abgeschätzt, dass ca. 2800 kWh pro Jahr direkt genutzt werden können. Der verbleibende Strom wird in das öffentliche Stromnetz gegen eine Vergütung von 8,6 ct/kWh eingespeist. Die jährlichen Stromkosten sinken damit auf 1450 €. Die Ersparnis pro Jahr beträgt 1400 €. Damit amortisiert sich die Anlage nach gut 10 Jahren (siehe Tabelle 8.3).

	Energiemengen und Kosten
Jahresstrombedarf	9500 kWh/a
Stromkosten	30 ct/kWh
Einspeisevergütung	8,6 ct/kWh
Stromkosten ohne PV-Anlage	**2850 €/a**
Kosten PV-Anlage	14.500 €
Eigenstromproduktion laut PVGIS	9300 kWh/a
Eigenverbrauch	2800 kWh/a
Einspeisung in das Netz	6500 kWh/a
Strombezug aus dem Netz	6700 kWh/a
Stromkosten minus Einspeisevergütung	**1450 €/a**
Ersparnis pro Jahr	1400 €/a
Amortisierungszeit	**10,4 Jahre**

Tabelle 8.3 Betriebsdaten und -kosten für die Rentabilitätsrechnung ohne PV-Speicher

Ein optionaler Batteriespeicher mit 7 kWh wird für 6500 € angeboten. Damit kann der Eigenverbrauch deutlich gesteigert werden. Die Stromkosten pro Jahr sinken auf 1070 €, das sind nicht einmal 100 €/Monat! Dennoch steigt die Amortisierungszeit wegen der deutlich höheren Anschaffungskosten auf fast 12 Jahre (siehe Tabelle 8.4).

	Energiemengen und Kosten
Kosten PV-Anlage mit Speicher	21.000 €
Eigenstromproduktion laut PVGIS	9300 kWh/a
Eigenverbrauch direkt	2800 kWh/a
Eigenverbrauch aus dem Speicher	1800 kWh/a
Einspeisung in das Netz	4600 kWh/a
Strombezug aus dem Netz	4900 kWh/a
Stromkosten minus Einspeisevergütung	**1070 €/a**
Ersparnis pro Jahr	1780 €/a
Amortisierungszeit	**11,8 Jahre**

Tabelle 8.4 Betriebsdaten und -kosten für die Rentabilitätsrechnung mit PV-Speicher

Die Berechnung geht davon aus, dass keine Wartungskosten anfallen und dass sowohl der Strompreis als auch die Einspeisevergütung über den gesamten Berechnungszeitraum unverändert bleiben.

Am besten erstellen Sie sich für Ihre eigene Kalkulation eine Excel-Tabelle, in der Sie durch Veränderung einzelner Parameter ausprobieren können, welchen Einfluss diese auf die Rentabilität haben.

Halten Sie sich alle Optionen offen!

Falls Sie gerade ein Haus bauen oder sanieren, fehlt Ihnen vielleicht aktuell das Geld, um auch gleich eine PV-Anlage zu realisieren. Sehen Sie unbedingt gleich eine Leerverrohrung für die spätere Realisierung vor! Wenn es keine Möglichkeit gibt, die PV-Kabel durch das Innere des Hauses zu leiten, muss dies außerhalb erfolgen. Das sieht nicht schön aus und kostet wesentlich mehr.

Eine weitere Option besteht darin, vorerst nur eine PV-Anlage ohne Speicher zu errichten. Wenn Sie dennoch gleich einen Hybridwechselrichter verwenden, können Sie den Speicher später hinzufügen.

Eventuell ist es auch sinnvoll, die Leistung des Wechselrichters gleich ein wenig höher zu wählen: Dann können Sie später weitere PV-Module hinzufügen, ohne dass Sie den Wechselrichter gegen ein leistungsstärkeres Modell austauschen müssen.

8.4 Gesetzliche Rahmenbedingungen

Bei der Errichtung einer PV-Anlage müssen Sie diverse Gesetze und Regeln einhalten, die natürlich von Land zu Land ein wenig variieren. Ich gebe Ihnen hier nur einen knappen Überblick.

Smart Meter

Sofern die Stromeinleitung in Ihr Haus nicht schon durch ein Smart Meter abgerechnet wird, müssen Sie einen solchen bei Ihrem Netzbetreiber anfordern (siehe Abbildung 8.8). Ein Smart Meter ist notwendig, damit bei der Abrechnung zwischen bezogenem und von Ihnen eingespeistem Strom differenziert werden kann.

Der Austausch kostet nichts oder wenig (in Deutschland maximal 30 €). Außerdem fallen jährliche Kosten an, in Deutschland für Haushaltskunden maximal 20 € pro Jahr, in Österreich ca. 30 €.

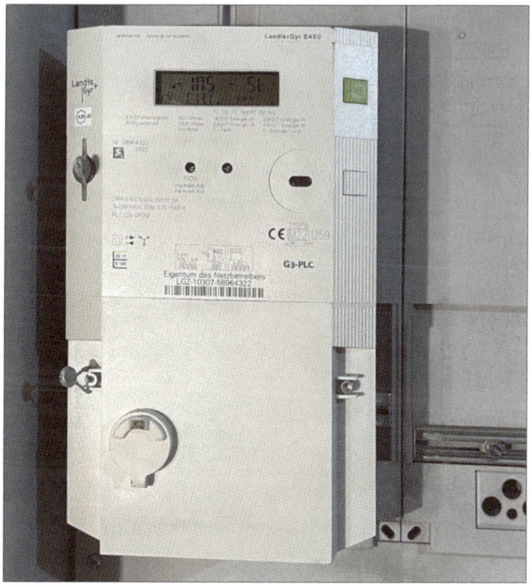

Abbildung 8.8 In den Zählerschrank eingebautes Smart Meter

Netzverträglichkeitsprüfung und Einspeisezusage

Bevor Sie mit Planung und Bau Ihrer Anlage loslegen, müssen Sie klären, ob das örtliche Stromnetz überhaupt in der Lage ist, Ihren Strom aufzunehmen – und wenn ja, bis zu welcher maximalen Leistung. Dazu stellen Sie bzw. Ihre PV-Firma einen Antrag beim Netzbetreiber, in Deutschland ein sogenanntes »Anschlussbegehren«. Der Netzbetreiber kann nun eine Netzverträglichkeitsprüfung durchführen, was bis zu acht Wochen dauern darf.

In Österreich brauchen Sie einen sogenannten »Zählpunkt« für die Netzeinspeisung. Dieser stimmt normalerweise mit der schon vorhandenen Zählernummer Ihres Smart Meters überein. Im nächsten Schritt müssen Sie bei Ihrem Netzbetreiber eine »Netzzusage« einholen, also wiederum die Erlaubnis, Strom bis zu einer vorgegebenen Maximalleistung einzuspeisen. Bei der Abklärung dieser Details und bei der Kommunikation mit dem lokalen Netzbetreiber hilft die von Ihnen beauftragte PV-Firma.

Leider scheitern gar nicht so wenige PV-Projekte an der zu schwachen örtlichen Infrastruktur (Stromleitungen und Trafos). Das gilt insbesondere dann, wenn viele Ihrer Nachbarinnen und Nachbarn ebenfalls eine PV-Anlage haben und deswegen zur Mittagszeit mehr Strom in die Leitungen eingespeist wird, als lokal verbraucht werden kann. Grundsätzlich haben Sie bei PV-Kleinanlagen ein *Recht* auf Einspeisung. Der Netzbetreiber muss gegebenenfalls seine Infrastruktur ausbauen (auf eigene Kosten). Das kann allerdings jahrelang dauern …

Weitere Details zum Anschlussbegehren bzw. zu den rechtlichen Grundlagen für die Einspeiseformalitäten können Sie hier nachlesen:

https://www.solaranlage-ratgeber.de/photovoltaik/photovoltaik-planung/anmeldung
https://www.energie-experten.org/erneuerbare-energien/photovoltaik/betrieb/solarstrom-einspeisen
https://pvaustria.at/netzthemen
https://www.vese.ch/gesetzliche-grundlagen

Wechselrichter und Netzumschaltbox

Es ist nur die Verwendung von Wechselrichtern zulässig, für die es eine EU-Konformitätserklärung gibt. Diese besagt, dass der Wechselrichter die EU-Richtlinie für elektromagnetische Verträglichkeit, die Niederspannungsrichtlinie sowie die Richtlinie zur Beschränkung gefährlicher Stoffe in Elektronikgeräten einhält.

Falls Ihre PV-Anlage über eine Notstromversorgung verfügt, benötigen Sie eine Netzumschaltbox zur Trennung des Hausnetzes vom öffentlichen Stromnetz. Das klingt trivialer, als es tatsächlich ist. Auch wenn in der DACH-Region derselbe Strom fließt (dreiphasig, 50 Hz, 230 V je Phase), gibt es doch je nach Land unterschiedliche Varianten, wie die Erdung erfolgt. Daraus folgen landesspezifische Vorschriften und entsprechend angepasste Modelle der Umschaltbox.

Bauvorschriften

Selbstverständlich muss Ihre PV-Anlage den landesüblichen Bauvorschriften entsprechen. Überspitzt formuliert: Es muss sichergestellt sein, dass die Anlage nicht bei starkem Wind vom Dach fällt und jemanden verletzt. Verantwortlich dafür ist die Errichterfirma.

Bei privaten Kleinanlagen, die in Aufdach-Montage errichtet werden, ist normalerweise keine explizite Baugenehmigung erforderlich. Je nach Land/Bundesland muss das Bauvorhaben aber in der Gemeinde oder bei der Bezirkshauptmannschaft gemeldet werden. Gebäude mit Denkmalschutz, Vorhaben in Gebieten mit Ensembleschutz, gewerbliche Projekte bzw. Freilandanlagen müssen außerdem ein Bewilligungs- oder Genehmigungsverfahren durchlaufen.

Für das in der Schweiz übliche Melde- oder Baubewilligungsprozedere gibt der folgende, im Juni 2023 vom Bundesamt für Energie (BFE) veröffentlichte Leitfaden einen guten Überblick:

https://www.swissolar.ch/de/fachwissen-db/leitfaden-melde--und-baubewilligungsverfahren

Inbetriebnahme

Die Inbetriebnahme der PV-Anlage muss durch eine PV- oder Elektrikfirma erfolgen, also durch eine Fachkraft, die das Vertrauen des Netzbetreibers genießt. Sie dürfen die Anlage also nicht einfach selbst einschalten! Die PV-Firma informiert den Netzbetreiber über die geplante und dann vollzogene Inbetriebnahme. Die PV-Firma haftet für die korrekte Funktionsweise der Anlage, sowohl nach innen hin (also für Ihr Haus), als auch nach außen (also betreffend die Einspeisung in das öffentliche Stromnetz).

Die Inbetriebnahme wird in einem Protokoll dokumentiert. Es gilt dem Netzbetreiber als Nachweis, dass die Anlage allen technischen Anforderungen entspricht. Dazu zählt auch, dass der Wechselrichter eine EU-Konformitätserklärung besitzt. Das Protokoll enthält Angaben zum Betreiber/Besitzer, zum Standort der Anlage, zur Leistung und zu den sonstigen technischen Daten der verwendeten Komponenten, eine Skizze mit der Lage aller Leitungen usw.

Für große bzw. gewerbliche Anlagen gelten strengere Bedingungen. Je nach Leistung der Anlage muss bei der Inbetriebnahme eine Vertretung des Netzbetreibers anwesend sein. Außerdem muss der Zustand der Anlage in regelmäßigen Abständen überprüft und protokolliert werden.

Registrierung der PV-Anlage

In Deutschland muss jede PV-Anlage unmittelbar nach der Inbetriebnahme (spätestens nach vier Wochen) im Marktstammdatenregister (MaStR) gemeldet werden:

https://www.marktstammdatenregister.de/MaStR

Steuern

Grundsätzlich gilt die Einspeisevergütung als Einnahme und muss als solche versteuert werden. Weil es sich bei privaten PV-Anlagen aber nur um relativ kleine Beträge handelt und um den Ausbau der Photovoltaik durch eine Reduktion der Bürokratie zu fördern, gibt es Ausnahmebestimmungen:

- In Deutschland müssen nur Einkünfte für Anlagen mit einer Spitzenleistung über 30 kWp angegeben werden.
- In Österreich dürfen Privatpersonen bis zu 12.500 kWh PV-Strom steuerfrei einspeisen, sofern die Anlagengröße 25 kWp nicht überschreitet.
- In der Schweiz sind die steuerlichen Regeln noch kantonsabhängig. In einigen Kantonen gelten ähnliche Regeln wie in Deutschland und Österreich. Es gibt aber Überlegungen, die Versteuerung der Einspeisevergütung für private Anlagen landesweit abzuschaffen.

Wartung

Es gibt keine vorgeschriebenen Wartungsmaßnahmen. Es ist aber natürlich eine gute Idee, die Montage und die Verkabelung der PV-Module regelmäßig optisch zu überprüfen. Außerdem sollten Sie stark verunreinigte Module alle ein bis zwei Jahre reinigen bzw. bei einem steilen Dach reinigen lassen. Verunreinigungen können dazu führen, dass Teile von Solarzellen nur wenig Strom erzeugen können. Diese Solarzellen werden für das ganze Modul zum Engpass. Im ungünstigsten Fall kann es zur Zerstörung einzelner Zellen kommen (»Hotspots«).

Des Weiteren sollten Sie sich die Mühe machen und ein einfaches Monitoring durchführen. Im Wesentlichen geht es darum, den PV-Ertrag und (falls vorhanden) die Nutzung des Stromspeichers zu kontrollieren. Am einfachsten gelingt das, wenn Sie monatliche Strommengen notieren und mit den Vorjahreswerten vergleichen. Viele Wechselrichter bieten Monitoring-Funktionen über eine Cloud-Schnittstelle, die aber oft zahlungspflichtig ist. Eine einigermaßen gleichbleibende Witterung vorausgesetzt, sollten die Werte nicht allzu sehr voneinander abweichen. Ist dies doch der Fall, sollten Sie einen Elektriker bitten, die Anlage zu inspizieren.

Grundsätzlich sind PV-Module sehr langlebig. Sie bleiben oft 25 Jahre oder länger in Betrieb, auch wenn sie im Laufe der Zeit etwas an Leistung verlieren. Die meisten Hersteller garantieren eine bestimmte Leistung, z. B. 85 % nach 25 Jahren.

Der Wechselrichter altert schneller. Er muss in der Regel nach 10 bis 15 Jahren ersetzt werden.

Am kurzlebigsten sind leider Stromspeicher. Sie verlieren innerhalb von 10 bis 12 Jahren rund ein Drittel ihrer Kapazität und sollten ab diesem Zeitpunkt beobachtet und gegebenenfalls ausgetauscht werden.

Index

33er-Heizkörper ... 93

A

Abstandsflächen ... 205
Akkumulatoren ... 220
Aktive Kühlung ... 126
Ammoniak ... 70
Anergie ... 42
Anschlussbegehren ... 229
Autarkie (PV) ... 172

B

Bauteilaktivierung (BTA) ... 132
Betonkernaktivierung (BKA) ... 132
Bivalenter Betrieb ... 73
Bivalenzpunkt ... 73
Brauchwasserwärmepumpe ... 133

C

Carnot-Kreisprozess ... 79
CO_2 ... 11
Bepreisung ... 150
Zertifikate ... 150
Coefficient of Performance (COP) ... 77

D

Dämmung ... 83, 194
Deckenkühlung ... 129
Difluormethan ... 69
Direktstromheizung ... 178
Drei-Wege-Ventil ... 95

E

Eigenverbrauch (PV) ... 172
Einzelraumregelung (Fußbodenheizung) 90
Energieberater ... 203
Energieeinsparverordnung (EnEV) ... 193
Energieerhaltungssatz ... 42
Enteisung (Luftwärmepumpe) ... 52
Entlüftungsgerät ... 130
EPS-Platten ... 84
Erdwärmepumpe ... 54, 56
Kühlfunktion ... 127
Erneuerbare-Energien-Klasse (EE-Klasse) 200
Erneuerbare-Wärme-Gesetz (EWG) ... 204
ETAs ... 81
Exergie ... 42

F

F-Gase ... 69
Fancoils ... 130
Fernwärme ... 16, 24
Fixe Wärmepumpen ... 71
Flächenkollektor (Erdwärmepumpe) ... 57
Flächenkollektoren (Wärmepumpe) ... 56
Fluor-Chlor-Kohlen-Wasserstoff (FCKW) 69
Fossile Brennstoffe ... 12
Förderbrunnen ... 60
Förderungen ... 193
Deutschland ... 198
Österreich ... 204
PV-Anlagen ... 226
Schweiz ... 204
Frischwasserspeicher ... 104
Frischwasserstation ... 103
Fußbodenheizung ... 87
Fußbodenkühlung ... 129

G

Gas-Hybridgerät ... 66
Gebäudeenergiegesetz (GEG) ... 193
Gebläsekonvektoren ... 130
Geothermie ... 56
Global Warming Potential (GWP) ... 69
Grabenkollektor (Erdwärmepumpe) ... 57
Gradtagzahl ... 112
Grundwasserwärmepumpe ... 60

H

Heißgasabtauen ... 52
Heizgradtage ... 112
Heizkörper ... 87
Heizkurve ... 106
Heizlast ... 110
Heizleistungskurve ... 74
Heizstab ... 73
Heiztage ... 112
Heizungswärmepumpen ... 43
Heizwärmebedarf ... 110, 113
Holzheizung ... 16
Hybridanlagen ... 66, 157, 159
Hybridwechselrichter ... 222
Hydraulik ... 105
    Hydraulik-Tower ... 44
Hydraulischer Abgleich ... 108
Hydrogen-Fluor-Chlor-Kohlen-Wasserstoffe (HFCKW) ... 69
Hydrogen-Fluor-Kohlen-Wasserstoffe (HFKW) ... 69
Hygienespeicher ... 102

I

Individueller Sanierungsfahrplan (iSFP) 203
Infrarot-Strahlung ... 178
Innenaufstellung einer Luftwärmepumpe 46
Inverterwärmepumpen ... 72

J

Jahresarbeitszahl (JAZ) ... 80, 210
Jahreszeitbedingte Raumheizungs-Energieeffizienz ... 81
Jeisha-Monoblock-Wärmepumpe ... 47

K

Kältemittel ... 68
Kaskade ... 75
Klimaanlage ... 125
    zum Heizen ... 62
Klimaprämie ... 204
Kohlenstoffkreislauf ... 11
Kollektor (Erdwärmepumpe) ... 57
Kommunale Wärmeplanung ... 197
Kondensator ... 36
Kondenswasser (Kondensat) ... 50, 130
Kontrollierte Wohnraumlüftung ... 86
Konvektion ... 178
Kraft-Wärme-Kopplung ... 16
Kühldecke ... 129
Kühlfunktion von Wärmepumpen ... 125
Kühlschrank ... 36

L

Lärmschutz ... 205
Lebenszykluskosten ... 145
Legionärskrankheit ... 95
Legionellen ... 95, 96
    Hygienespeicher ... 102
Leistungsoptimierer (MPPT) ... 215
Leistungszahl ... 18, 77
Lithium-Eisenphosphat-Akku ... 220
Lithium-Ionen-Akku ... 220
Luft-Luft-Wärmepumpe ... 62
Luft-Wasser-Wärmepumpe ... 44
Luftfeuchtigkeit ... 130
Lüftung ... 86
Luftvolumenstrom ... 46
Luftwärmepumpe ... 44
    Kühlfunktion ... 126
    Monoblock-Bauweise ... 44
    Split-Bauweise ... 48

M

Marktstammregister ... 231
Maximum Power Point Tracker (MPPT) ... 215
Mikrowärmepumpen ... 65
Mindestdämmung ... 194
Modulierende Wärmepumpen ... 72
Monitoring ... 209
Monoblock-Bauweise ... 44
Monovalenter Betrieb ... 73

N

Nachhaltigkeits-Klasse (NE-Klasse) ... 200
Natürliche Kältemittel ... 69
Netzüberwachung ... 215
Netzverträglichkeitsprüfung ... 229
Normaußentemperatur ... 111
Notstromfunkion ... 224
NT-Heizkörper ... 93

P

Panasonic Jeisha ... 47
Pascal (Einheit für Druck) ... 46
Passive Kühlung ... 127
Pelletheizung ... 16, 25
Pentafluormethan ... 69
Per- und Polyfluoralkylsubstanzen (PFAS) 69
Photovoltaik ... 211
Pontiac-Fieber ... 95
Primärenergieverbrauch ... 194
Propan ... 70
Puffer ... 99
PV-Modul ... 212

R

R-290 ... 70
R-32 ... 69, 70
R-410a ... 69
R-410A ... 70
Raumheizungs-Energieeffizienz ... 81
Referenzgebäude ... 194
Reihenleitung ... 97
Ringgrabenkollektor (Erdwärmepumpe) ... 57
Ringleitung ... 97

S

Schichtenpufferspeicher ... 99
Schluckbrunnen ... 60
SCOP ... 78
Seasonal Coefficient of Performance ... 78
Sektorkopplung ... 146
Serielle Heizkörper ... 93
Serielle Sanierung ... 200
SG-Ready ... 76
Smart Grid ... 76
Smart Meter ... 229
Solarthermie ... 28, 100, 140
Solarzelle ... 212
Sole ... 56
Sole-Wasser-Wärmepumpe ... 54
Kühlfunktion ... 127
Sperrzeiten ... 75
Split-Bauweise ... 48
Split-Klimaanlage ... 62
Stagnation ... 97
Steuern (PV-Einspeisevergütung) ... 232
Strahlung ... 178
Strang ... 215
Stromspeicher ... 219
Styropor ... 84

T

TA Lärm ... 205
Taktung ... 71
Taupunkt ... 130
Teillastbetrieb ... 72
Thermische Bauteilaktivierung ... 132
Thermischer Abgleich ... 109
Thermischer Kurzschluss ... 47
Tiefenbohrung ... 56
Tilgungszuschüsse ... 199
Transmissionswärmeverlust ... 194
Trinkwarmwasser ... 133

U

U-Wert ... 84, 194
Umwälzpumpe ... 105

V

Verdampfung ... 36
Vereisung (Luftwärmepumpe) ... 51
Verkalkung (Hygienespeicher) ... 103
Versteuerung (PV-Einspeisevergütung) ... 232
Vierwegeventil ... 126
Vorrangumschaltventil (VUV) ... 95

W

Wandheizung ... 94
Wandkühlung ... 129
Wärmedurchgangskoeffizient ... 84, 179, 194
Wärmemengenzähler ... 209
Wärmepumpen
Arten ... 43
Inverter ... 72
Kaskade ... 75
modulierende ... 72
Taktung ... 71
Wärmeschutzverordnung (WSchV) ... 193

Warmwasser 95
Boiler 95
Frischwasserstation 103
Hygienespeicher 102
Legionellen 96
Warmwasserwärmepumpe 133
Wartung 207
Wasser-Wasser-Wärmepumpe 60
Wasserstoffheizung 26
Wechselrichter 215
Wirkungsgrad 18
Wohnraumlüftung 86

Z

Zählpunkt 229
Zirkulationsleitung 97
Zonenregelung (Fußbodenheizung) 90

Udo Brandes
Home Assistant
Das umfassende Handbuch
▸ Von den Grundlagen bis zum individuellen Smart Home
▸ Schalten und automatisieren mit Integrationen
▸ Hardware einbinden, Dashboards gestalten und von überall sicher darauf zugreifen
Mit Code-Beispielen und Praxisprojekten
Rheinwerk
Computing
Home Assistant